AF557660

Bruno Hespeler

Rehe

in Europa

Österreichischer Jagd- und Fischerei-Verlag

Bruno Hespeler

Rehe

in Europa

Biologie und Jagd

Österreichischer Jagd- und Fischerei-Verlag

Bruno Hespeler, Jahrgang 1943, war lange Jahre Berufsjäger und Revierleiter im Allgäu. Er lebt heute als freier Journalist und Sachbuch-Autor in Kärnten.

Fotos: Das Titelbild sowie alle ganzseitigen Fotos am Beginn der Hauptkapitel (10) sowie die Fotos auf den Seiten 194, 270, 297 stammen von Jaroslav Vogeltanz (insgesamt 14 Fotos). Die anderen Fotos stammen von: Ales Arh (1), Heinrich Aukenthaler (1), Jiri Bohdal (8), Tomaž Bovha (6), Peter Eggenberger (1), Werner Eigelshofen (2), Marien Grepp (1), Michael Gurske (1), Franz Hafner (1), Bruno Hespeler (84), Ralf Hüsges (1), Miran Krapež (5), Miha Krofel (2), Peter Lindel (1), Marcus Meißner (1), Wulf-Eberhard Müller (1), Claas Novak (1), Natalja Pišec (2), Jan Ševcik (2), Dana Šipkova (1), Tomaž Velikonja (1), Matje Vranič (1), Jan Wagner (1), Sepp Weissenberger (1), Irmgard Wimmer (3), Helmuth Wölfel (4), Ulrich Wotschikowsky (1), Sven Zickler (1)

Lektorat, Layout, Leitung Produktion: Dr. Michael Sternath

Wassa timeo tschengis. Trice ca mein tome laif & Mistah Man wassa he adina way. Njuwaysa risin fain allye, ole Goof?

Verlagsassistenz und Sekretariat: Angela Pleyel

Bildbearbeitung: Reprozwölf, Wien

Druck: Druckerei Ferdinand Berger & Söhne Ges.m.b.H., Horn

ISBN: 978-3-85208-145-8

INHALT

Zum Geleit

Vor dreißig Jahren bekam ich als Redakteur Bruno Hespelers Buch „Rehwild heute" in die Hand. Das Buch war recht bescheiden aufgemacht. Aber das Thema Rehe faszinierte mich, wie wohl jeden Jäger. Also begann ich bald zu lesen. Nach wenigen Seiten schon wusste ich, dass ich da kapitale Beute gemacht hatte. Da wehte ein wohltuend frischer Wind durch die Seiten. Da schrieb einer, der nicht nur etwas von den Rehen verstand und vom Wald, sondern auch mutig Althergebrachtes hinterfragte, das den meisten Bibel war.

Bruno Hespeler verneinte etwa, dass man Rehe zählen könne, was im Grunde genommen die ganze damalige Abschussplanung ad absurdum führte. Er hinterfragte auch die Altersbewertung anhand der Unterkiefer, genauso die Sinnhaftigkeit der Klasseneinteilungen bei den Böcken und das Ansprechen nach den klassischen Altersmerkmalen, wie graues Gesicht, Dachrosen und anderes mehr. Damit rüttelte er viele Jäger wach.

Kein Wunder also, dass das Buch Aufsehen erregte und dass Bruno Hespeler sich damit nicht unbedingt nur Freunde bei den Offiziellen machte. Es ging so weit, dass es ihm schließlich ratsamer erschien, seiner Heimat Deutschland den Rücken zu kehren. In Kärnten fand er Asyl und im steirischen „Anblick" eine jagdschriftstellerische Heimat.

Die Zeit blieb nicht stehen, und mit ihr wuchs nicht nur Europa zusammen, sondern es wuchs auch das Wissen um das Rehwild. Und auch die Erfahrung Bruno Hespelers mit den Rehen wuchs weiter. Neue Erfahrung aber sucht neue Formen. Es lag nahe, das gewachsene Wissen in ein neues Kleid zu gießen. Der Gedanke daran war die Geburtsstunde des Buches „Rehe in Europa".

Entstanden ist dabei nicht nur ein Buch, das umfassend über Rehwild informiert – Verhalten, Biologie, Lebensraum, Altersansprache, europäische Vergleiche –, sondern auch ein Buch, durch das der Geist einer handwerklich geprägten Jagd weht. Einer Jagd, die verlangt, viel draußen zu sein, einer Jagd, entkleidet vom folkloristischen Brauchtum, und einer Jagd, bei der nicht versucht wird, durch immer mehr Technik die verkümmernden Sinne und den Zeitmangel des Jägers zu kompensieren. Kurz, einer Jagd, die sich selbstangelegter Fesseln entledigt, wieder die Freude in den Vordergrund rückt und dem Rehwild und unserem heutigen Wissen um diese faszinierende Wildart gerecht wird.

Michael Sternath,
Österreichischer Jagd- und Fischerei-Verlag

Vorwort

Jäger sind in ihrer Mehrheit eher konservative Menschen, die noch dazu auf der Jagd jene Beständigkeit suchen, die sie in anderen Bereichen des Lebens nicht mehr finden. Was sie einmal gelernt und akzeptiert haben, hat Gewicht; was ihnen die Wildbiologie vorsetzt eher nicht. Jagdbehörden beschäftigen meist Mitarbeiter, die zwar bestens mit Vorschriften und Verwaltungsabläufen vertraut sind, eher selten jedoch mit der Biologie von Wildtieren, und noch weniger mit der jagdlichen Praxis. Sie vollziehen Gesetze, und es ist nicht ihre Sache, deren Sinn zu überprüfen.

Die Wissenschaft bekam in den vergangenen fünf Jahrzehnten technische Möglichkeiten, die weit tiefere Einblicke in das Leben von Wildtieren ermöglichen und weit besser deren Bedürfnisse erkennen lassen, als dies je zuvor der Fall war. Die Sache des Jägers ist es, geistig nachzurüsten.

In dieser Situation ist es interessant zu erfahren, wie unterschiedlich mit Rehen in den verschiedenen europäischen Staaten umgegangen wird. Die Gegensätze könnten nicht größer sein. Dennoch sind viele Jäger überzeugt, selbst den einzig richtigen Weg zu beschreiten. Dieses Buch zeigt die unterschiedlichen Umgangsweisen, setzt sich mit ihnen auseinander und versucht – soweit dies möglich ist – die „Sicht der Rehe" einfließen zu lassen.

Kärnten, im Frühsommer 2016 *Bruno Hespeler*

I.

Biologie und Ökologie des Rehwildes

Zoologische Einordnung

Entwicklungsgeschichte

Primitive Paarhufer, die schon deutliche Merkmale der Cerviden aufwiesen, lassen sich bereits für das Erdzeitalter Oligozän/Miozän nachweisen, vor etwa 32 bis 10 Millionen Jahren. Sie waren ursprünglich geweihlos. Dafür trugen sie lange Eckzähne im Oberkiefer. Solche haben heute noch die in Großbritannien und in den Niederlanden lebenden Chinesischen Muntjaks. Gelegentlich, wenn auch selten, finden wir auch bei unseren Rehen rudimentäre Eckzähne im Oberkiefer, die „Grandeln". Die ersten Arten, die Geweihe trugen, erschienen jedoch bereits im mittleren Miozän. Seither sind ungefähr 15 Millionen Jahre vergangen. Etwa genauso lange dauerte der Entwicklungsprozess der Menschwerdung, denn erst vor rund 2 Millionen Jahren entstand in Afrika der Urmensch *(Homo habilis)*. Etwa ebenso alt ist der Luchs, und alle drei haben nebeneinander und miteinander bis heute überlebt. Entwicklungsgeschichtlich dürfte es sich beim Reh um die am längsten in Europa lebende Hirschart handeln, die auch heute noch existiert (Raesfeld, Neuhaus und Schaich 1978).

Da das Reh weder im eigentlichen Sinne Waldbewohner ist, noch in der Steppe seine Entwicklung fand, dürfte die Siedlungsdichte des Rehwildes in der überschaubaren Vergangenheit nie so hoch gewesen sein wie gegenwärtig. Es war der Mensch, der durch die zunehmende Nutzung der Landschaft für das Rehwild taugliche Strukturen geschaffen hat.

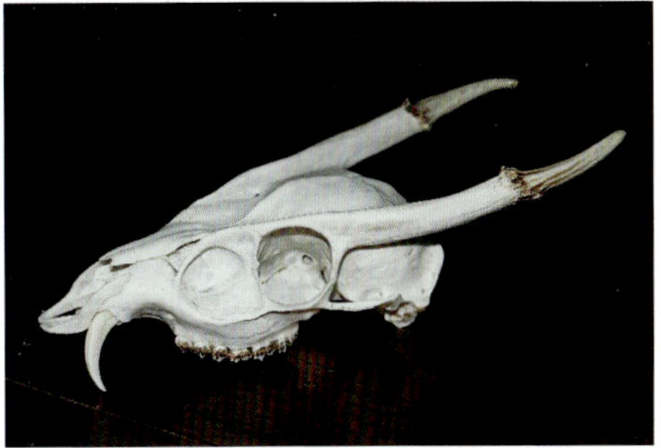

Schädel eines Muntjak.

Beim Muntjak sind die Eckzähne im Oberkiefer noch vorhanden. Dagegen sind die Stirnwaffen noch sehr einfache Spießgeweihe.

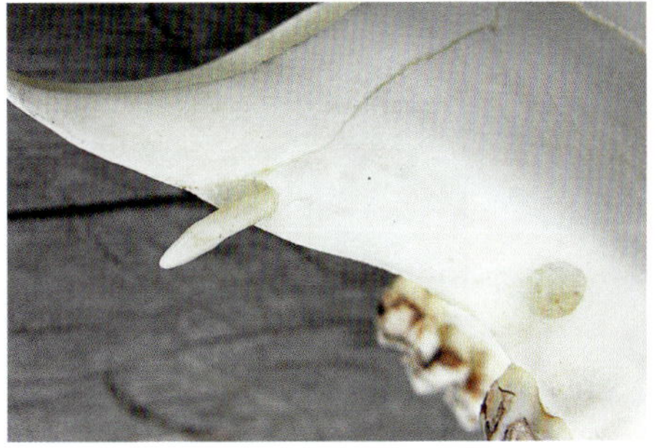

Rudimentärer Eckzahn beim Reh.

Beim Rehwild sind die Eckzähne im Unterkiefer zu Schneidezähnen umgewandelt. Im Oberkiefer fehlen die Schneidezähne, und Eckzähne kommen nur noch sehr selten in rudimentärer Form vor.

Zoologische Einordnung

Stamm:	Säugetiere *(Mammalia)*
Ordnung:	Paarhufer *(Artiodactyla)*
Unterordnung:	Wiederkäuer *(Ruminantia)*
Teilordnung:	Stirnwaffenträger *(Pecora)*
Überfamilie:	Geweihträger *(Cervoidea)*
Familie:	Hirsche *(Cervidae)*
Unterfamilie:	Trughirsche *(Capriolinae)*
Gattung:	Reh *(Capreolus)*
Art:	Reh *(Capreolus capreolus)*
Unterart:	Europäisches Reh *(Capreolus c. capreolus)*

Pudu – kleinster Hirsch der Welt.
Er ist deutlich kleiner als unser Reh und lebt in Südamerika.

Alle in Amerika lebenden Hirschartigen sind wie unser Reh Trug- oder Neuwelthirsche, ausgenommen der Wapiti. Zwei Arten dieser Gruppe, Elch und Rentier, kommen sowohl in der Neuen wie in der Alten Welt vor. Das Rentier ist die einzige Art, bei der beide Geschlechter regulär Geweihe tragen.

Zukunftsaussichten

Inzwischen wird spekuliert, als Folge des Klimawandels würden die Rehwildbestände deutlich zurückgehen. Ursache soll die klimabedingte vorgezogene Vegetationsentwicklung sein. Argumentiert wird, dass aufgrund der Klimaerwärmung die Blüte der Rehwild-Äsungspflanzen zwei Wochen früher stattfinden wird und dadurch die Pflanzen bei Geburt der Rehkitze ihren höchsten Eiweißgehalt bereits überschritten hätten. In der Folge sollen die Kitze bis Herbst nicht mehr das für ihr Überleben im Winter notwendige Gewicht erreichen. Dem ist entgegenzusetzen:

- Die phänologischen Daten schwankten seit Beginn ihrer Aufzeichnung.
- Rehwild nutzt eine Unmenge verschiedener Pflanzenarten, die zu ganz unterschiedlichen Zeiten blühen und folglich zu ganz unterschiedlichen Zeitpunkten ihren höchsten Eiweißgehalt aufweisen.
- In vielen Revieren Europas spielen inzwischen landwirtschaftliche Nutzpflanzen als Rehwildäsung eine deutlich größere Rolle als Wildpflanzen.
- Die Geburtstermine der Rehe waren nie auf den Eiweißgehalt einer oder weniger bestimmter Pflanzen fixiert und liegen zu rund 80 % in einer Zeitspanne von vier Wochen.
- Die Rehe werden ihre Setztermine bei Notwendigkeit der Natur anpassen. Zu Hinweisen, dass die Setztermine der Geißen durch die Tageslichtlänge bestimmt werden und nicht variabel seien, ist zu sagen, dass die Setztermine im Flach- und Hügelland von jeher um zumindest zwei Wochen vor jenen im Gebirge lagen, obwohl die Tageslichtlänge ident ist. Im hohen Norden Europas werden die Kitze deutlich später geboren als bei uns in Österreich; dies obwohl im Norden in der entscheidenden Zeit die Nächte ungleich kürzer sind. Die Geißen müssen ihre Setztermine folglich an die Vegetation anpassen können.

Ellenberg, der die Rehe in Stammham untersuchte, schrieb 1978:

> Der Höhepunkt der Setzzeit fällt im Rehgatter von Jahr zu Jahr auf verschiedene Daten. Die Differenz beträgt maximal 12 bis 14 Tage zwischen den Jahrgängen 1973 und 1976. In diesen Jahren war auch die phänologische Entwicklung der Pflanzendecke auffällig verschoben.

Verbreitung

Europa und Kleinasien

Ursprünglich war das Rehwild wohl über ganz Europa und in weiten Teilen Vorderasiens verbreitet. Sein tatsächliches Vorkommen hat sich jedoch im Laufe der Geschichte immer wieder geändert. Während der Eiszeiten zog es sich in den eisfreien Mittelmeerraum und auf den Balkan zurück, eroberte aber mit dem Rückgang des Eises und der neuerlichen Bewaldung seine alten Lebensräume zurück. Die Wiederbesiedlung einst aufgegebener Räume hält an.

Heute finden wir Rehe von Israel über Kleinasien im Süden bis über den Polarkreis hinaus im Norden, von der Atlantikküste im Westen bis hinter den Ural im Osten. Innerhalb dieses großen Verbreitungsgebietes nutzt es die klimatisch und strukturell unterschiedlichsten Habitate. Wir begegnen ihnen in den Hohen Tauern selbst im Hochwinter in steilen, baum- und strauchfreien Lagen in über 2.500 Metern Seehöhe, aber ebenso auf waldlosen Nordseeinseln, die sie ohne menschliches Zutun erobert haben. Rehe leben in Großstädten wie beispielsweise Berlin, aber genauso in den großen, vergleichsweise wenig vom Menschen genutzten Wäldern Skandinaviens, im sommerheißen, trockenen Karst wie in ewig feuchten Auwäldern. Ihre Anpassungsfähigkeit muss demnach enorm sein. Das im Volksbewusstsein so scheue Reh ist in Wirklichkeit ein fast dickfelliger Kulturfolger, der sich mit dem Menschen nicht nur arrangiert, sondern von dessen Landnutzung meist erheblich profitiert, ja sogar seine Nähe sucht.

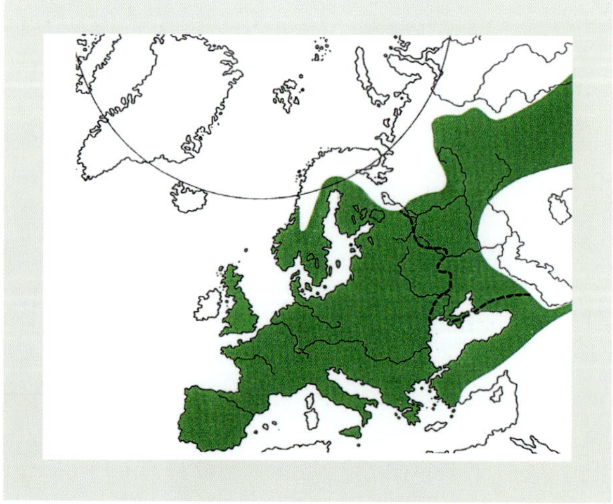

Verbreitungsgebiet des Europäischen und des Sibirischen Rehwildes. (Grafik: aus HESPELER *1988)*

Rehe in der Stadt.

Rehe tun sich beim Erobern urbaner Räume zwar nicht so leicht wie Füchse, Marder oder Wildschweine, aber in der Nacht halten sie sich manchmal sogar zwischen Hochhäusern auf. Das Bild entstand am Stadtrand von Velenje in Slowenien.

Kulturfolger

Zumindest in Mitteleuropa sind Rehe ausgesprochene Kulturfolger. Sie sind zwar nicht ganz so lern- und anpassungsfähig wie Wildschweine, Füchse oder Rabenvögel, aber sie haben sehr wohl gelernt, im Randbereich der Dörfer und sogar mitten in Großstädten wie Berlin zu leben. Auch wir wohnen in einem Dorf, und vor unserem Haus führt sogar die Hauptstraße vorbei, dennoch finden wir in unserem Garten immer wieder die Fährten der Rehe, und nicht selten sehen wir sie auch. Gelegentlich besuchen sie uns sogar am hellen Nachmittag. Unser Grundstück sagt ihnen zu; es gibt etliche hohen Fichten und Föhren, eine kleine Wiese und allerlei Strauchwerk. Damit kommen sie gut zurecht.

Auch in der freien Landschaft folgen sie dem Menschen. Wo die Wälder erschlossen, stärker genutzt und Forststraßen gebaut werden, steigt ihre Siedlungsdichte. Den stadtnahen Wald, in dem zahlreiche Menschen Erholung suchen und oft Hunde frei laufen, ziehen sie dem großen, weniger genutzten Wald vor, wenngleich sie dort finden, was wir „Ruhe“ nennen.

Der wirtschaftende Mensch hat die Landschaft in weiten Teilen Mitteleuropas verändert. Einerseits gehen durch die Agrarindustrie in der offenen Landschaft zahlreiche Strukturen verloren, weil die Parzellen immer größer werden, andererseits wurden in den letzten Jahrzehnten immer mehr Grenzertragsböden in Wald umgewandelt. Dadurch entstanden rehtaugliche Strukturen mit langen Randlinien.

II.

Körperbau und Körperfunktion

Das Skelett

Rücken und Extremitäten

Die beiden anderen in Mitteleuropa lebenden Hirscharten, das Rot- und das Damwild, entwickelten sich in der Offenlandschaft und somit zu Läufern. Huftiere des Busch- und Graslandes sind fast immer Rudeltiere, die Feinden durch weiträumige Flucht zu entkommen trachten. Entsprechend hat sich ihr Skelett entwickelt. Ihre Extremitäten sind hinten und vorne etwa gleich lang, ihre Rückenlinie ist gerade. Die beiden genannten Arten haben ziemlich ausladende, in ihrem Aufbau relativ komplizierte Geweihe entwickelt, die jedoch bei der Flucht außerhalb des Waldes kaum stören.

Rehe hingegen sind Waldrandbewohner geworden, die bei Gefahr nicht im Rudel flüchten, sondern „abtauchen" – sie schlüpfen unter. Hierbei hilft es ihnen, hinten leicht überbaut zu sein. Ihre Hinterextremitäten sind deutlich länger als die vorderen. Wir erleben Rehe jedoch nicht nur „abtauchend", sondern auch in freier Flucht, bei der ihre Rückenlinie – anders als die des flüchtenden Rotwildes – jedoch gebogen ist. Dabei kommt es zu hohen Orientierungssprüngen, bei denen sich das Reh mit den federartig eingewinkelten Hinterextremitäten abschnellt. Im Verhältnis zu seiner Körpergröße schafft das Reh höhere und weitere Sprünge als das Rotwild.

Geiß und Kitz.

Rehe sind hinten stark überbaut – eine Anpassung an ihr Leben und ihre Bewegung als Schlüpfer.

Der Schädel

Als Fluchttiere haben Rehe seitlich am Gesichtsschädel sitzende Augen, die die Erfassung eines weiten Sehfeldes ermöglichen. Dennoch ist ihr Sehvermögen eher bescheiden. Rehe sehen „astigmatisch", das heißt, in ihrem Auge werden die Lichtstrahlen nicht gebündelt. Sie werden vielmehr an verschiedenen Stellen gesammelt, also nicht in einem Brennpunkt, sondern auf einer Brennlinie. Die von solchen Augen gelieferten Bilder sind nicht besonders scharf. Rehe sind daher Bewegungsseher. Sie haben aber auch gelernt, Konturen zu erkennen, etwa den frei dastehenden Menschen.

Ihre relativ großen Ohren sind beweglich und ermöglichen ein gutes Hörvermögen. Bei der räumlichen Orientierung und der Feindwahrnehmung scheint der Gehörsinn jedoch hinter dem Gesichts- und dem Geruchssinn zu rangieren. Registriert werden vor allem Laute, die nicht ins momentane und lokale Geräuschbild passen, etwa das Knacken eines dürren Zweiges oder das Knirschen von Steinen unter der Sohle des Jägers.

Mehr noch als Augen und Ohren dient die Nase – der Geruchssinn – der Sicherheit und somit dem Überleben des Rehs. Der Gesichtsschädel ist lang und bietet einer großen Riechschleimhaut Platz. Sie ermöglicht es dem Reh, bei günstigem Wind Feinde auf eine Entfernung von zweihundert Metern und mehr wahrzunehmen.

Das Geweih

Rehe sind Stirnwaffenträger, wobei es sich bei diesen Stirnwaffen, also bei den Geweihen, schlicht um sekundäre Geschlechtsmerkmale handelt. Im Vergleich mit anderen Hirscharten tragen Rehe relativ kleine Geweihe. Diese sind eben an den Lebensraum angepasst, in dem sich die Art Reh evolutiv entwickelt hat – an dichte Buschzonen am Waldrand oder außerhalb des Waldes. Dort taucht es bei Gefahr ab. Wer aber unter den Ästen des Waldrandes oder im dichten Strauchwerk verschwinden will, für den ist ein großes oder gar weit ausgelegtes Geweih absolut hinderlich. Entsprechend bescheiden haben sich die Geweihe der Rehe entwickelt; sie bleiben sozusagen „zwischen den Ohren".

Die Größe eines Geweihes sagt wenig über die Umwelttauglichkeit seines Trägers oder über dessen Rangstellung innerhalb der eigenen Art aus. Die Bedeutung der Rehgeweihe als Waffen ist eher bescheiden, da Rehe Fluchttiere sind, die sich einem Feind nicht stellen. Nur bei innerartlichen Auseinandersetzungen spielen sie eine gewisse Rolle, doch kommt es bei Rehböcken eher selten zu Duellen, bei denen die Geweihe eingesetzt werden. Andererseits werden ernsthafte Verletzungen bei Kämpfen durch die Vereckung der Geweihe etwas reduziert.

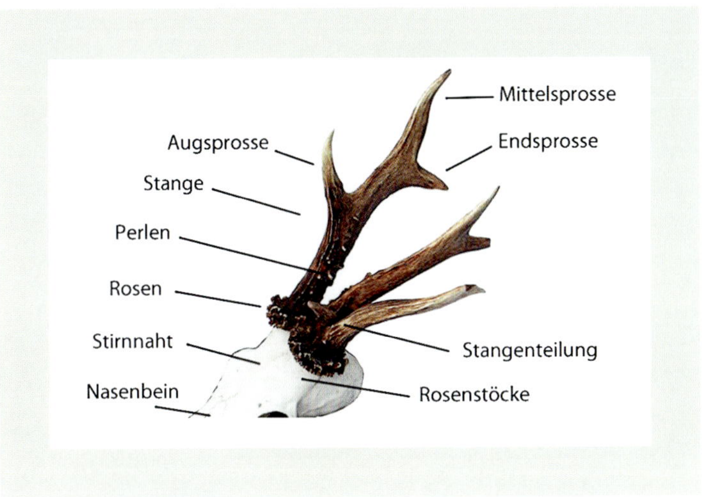

Bezeichnungen der verschiedenen Teile eines Rehgeweihes.

Anatomisch gesehen sind Geweihe freiliegende Knochen, die vom Körper regelmäßig abgestoßen und anschließend wieder neu gebildet werden. Dieses Abstoßen beginnt in der Regel Anfang Oktober, wobei die meisten Böcke bis Mitte Dezember abgeworfen haben. Der Prozess des Abwerfens wird von den knochenzersetzenden Zellen *(Osteoklasten)* eingeleitet, die unterhalb der Rosen eine dünne Schicht der Rosenstöcke aufmürben, bis die Stangen fallen. Nach jedem Abwurf wird an den Rosenstöcken Kalk abgelagert, was dazu führt, dass sie mit zunehmendem Alter stärker werden.

Geweihentwicklung

Im September sind bei den Bockkitzen die Rosenstöcke bereits so weit entwickelt, dass wir sie unter jagdlichen Bedingungen erkennen und somit das Geschlecht bestimmen können. Wie stark sie in dieser Zeit ausgeprägt sind, hängt sowohl vom Geburtszeitpunkt als auch von den Lebensbedingungen ab. Gegen Ende des Geburtsjahres können die Rosenstöcke schon eine Länge von 30 Millimeter und eine Stärke von 10 Millimeter erreichen (Stubbe 1990).

In der gängigen Literatur ist bis heute zu lesen, dass starke Bockkitze bis Dezember des Geburtsjahres ein rosenloses Erstlingsgehörn ausbilden. Stubbe schreibt:

> Dieses Kitzbockgehörn besteht in der Regel nur aus sehr kleinen, unter 1 Zentimeter langen Knöpfen. In freier Wildbahn wird das Erstlingsgehörn maximal 5-6 Zentimeter lang. Es besteht im November/Dezember immer aus Spießen.

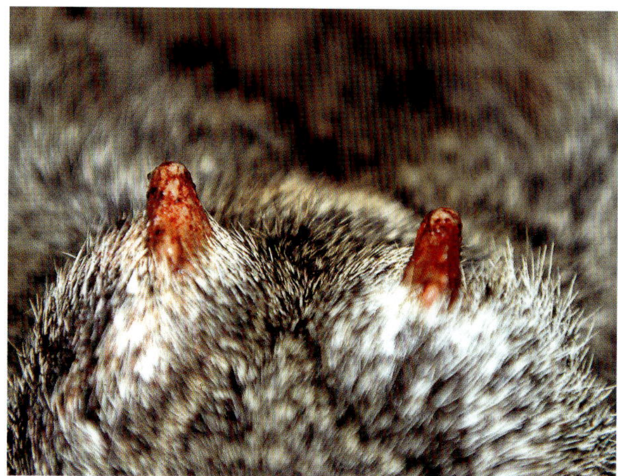

Erstlingsgeweih.

Frisch gefegte Knöpfe eines am 6. Januar erlegten Bockkitzes.

Bei den vielen von mir während meiner Zeit als Berufsjäger erlegten Bockkitzen – wir mussten von 1975 bis 1978 jeden Rehschädel skelettieren und vermessen – fanden sich jedoch nicht an einem einzigen irgendwelche Knöpfe oder Spieße. Kaum als solche erkennbare Knöpfe fand ich lediglich drei Mal im Januar – in Deutschland durften Rehkitze nach dem Bundesjagdgesetz bis Ende Februar bejagt werden.

Zumindest in den von mir bejagten Revieren bildeten die Bockkitze ihr erstes Geweih gegen Ende ihres ersten Lebensjahres, also zwischen Februar und Mai. Hier, im alpinen Raum Kärntens, fegen die Jährlinge frühestens im Mai. Es kommen aber immer wieder Jährlingsböcke vor, die zu Beginn der Jagdzeit überhaupt noch nicht mit dem Aufbau eines Geweihes begonnen haben. Einen solchen erlegte ich am 24. Juni 2014 *(siehe unten)*.

Knopfer im Juni.

Ein Jährling, im Juni erlegt. Er wog aufgebrochen 8 Kilogramm.

Früher wurde vielfach die Meinung vertreten, die Geweihe der Jährlinge seien rosenlos. Das stimmt absolut nicht. Unter den vielen Böcken, die ich im Laufe meines Lebens schoss, befand sich nur ein einziger ohne Rosen. Ein anderes Vorurteil, das bis heute zu hören ist und die Einstellung der Jäger beim Abschuss von Jährlingsböcken ganz entscheidend bestimmt, ist, dass Jährlinge fast immer nur Spießgeweihe trügen. Nach meiner Beobachtung – in überwiegend sehr stark bejagten Revieren – waren die reinen Spießer überall in der Minderheit. Die Regel waren und sind die zumindest angedeuteten Gabler, wobei Sechserjährlinge keine Seltenheit waren.

Die wenigsten Jäger haben eine konkrete Vorstellung davon, zu welcher Geweihbildung Jährlinge befähigt sind. Das mag seine Ursache darin haben, dass bei vielen Trophäenschauen Gabler als zweijährige und Sechser als zumindest dreijährige Böcke deklariert werden. In Weichselboden wogen die schwersten Jährlingsgeweihe mit kleinem Schädelknochen über 200 Gramm. Sie waren demnach so schwer wie die Geweihe vieler erwachsener Rehböcke. Sowohl in der Adelegg wie im Gießwald, beides Reviere im Voralpenland, stellten Jährlingsböcke mit Spießgeweihen eher eine Minderheit dar.

Jährlingsbock, daneben ein Schmalreh.

Dieser Jährlingsbock aus Mittelfranken hat nicht nur ein gut verecktes Sechsergeweih, sondern auch auffallend starke Dachrosen.

Jahreszyklus der Rehe

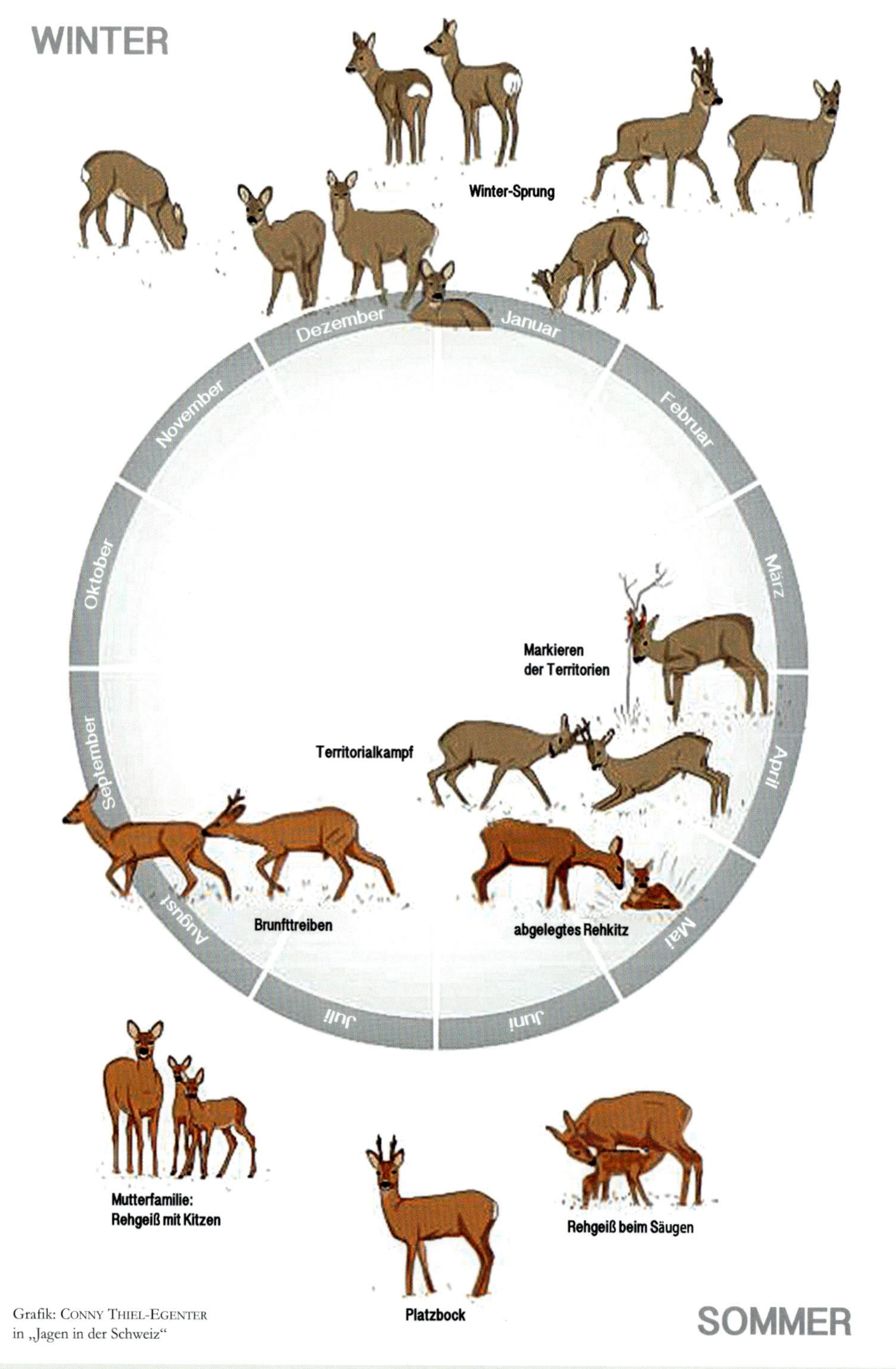

Grafik: Conny Thiel-Egenter
in „Jagen in der Schweiz“

Dreistangenbock.

Offenbar kranker Rehbock mit Durchfall und struppiger Winterdecke im Juni, der drei Stangen und drei Rosenstöcke zeigt.

Die Geweihe der mehrjährigen Böcke enden zumeist in der Sechser-Stufe. Nur gelegentlich kommt es zu einer weiteren Vereckung, die dann häufig auf Verletzungen des Rosenstockes oder der Stangen während des Schiebens zurückzuführen sind.

Die Neubildung des Geweihes

Sobald ein Bock seine Geweihstangen abgeworfen hat, bildet sich eine schwärzliche Haut, aus der dann der behaarte Bast entsteht. Diese Basthaut ist mit Nerven- und Gefäßbahnen sowie Duftdrüsen voll funktionstüchtig ausgestattet. In den Gefäßbahnen erfolgt der Transport des für den Geweihaufbau notwendigen Materials. Dieses setzt sich aus 44 % organischer und 56 % anorganischer Masse zusammen. In letzterer bilden Phosphor mit 22 % und Kalzium mit 26 % die wichtigsten Bestandteile (STUBBE 1990).

Zunächst werden die Rosen ausgebildet, danach die Stangen. Das Wachstum erfolgt ausschließlich von unten nach oben, nicht von innen nach außen. Folglich ist die verbreiterte Stangenbasis mit der Rose zuerst vorhanden. Das vom Blut herangeschaffte Material wird dann immer oben abgelagert. Das betrifft den Hauptstrang wie die Verzweigungen, also Aug- und Hinter-Ende. Stärker werden die Stangen mit fortschreitendem Wachstum nicht mehr. Nur die Perlen und zuweilen vorhandene Leisten entstehen zusätzlich ganz am Ende der Wachstumsperiode. Das ist einer der Gründe, warum sie so unterschiedlich in Zahl, Form und Größe sind.

Die Perlen an den Geweihstangen der Rehböcke sind mehr oder weniger Luxus. Trotzdem kann man ihnen eine gewisse Funktionalität nicht völlig absprechen. So bremsen sie gelegentlich Stöße gegnerischer Geweihstangen ab, aber insgesamt lebt ein Rehbock auch mit glatten Stangen ganz gut. Als Luxusprodukte entstehen sie jedoch nur dann, wenn noch genügend Material und Zeit vorhanden sind. Zunächst bildet der Rehbock unter der Basthaut glatte Stangen aus – die haben Vorrang. Erst danach entstehen die Perlen und eventuell Leisten.

Wozu Rosen und Perlen?

Die Gestalt von Perlen und Leisten scheint weitgehend genetisch fixiert zu sein, wird also vererbt. Doch ob sie überhaupt ausgebildet werden und, falls ja, wie stark, das hängt von der persönlichen und momentanen Situation des Rehbocks ab. Hat er im Vorjahr früh abgeworfen und war er in guter körperlicher Verfassung, so stehen ihm ausreichend Zeit und Kraft zur Verfügung, noch einige „Luxusartikel" anzuschaffen. Was die „Kraft" betrifft, so mögen auch Schnee (kostet Bewegungsenergie) und Kälte (kostet Energie für die Körpertemperatur) eine gewisse Rolle spielen, insofern natürlich auch der Standort eines Rehbockes. Zieht er im Winter hinunter ins Tal, wo es unter Umständen viel schattiger ist als oben am Berg? Hat er seinen Wintereinstand vielleicht überhaupt auf der Schattseite, etwa weil dort eine Fütterung steht? Viele Faktoren können Einfluss auf die Geweihbildung nehmen.

Mit anderen Worten: Ein Bock mit der Veranlagung zu einer aufwändigen Perlung muss keine solche vorweisen. Umgekehrt kann ein Bock mit geringer Veranlagung hierzu auch einmal ganz passabel geperlt sein, einfach weil die Umstände günstig waren.

Manche Böcke zieren ihre Stangen mit auffallenden, längs verlaufenden Leisten. Bei anderen scheinen die Perlen ein wildes Durcheinander zu pflegen. Manche haben eine Unzahl ganz kleiner Perlen, während andere regelrechte „Simse" und „Balkone" bilden. Da sind die Übergänge von der Perle zum zusätzlichen Spross durchaus fließend.

Die Natur macht allgemein Vieles, das uns nicht ganz rational oder eben verspielt erscheint. Wenn man nun bedenkt, dass Rehgeweihe in einer Zeit auf-

Fegen des Geweihes. Kalkeinlagerung lässt das Geweih hart werden, der Blutstrom versiegt, die Basthaut trocknet ein und löst sich vom Geweihknochen.

gebaut werden, in der Äsung nicht im Überfluss vorhanden ist, mögen Sinn und Zweck von luxuriösen Perlen fraglich sein. Dass es auch ohne sie geht, erleben wir ständig neu – auch starke Böcke haben, wie gesagt, oft glatte Stangen. Daraus entsteht ihnen kein für uns erkennbarer Nachteil.

Und dennoch sind Rosen und Perlen nicht ganz nutzlos. Immer wieder werden Böcke gefunden, die am Schädeldach Forkelverletzungen aufweisen. Manchmal steckt das abgebrochene Ende einer gegnerischen Geweihstange im Schädel. Verletzungen in diesem Bereich sind immer gefährlich, auch wenn es sich um relativ harmlose Fleischwunden handelt, einfach weil die Böcke am eigenen Schädel platzierte Wunden nicht säubern können. In der warmen Jahreszeit legen schnell die Fliegen ihre Eier in ihnen ab, aus denen nach Tagen die Maden schlüpfen. So kommt es zur Sepsis und in der Folge unweigerlich zum Verenden.

Die Platzierung und Stellung des Geweihes auf dem Schädel führt fast zwangsläufig dazu, dass Stiche des Gegners auf die Mitte der Schädelplatte zielen. Rosen wirken in diesem Zusammenhang wie kleine Schutzhelme an der wichtigsten Stelle. Und jetzt kommen noch die Perlen hinzu. An einer glatten Stange rutscht die des Gegners ziemlich ungebremst ab. Fährt dieser jedoch mit

Aug- oder Mittelende in eine luxuriöse Perlung, wird der Stich stark gebremst. Die Mehrzahl der Perlen sitzt ja auch unterhalb der Augsprossen. Oberhalb werden sie ohnehin nicht gebraucht, weil dort die Vereckung (soweit vorhanden) die gegnerischen Waffen abfängt.

Jetzt ließe sich fragen, wie es sich die Rothirsche – die ja viel häufiger kämpfen als Rehböcke – leisten können, auf ausladende Rosen zu verzichten. Nun, Hirschgeweihe sind völlig anders aufgebaut als Rehgeweihe, und auch die Kampftechnik der Hirsche ist eine andere. Fast immer endet das Geweih eines erwachsenen Hirsches in einer aufwändigen Krone oder zumindest in einer Gabel. Zum Kampf kommt es fast nur zwischen Hirschen desselben oder ähnlichen Ranges. Macht keiner der beiden Kontrahenten einen taktischen Fehler, verfangen sich die Stangen in ausreichendem Abstand zum Schädel. Wenn ein Hirsch geforkelt wird, dann meist im Brust- oder Bauchbereich. Aber fast ebenso häufig verenden Hirsche, weil sich ihre endenreichen Stangen unlösbar ineinander verfangen haben.

Fegen als Abschluss des Geweihaufbaus

Das Geschlechtshormon Testosteron sorgt für die Einlagerung von Kalk in die noch weichen und schmerzempfindlichen Geweihstangen. Dieser behindert die Durchblutung der beiden Knochen immer mehr, bis sie schließlich völlig versiegt. Die Geweihstangen selbst sind jetzt schmerzunempfindlich. Anders die sie umgebende Basthaut: Sie löst einen starken Juckreiz aus und trocknet gleichzeitig ein. Für die Böcke ist dies der Anlass, die Geweihe zu fegen. Das Abstreifen der Basthaut ist kein langwieriger Prozess, sondern erfolgt „in einem Ruck“, weil sich der Bast vorher schon weitgehend von den Stangen gelöst hat.

Unmittelbar nach dem Fegen haftet an den Stangen noch Schweiß, sonst aber sind sie nahezu weiß. Erst durch das Fegen (Pflanzensäfte) und durch die Oxidation erhalten sie ihre Farbe. Gleichzeitig werden jedoch die Enden der Sprossen und die Oberflächen der Perlen und Leisten hell poliert.

Der Geweihabwurf

Sowohl die Bildung eines Geweihes wie später sein Abwurf werden hormonell gesteuert. Im Spätwinter kommt es zu einer Verschiebung der Hormonproduktion. Das bis dahin dominierende Wachstumshormon geht zurück, während das in der Hirnanhangdrüse produzierte Geschlechtshormon Testosteron verstärkt ausgeschüttet wird. Die Produktion von Testosteron wird weitgehend von der Länge des Tageslichtes beeinflusst.

Nach der Brunft geht die Testosteronproduktion zurück und Wachstumshormone dominieren wieder. Das führt zu dem bereits weiter oben beschriebe-

Einseitig abgeworfener Bock.

Zumindest vier Jahre alter Rehbock, der seine linke Stange bereits am 12. Oktober abgeworfen hat, die rechte hingegen erst am 29. Oktober.

nen Prozess des Geweihabwurfs. Es wachsen an der Verbindungsstelle zwischen Rosenstock und Geweihstange zunächst knochenfressende Zellen, die Osteoklasten. Sie lassen die Verbindung brüchig werden, bis die Stangen schließlich den Halt verlieren und abfallen.

Unter Jägern hält sich hartnäckig die Meinung, alte Böcke würden grundsätzlich zuerst abwerfen und die ganz jungen zuletzt. Das stimmt nach eigener Beobachtung nicht. Ich selbst hatte 1987 im Gießwald einen Jährling, der bereits am 21. September einseitig abgeworfen hatte – also noch vor den älteren Böcken!

Im rund 10.000 Hektar großen alpinen Revier Weichselboden, in dem ein Großteil der Rehe markiert war, warfen diese zwischen dem 2. Oktober und dem 16. Januar ab (von Bayern 1986). Unter jenen, die zuerst abwarfen, waren sowohl im Geweih besonders starke als auch auffallend schwache Böcke. Dabei war ein Teil der besonders starken Böcke (500 Gramm +) auch unter den ausgesprochenen Spätabwerfern zu finden. Auch mit dem Alter korrelierte der Abwurf nicht. So warfen nachweislich alte Böcke (7 und 6 Jahre) in der ersten Oktoberhälfte ab. Ein siebenjähriger Bock sogar als erster am 2. Oktober! Umgekehrt war ein fünfjähriger Bock noch unter den Spätabwerfern im Januar.

Die meisten Stangen fielen in Weichselboden zwischen dem 15. November und dem 15. Dezember. Diese Erfahrungen konnten wir in Isny bestätigen, wo mittels Pendelklappen an den Fütterungen und mit Hilfe eines Hundes intensiv Abwurfstangen gesucht und gefunden wurden. Es ist aber durchaus möglich, dass sich in anderen Landschaften auch andere Abwurfschwerpunkte zeigen. Eine feste Regel zeichnete sich nicht ab.

STUBBE (1990) schreibt zum Zeitpunkt des Geweihabwurfes:

> Sowohl die Beobachtungen im Wildforschungsgebiet Hakel als auch die in der Hegegemeinschaft Knüll (Nordhessen) an markierten Rehen ergaben keinen Einfluss des Alters auf das Abwerfen.

Der Zeitraum, der zwischen dem Abwurf der beiden Geweihstangen liegt, ist individuell verschieden. Wir haben in Isny viele Pass-Stangen nebeneinander in oder bei der Fütterung liegend gefunden. Solange es der Schnee zuließ, wurden die Fütterungen fast täglich kontrolliert. Zumindest ein erheblicher Teil der Pass-Stangen wurde am selben Tag gefunden. Umgekehrt sind mir in den verschiedensten Revieren Böcke begegnet, die eine volle Woche mit einer Stange herumliefen. Diese Erfahrungen decken sich durchaus mit jenen anderer Jäger. Der HERZOG VON BAYERN (1986) sprach sogar von mehreren Wochen. Jedenfalls scheint es bei den Rehböcken anders zu sein als bei den Hirschen.

Innere Organe und Drüsen

Brustorgane und Kreislauf

Innerer Aufbau und Funktion der Organe des Rehwildes entsprechen dem anderer Säuger, insbesondere Wiederkäuer. Brusthöhle und Bauchhöhle werden durch das Zwerchfell getrennt. In der Brusthöhle besteht ein Vakuum. Das Zwerchfell selbst ist ein Muskel, der die Atmung ermöglicht. Durch Kontraktion zieht sich das Zwerchfell zusammen, wodurch der Brustraum an Volumen und die Lunge Platz gewinnt; dadurch wird Luft eingeatmet. Entspannt sich das Zwerchfell, erfolgt das Ausatmen. Bei jeder Kontraktion des Zwerchfells wird Energie verbrannt. Ruhende Rehe verbrennen also grundsätzlich weniger Energie als solche in Bewegung. Das ist für den Jäger – mit Blick auf den Winter – eine ganz wichtige Erkenntnis!

Da sich Rehe weder als ausdauernde Läufer noch als Kletterer betätigen, benötigen sie auch keine besonders leistungsfähigen Lungen. Auch der Gehalt an roten Blutkörperchen ist nicht besonders hoch. In der Brusthöhle befindet sich auch das für den Blutkreislauf zuständige Herz. Es ist bezogen auf das Körpervolumen und verglichen mit Gams- oder Steinwild nicht sehr groß.

Skelett und Organe

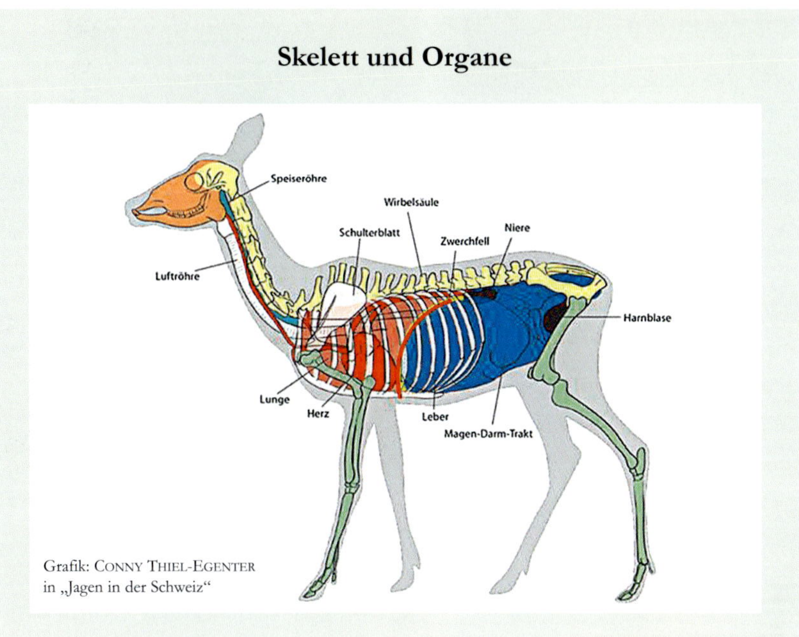

Grafik: CONNY THIEL-EGENTER in „Jagen in der Schweiz"

Der Körper des Rehes ist in zwei große Kammern unterteilt, die das Zwerchfell trennt. In der vorderen Kammer liegen Lunge und Herz. Durch diese Kammer führt auch die Speiseröhre. In der hinteren Kammer liegen die Verdauungs- und Ausscheidungsorgane: Magen- und Darmsystem, Leber, Milz, Nieren, Blase und innere Geschlechtsorgane.

Magensystem beim Reh

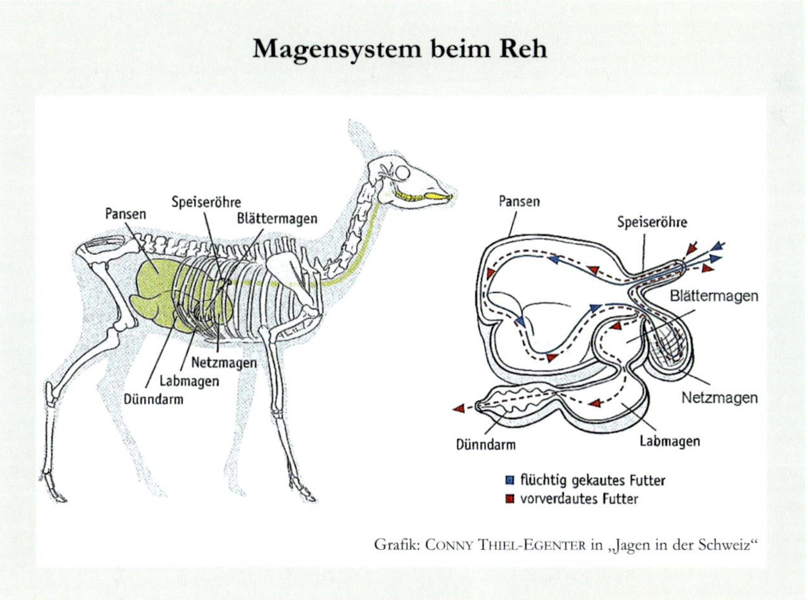

Grafik: CONNY THIEL-EGENTER in „Jagen in der Schweiz"

Verdauungssystem

Rehe sind wiederkäuende Pflanzenfresser *(Ruminantia)* mit vierkammerigen Mägen. Die grob zerkleinerte Nahrung gelangt zunächst über die Speiseröhre *(Oesophagus)* in den Pansen *(Rumen)*, wo durch Mikroorganismen ein Teil der Kohlenhydrate abgebaut wird. Die Fragmente werden von der Pansenschleimhaut resorbiert *(Fermentation)*. Dabei wird der Nahrungsbrei zwischen Pansen und Netzmagen *(Reticulum)* hin und her bewegt. Danach wird er in kleinen Portionen über die Speiseröhre zurück ins Maul befördert und weiter zerkleinert, ehe er neuerlich in den Netzmagen gelangt. Feine Partikel gehen weiter in den Blättermagen *(Omasus)*, wo Feuchtigkeit entzogen wird. Die letzte Kammer ist der Labmagen. In ihm werden durch Sekretion von Salzsäure der pH-Wert gesenkt sowie durch körpereigene Enzyme Eiweiße und Fette verdaut.

Die Angehörigen der Hirschfamilie entwickelten sich überwiegend in der offenen Landschaft. Dort findet das einzelne Tier im möglichst großen Rudel die meiste Sicherheit. Es genügt, wenn einige wenige Rudelmitglieder nach Feinden Ausschau halten, während die Mehrzahl in Ruhe äsen kann. Da ist ein möglichst großer Pansen als Sammelbehälter sinnvoll. Aus ihm lässt sich später – wenn das Rudel sich zur Ruhe niedertut – die Nahrung portionsweise zurückholen und wiederkäuen. Rehe haben sich jedoch, wie wir schon gehört haben, in eine ganz andere Richtung entwickelt. Sie entschieden sich für ein Leben am Rande der Wälder und im Buschland. Dort ist die Sicht geringer als im Offenland; daher macht auch die Bildung großer Rudel keinen Sinn. Jedes Reh ist sozusagen sein eigenes Leittier und muss entsprechend viel Zeit für die Feindvermeidung aufwenden. Entsprechend sind seine unterschiedlichen Intervalle für Nahrungsaufnahme, Ruhe, Sozialverhalten und Wiederkäuen relativ kurz. Es muss folglich häufiger Nahrung aufnehmen als andere Wiederkäuer.

Relativ kleiner Pansen

Die Wiederkäuer werden – je nach bevorzugter Nahrung und Fressverhalten – unterschieden. Arten, die besonders eiweißreiche und leicht verdauliche Pflanzen bevorzugen, werden *Konzentratselektierer* genannt. Der typische Vertreter ist bei uns das Reh, gefolgt vom Elch. Rehe haben einen relativ kleinen Pansen und müssen daher häufiger Nahrung aufnehmen. Arten, die unselektiv weiden, werden *Graser (Browser)* genannt. Sie haben besonders große Pansen und kommen daher mit weniger Äsungsintervallen aus. Dieses Verdauungssystem eignet sich besonders für Tierarten, die in Rudeln leben und daher kaum selektieren können. Typischer Vertreter dieser Gruppe wäre der Wisent. In der Mitte steht das Rotwild *(Intermediär-Typ)*. – *Siehe auch Grafik Seite 44!*

Pansenschleimhaut mit Zotten.

Im September sind die Pansenzotten noch lang und dicht, weil die Nahrung noch sehr energiereich ist. Im Winter reduziert sich ihre Oberfläche um rund ein Drittel. Mikroorganismen beginnen mit der Zerlegung der Nahrung.

Schleimhaut Netzmagen.

Den Netzmagen könnten wir auch als „Sortierstation" bezeichnen, von dem aus die zerkaute Nahrung zuerst in den Pansen, dann wieder zurück in den Äser und schließlich zum Labmagen geschickt wird.

Schleimhaut Blättermagen.

Im Blättermagen wird mechanisch die Feuchtigkeit aus dem Nahrungsbrei gedrückt, ehe er in den Labmagen weitergeschoben wird.

Schleimhaut Labmagen.

Der Labmagen ist mit einer Drüsenschleimhaut ausgekleidet. In ihm findet die eigentliche Verdauung statt, bei der zunächst der pH-Wert durch Produktion von Salzsäure abgesenkt wird. Körpereigene Enzyme sorgen für die weitere Verdauung. Im nachfolgenden Dünndarm werden dann die Nährstoffe abgezogen und in die Blutbahn geleitet.

Über den Konzentratselektierer Reh schreibt HOFMANN:

> Rehwild äst kein Gras, es selektiert zwischen diesem die Kräuter und Blüten heraus, wenn es auf Wiesen austritt. Der Konzentratselektierer Reh hat einen relativ kleinen, einfach gebauten Pansen, in dem die nährstoffreiche, leicht verdauliche Äsung nicht lange verweilen kann (die Futter-Verzögerungsmechanismen später entstandener Wiederkäuer fehlen noch).

Der Jäger hat beim Ansitz immer wieder die Möglichkeit zu sehen, welche Pflanzen Rehe gerade äsen. Auch wenn er ein Reh erlegt hat, kann er sofort nachschauen, welche Pflanzen oder Pflanzenreste sich noch im Äser des Rehs befinden. Das ist eine interessante Beschäftigung, und es lohnt sich, die Ergebnisse zu notieren. Die Behauptung, Rehwild würde überhaupt keine Gräser aufnehmen oder allenfalls deren Blüten und Samenstände, fand ich nicht bestätigt. Richtig ist, dass Rehe Kräuter und von Gräsern bevorzugt die Blüten und Samenstände aufnehmen.

Wandel im Jahreslauf

Die Pansenschleimhaut (Pansenzotten) verändert sich im Jahreslauf. Während der Vegetationszeit stehen die Zotten dichter, und sie sind länger als im Winter. Zu Beginn der kalten Jahreszeit reduziert sich ihre Oberfläche um rund ein Drittel (KÖNIG, HOFMANN UND GEIGER 1976). Damit stellt sich der Organismus auf das veränderte Nahrungsangebot ein.

Es ist anzunehmen, dass wir längst noch nicht alles über diese Tierart wissen und noch manche Überraschung erleben werden. Die Versuche ARNOLDS (2008) – der Rotwild besenderte und so neben den Aktivitäten auch die Körpertemperatur messen konnte – zeigten, dass Rotwild im Winter seinen Energieverbrauch nicht nur durch passives Verhalten, sondern auch durch eine signifikante Absenkung der Körpertemperatur drosselt.

Diese Strategie ermöglicht es auch den Rehen, in nahrungsarmen Zeiten ökonomisch zu haushalten. Sie sammeln im Herbst Feistreserven an und achten im Winter darauf, so wenig wie möglich Energie zu verbrauchen. Wenn sie sich nicht wesentlich bewegen, verbrauchen sie nicht viel mehr als den Energie-Grundumsatz. Darunter versteht man jene Energie, die zur Aufrechterhaltung des Kreislaufes, der Körpertemperatur, der Atmung und Verdauung sowie für eingeschränkte Bewegung benötigt wird. Dafür, dass dieser Grundverbrauch an Energie gesichert ist, sorgen die im Herbst angesammelten Fettreserven. Sie werden im Laufe des Winters weitgehend abgebaut und von der Leber in Kohlenhydrate umgewandelt. Sind keine Fettreserven vorhanden, wird Muskelmasse abgebaut. Drei Tage ohne Nahrungsaufnahme eingeschneit unter einer Wettertanne zu sitzen, kann energetisch günstiger sein als der Weg durch den Tiefschnee zu einer Fütterung! Bei uns im alpinen Raum überwintern viele Rehe auf diese Weise oberhalb der Baumgrenze. Sie sitzen unter den vom Schnee tief herabgedrückten Ästen einzelner Fichten oder Tannen, deren Nadeln und anhängenden Flechten sie äsen. Hat sich das Wetter beruhigt und wurde der Neuschnee tragfähiger, ziehen sie weiter.

Im Frühjahr steigt bei Böcken und Geißen der Energieverbrauch rasch an: Winterverluste müssen aufgeholt werden, und die Geißen befinden sich im letzten Stadium ihrer Trächtigkeit. Bei beiden Geschlechtern steht zudem der Haarwechsel an.

Drüsen

Rehe haben, wie andere Tiere auch, zahlreiche Drüsen, die wir – wenn überhaupt – allenfalls beim Zerlegen des Tieres sehen. Was wir aber sehr wohl immer wieder erleben, ist der Gebrauch jener Drüsen, mit denen die Rehe kommunizieren. Beide Geschlechter sind mit Drüsen ausgestattet, und beide hinterlassen damit Informationen. Drüsen dienen der Kommunikation der Rehe untereinander.

So beschädigen Rehböcke die Rinde junger Bäume nicht, um den Förster zu ärgern; vielmehr streifen sie bei diesem Vorgang ein Sekret aus den Stirnlocken-Drüsen ab – sie setzen damit „Marken". Der Bock kennzeichnet so seinen Wohnraum. Er markiert entlang seiner Grenze, aber auch an vielen anderen Stellen inmitten seines Reviers. Damit ersparen sich die Böcke unangenehme Begegnungen und Streitereien mit Nachbarn.

Sitz der Drüsen beim Rehwild.

Rehwild verfügt über eine Vielzahl von Drüsen. Einige dienen vor allem der innerartlichen Kommunikation. Ihr Sekret wird beim Fegen, beim Wangenreiben und in der Fortbewegung freigesetzt.

Rehbock, wangenreibend.

Der Bock reibt an Holz oder Pflanzen seine Wangen und streift dabei ein Sekret aus den Wangendrüsen ab, das Informationen für Artgenossen enthält.

Rehböcke „plätzen", das heißt, sie scharren mit ihren Vorderläufen den Boden frei. Häufig tun sie das vor einem Jungbaum, den sie gleichzeitig befegen. Auch das Plätzen dient der Kommunikation. Wie die Fegemarken am grünen Holz, so sind auch die Plätzstellen recht auffällig. Es sind zwei verschiedene Drüsen, die zum Einsatz kommen: Zwischen den Schalen aller vier Läufe befinden sich Zwischenzehendrüsen und an den Hinterläufen zusätzlich noch die Zwischenklauensäckchen. Deren Sekret dient sowohl der Körperpflege – Wundschutz der Zehen – als auch der Duftmarkierung.

An den Hinterläufen des Rehs befinden sich überdies noch die schwarzen Haarbürsten, in denen ebenfalls Drüsen versteckt sind. Das von ihnen abgegebene Sekret wird beim Ziehen an der Vegetation abgestreift.

Manchmal können wir Rehe beobachten, die an einem toten oder lebenden Holz ihre Wangen reiben. Sie tun das jedoch nicht, wie manche Betrachter meinen, um einem Juckreiz zu begegnen. Auch beim Wangenreiben streifen sie ein Sekret ab – aus den Wangen-Drüsen. Es dient ebenfalls der Reviermarkierung, doch reiben Rehe mitunter ihre Wangen auch gegenseitig. Dieses Verhalten wird wohl vor allem unter verwandten Rehen stattfinden. Sie markieren sich gegenseitig und festigen damit ihre Zuneigung und Bindung. Schon Geiß und Kitz tun dies.

Am Kopf gibt es noch ein weiteres Drüsenpaar, die allerdings kleinen Voraugendrüsen. – Böcke verfügen zusätzlich noch über Pinseldrüsen.

Haare und Haarwechsel

Was sind Haare?

Der Jäger muss vor allem eines wissen: Haare sind Energie, und da sie im Frühling und Herbst gewechselt werden, muss das Reh die zum Aufbau der Haare notwendige Energie erst einmal aufnehmen!

Mit dem Haarwechsel verändert sich das Aussehen der Rehe. Im Sommer variiert ihre Grundfärbung von „semmelfarben“ (sehr blasses Rot) bis dunkel „hirschrot“. In der Winterdecke erscheinen sie braun. Die im Sommer kurzen, blass-ockerfarbenen Spiegelhaare werden im Herbst durch deutlich längere und strahlend weiße Haare ersetzt.

Im Winterfell stehen die Haare nicht nur dichter, sie sind auch stärker gewellt. Dadurch wird zwischen ihnen mehr Luft eingeschlossen, die der Isolation dient.

Neben den „normal“ gefärbten Rehen kommen gebietsweise auch schwarze – melanistische – Stämme vor. Diese Schwärzlinge haben im Haar einen deutlich höheren Anteil schwarzer Pigmente.

Gelegentlich kommen auch weiße – albinotische – Rehe vor, denen das schwarze Pigment im Haar völlig oder teilweise fehlt. Es gibt also neben kompletten auch Teilalbinos. Während schwarzes Rehwild lokal gehäuft auftreten kann, also Stämme bildet, treten Albinos fast nur einzeln auf.

Frühjahrshaarwechsel beim Reh.

Beim Frühjahrshaarwechsel brechen zunächst die braunen Spitzen des Winterhaars ab, was dem Reh ein sehr ruppiges Aussehen verleiht. Danach fallen die Haare, am Kopf beginnend, büschelweise aus, und es erscheint das rote Sommerhaar.

Einmal oder zweimal?

Rehe wechseln zweimal im Jahr ihr Haarkleid. Der Wechsel vom Winter- ins Sommerhaar beginnt mit dem Abbruch der schwarzen Haarspitzen im März. Die Rehe sehen dann sehr ruppig aus und machen auf unerfahrene Jäger einen kranken Eindruck. Danach – Ende April und im Mai – bildet sich, am Kopf beginnend und nach hinten fortsetzend, das kurze und dünnere Sommerhaar. Sowie sich das Sommerhaar bildet, fällt das Winterhaar aus. Bei erwachsenen Rehen, besonders bei Geißen, findet man oft selbst Mitte Juni auf den Keulen graues Haar.

Im September beginnt sich unter dem kurzen Sommerhaar das Winterhaar zu bilden. Sukzessive fällt das Sommerhaar aus, und das Winterhaar wächst bis zur vollen Länge.

Gelegentlich wird behauptet, ein Haarwechsel fände nur im Frühjahr statt, während im Herbst die Haare nur länger und dichter und eine andere Farbe annehmen würden (Pohlmeier 2014). Der Praktiker weiß, dass im September zwischen den kurzen, roten Sommerhaaren dunkle Winterhaare wachsen, die zunächst viel kürzer sind. Die Sommerhaare fallen dann, am Kopf beginnend, nach und nach aus und werden komplett durch neue Winterhaare ersetzt.

Nach tradierter Jägermeinung ist der Zeitpunkt des Haarwechsels vom Alter des Rehs abhängig. Das trifft in dieser Ausschließlichkeit jedoch nicht zu. Gleichwohl orientieren sich viele Jäger beim Abschuss am Haarwechsel. Sie ordnen Böcke, die im Frühjahr spät das Haar wechseln, als alt ein, ebenso billigen sie Geißen, die im September lange ihr Sommerhaar tragen, ein hohes Alter zu. Der Haarwechsel hat also auch jagdpraktische Bedeutung.

Tatsächlich hängt der Zeitpunkt des Haarwechsels beim Reh jedoch weniger von dessen Alter ab als von seiner persönlichen Lebenssituation. Der Haarwechsel kostet einerseits Kraft, ist aber auch nicht vordringlich. Er muss vom Reh mit Energiereserven bezahlt werden. Ob ein Reh ausreichend Reserven hat, hängt von seiner Gesamtkondition ab und davon, welche anderen energieaufwändigen Leistungen es erbringen muss, die momentan wichtiger sind. Da muss eventuell der Haarwechsel zurückstehen!

Bei den Böcken setzt der Haarwechsel im April ein, wobei die Jährlinge – in der Regel – beginnen. Die mehrjährigen Böcke folgen nach. Wie bei den Geißen hängt auch bei ihnen der Zeitpunkt vom übrigen Energieverbrauch beziehungsweise Energiedefizit und somit auch etwas von der Witterung ab.

Ein langer, strenger Winter kann an den Energiereserven der Rehe zehren und den Haarwechsel im Frühjahr generell hinauszögern. Doch auch innerhalb eines Reviers können – besonders im Gebirge – unterschiedliche Verhältnisse herrschen. Da gibt es neben ausgesprochen kalten Schattlagen auch auffallend warme (und äsungsreichere) Sonnlagen. So vermag bereits der Standort einer

Haarwechsel im September.

Noch immer gibt es Wissenschaftler, die behaupten, Haarwild würde ausschließlich im Frühjahr das Haar wechseln, im Herbst jedoch nur umfärben. Bei diesem Rehbock sind das rote Sommerhaar und das noch viel kürzere Winterhaar gut zu sehen.

Winterfütterung oder der inzwischen erkämpfte oder traditionelle Einstand, letztlich die körperliche Gesamtkonstitution, Einfluss auf den Färbezeitpunkt nehmen. Es gibt also für den Haarwechsel keinen fixen Zeitpunkt.

Bis heute hält sich unter Jägern der Spruch: „Junge Böcke verfärben zuerst, die ältesten zuletzt!" Er ist nur insofern richtig, als die Mehrzahl der Jährlinge vor den Mehrjährigen das Haar wechselt. In der Regel beginnen die Jährlinge mit dem Haarwechsel, ehe sie fegen. Bei uns in Mittelkärnten (südalpin) sind die meisten so um den 20. Mai herum rot. Ausnahmsweise sieht man jedoch selbst Anfang Juli noch Jährlinge, die ihr Haarkleid nicht vollständig gewechselt haben. Ursachen können eine schwache Gesamtkonstitution sein (Winter), aber auch Parasiten.

Haarwechsel und Färbung hängen immer und vor allem mit der körperlichen Verfassung eines Rehs ab, sodass wir den Bock schon vom ganzen Typ her meist richtig einzuordnen vermögen.

Gelegentlich ist aber auch ein mehrjähriger Bock bereits völlig rot, wenn nahezu alle Jährlinge noch Reste grauen Winterhaars aufweisen. Das ist zwar die Ausnahme, kommt jedoch vor. Jedenfalls ist es nicht möglich, bei den mehrjährigen Böcken vom Zeitpunkt des Haarwechsels auf das Alter zu schließen. Ein zweijähriger Bock kann durchaus später wechseln als ein sechsjähriger. Der

Jäger will ja vor allem wissen, ob ein bestimmter Bock noch zur Mittelklasse oder schon zur Altersklasse gehört. Hier versagt die Färbetheorie, weil eben der wirklich alte Bock vor dem jungen rot sein kann.

Genaue Aufzeichnungen über Fegetermin und Haarwechsel hat ELLENBERG (1978) im Rehgatter Stammham gemacht:

Fegezeiten und Haarwechsel

Febr. Kg	März	April	Mai	Juni Ohr	
26,4 t				352	≧ 5-jährig
24,6 t				367	≧ 5-jährig
25,2 t				157	≧ 5-jährig
27,5 t				1	≧ 5-jährig
26,6 t				5	≧ 5-jährig
25,2 t				124	4-jährig
27,3 t				116	4-jährig
26,1 t				133	4-jährig
29,2 nt				120	4-jährig
24,0 t				115	4-jährig
25,9 nt				123	4-jährig
26,0 nt	Mönch			113	4-jährig
26,0 t				203	4-jährig
23,1 nt				315	3-jährig
26,0 t				319	3-jährig
25,9 t				304	3-jährig
27,3 t				313	3-jährig
21,2 nt				312	3-jährig
23,5 t				202	2-jährig
20,8 nt				207	2-jährig
22,1 nt				255	2-jährig
18,3 nt	krank			217	2-jährig
21,6 nt				253	2-jährig
21,9 nt				214	2-jährig
- nt				-	2-jährig
13,2				36	Jährlinge
14,2				85	Jährlinge
14,5	Knöpfe			80	Jährlinge
16,0				67	Jährlinge
14,0	Knöpfe			57	Jährlinge
12,7				81	Jährlinge
13,0				52	Jährlinge
-				-	Jährlinge

kg = Lebendgewicht (Nov./Dez. 73)
Ohr = Nummer der Ohrmarke
□ = Fegetermin
t = territorial
nt = nicht territorial
▬ = Haarwechsel

Einen signifikanten Unterschied gibt es nur zwischen Jährlingen und Mehrjährigen. Erstere wechseln mehrheitlich das Haar, ehe sie fegen. Die Mehrjährigen fegen zuerst und wechseln dann das Haar.
(Grafik: ELLENBERG 1978*)*

Auch WÖLFEL (1987) wies darauf hin, dass weibliches Rehwild beim Haarwechsel denselben Regeln unterworfen ist wie männliches. Wie bei den meisten Regeln steckt jedoch auch in der alten Haarwechsel-Theorie ein kleiner Kern von Wahrheit. Wölfel:

> Richtig ist, dass ältere Böcke in der Mehrzahl den Haarwechsel später vollziehen als jüngere. Falsch dürfte aber sein, dass dies aufgrund ihres höheren Alters geschieht. Vielmehr muss es heißen, dass Böcke mit stärkerem Gehörn später verfärben. Und das sind nun eben in der Mehrzahl die älteren Individuen. Schiebt aber beispielsweise ein zweijähriger Bock besonders stark, so wird bei ihm der Haarwechsel ebenso zurückbleiben wie beim kapitalen Fünfjährigen.

Die alte Färbetheorie hat zuweilen fatale Folgen, nämlich dann, wenn Böcke mit sehr starken Geweihen erlegt werden, weil sie erst sehr spät das Haar wechselten. Es ist eben gerade diese Färbetheorie, die gelegentlich dazu verleitet, jüngere Böcke zu erlegen. Dabei ist es eigentlich ganz logisch, dass der Aufbau eines besonders starken Geweihes auch besonders viel Energie kostet und daher der Haarwechsel hinausgeschoben wird. Wer viel Kraft in sein Geweih investiert hat, muss die für den Haarwechsel notwendige Energie zunächst sammeln.

Auch NEUHAUS (1978) verneint die Zuverlässigkeit des Färbezeitpunktes als Mittel der Altersschätzung:

> Auch der Termin des Verfärbens ist bei beiden Geschlechtern stark witterungsabhängig und daher fließend … Frühes Verfärben im Mai kann aber in allen Altersklassen lediglich als ein Zeichen guter Kondition gewertet werden. Insbesondere nach milden Wintern nehmen die Regelwidrigkeiten zu, indem ältere Böcke früher verfärben, während Knopfböcke und bestveranlagte Einjährige noch eselsgrau sind.

Nahrung und Nahrungskonkurrenz

Eigene Nahrungsnische

Rehe sind keine Grasfresser, haben wir gehört. Das heißt aber nicht, dass sie Gräser grundsätzlich verschmähen, nur spielen diese in ihrer Nahrung keine wesentliche Rolle. Dafür ist die Zahl der von ihnen aufgenommenen Pflanzen unglaublich groß. Es wird kaum gelingen, alle in Europa wachsenden und von Rehen aufgenommenen Pflanzen zu erfassen. Noch schwerer, wenn nicht unmöglich ist es, die bekannten Äsungspflanzen hinsichtlich ihrer Beliebtheit zu graduieren. Was an einem Ort gerne aufgenommen wird, kann anderen Ortes regelrecht verschmäht werden.

Esser (1958, in: Kurt 1979) stellte auf der Schwäbischen Alb fest, dass von 160 im Untersuchungsgebiet vorkommenden Pflanzen 63 % vom Rehwild aufgenommen wurden. Noch weiter konnte Klötzli (1965, in: Kurt 1979) ausholen. Er fand von über 500 in der Schweiz vorkommenden Pflanzen rund 70 % vom Rehwild beäst.

Ob Rehe nun mehr Knospen und Blätter von Bäumen und Sträuchern, mehr krautartige Pflanzen oder mehr Gräser aufnehmen, ist nicht nur lokal und individuell ganz verschieden, sondern auch jahreszeitlich.

Rehe sind typische Konzentratselektierer mit einem im Verhältnis zum Körpervolumen kleinen Pansen, aber mit zahlreichen Äsungsintervallen. (Grafik: nach Hofmann 1972*)*

Wer nicht nur mit dem Gewehr, sondern auch mit Papier und Bleistift jagt, wird – was die Äsungspflanzen des Rehwildes betrifft – immer wieder neue „Beute" machen. Der Verfasser tut dies seit Jahrzehnten und muss sich ständig revidieren. So etwa beim Zwerg-Holunder *(Sambucus ebulus)*, der nebenbei bemerkt als giftig eingestuft ist. Kürzlich erst schaute ich einer Rehgeiß mit zwei Kitzen zu; alle drei ästen ausgiebig an dieser Pflanze. Es war die erste derartige Beobachtung in fast sechzig Jagdjahren!

Einfluss auf einzelne Pflanzenarten

Damit sind wir bei den „Giftpflanzen". Nicht wenige von ihnen werden vom Rehwild offenbar schadlos und wohl auch gezielt aufgenommen – manche durchaus regelmäßig, manche hingegen selten. Zu den selten und nur in kleinen Dosen aufgenommenen gehören sicher der besonders giftige Seidelbast *(Daphne mezereum)* und die für den Menschen tödliche Tollkirsche *(Atropa belladonna)*. Daneben werden zahlreiche nur gering giftige Pflanzen geäst, ebenso zahlreiche, die als Heilpflanzen eingestuft sind. Nach Klötzli war jede dritte regelmäßig verbissene Äsungspflanze im Wald als Heilpflanze bekannt.

Für manche Pflanzenarten kann Rehwildverbiss bedrohlich sein und sogar zum lokalen Aussterben führen. Rehe können sich aber durch ihren Verbiss auch Nahrung schaffen. Manche Pflanzen reagieren auf Verbiss nämlich ausgesprochen positiv (aus der Sicht des Rehs), mit einer Vervielfältigung ihrer Trieb- und Knospenmasse. So hat eine etwa meterhohe noch unverbissene Fichte nur wenig Verbissmasse. Wird sie jedoch mehrere Jahre in Folge ihres Leittriebes beraubt und auch seitlich vom Rehäser beschnitten, so reagiert sie darauf mit der Produktion der vielfachen Verbissmasse. Ebenso ist es bei der Buche und selbst bei Esche und Ahorn.

Je häufiger die junge Tanne verbissen wurde, umso mehr Verbissmasse produzierte sie, weil jedem verbissenen Leittrieb mindestens zwei neue Triebe folgen.

Auch an dem jungen Berg-Ahorn wird deutlich, wie er mit jedem Verbiss seine Triebe im Äserbereich vermehrt. Verbiss sichert den Rehen nachhaltig Nahrung.

Salz- und Wasserbedarf

Rehe werden als reine Pflanzenfresser bezeichnet. Das heißt aber nicht, dass sie grundsätzlich und absolut kein tierisches Gewebe aufnehmen. Zunächst einmal nimmt jede Rehgeiß unmittelbar nach dem Geburtsvorgang die Plazenta und die Nachgeburt auf. Ob sie damit nur „Spuren" beseitigen will, ist fraglich. Neuhaus (1978) berichtet von Rehen, die in einem abgelassenen Karpfenteich Teichmuscheln aufnahmen. Er vermutet, dass sie auf diese Weise ihr Kalk- und Salzbedürfnis stillten. Buschenreiter (2009) berichtet von einer Rehgeiß, die im Winter auf einem Komposthaufen am Stadtrand von Villach regelmäßig Brustfleisch von Suppenhühnern aufnahm, die zuvor zusammen mit Kräutern wie Liebstöckel *(Levisticum officinale)* abgekocht wurden. Ob es das beim Abkochen verwendete Salz war oder der Geschmack der mitgekochten Kräuter, lässt sich nicht sagen. Unsere „Hausrehe" nahmen die Liebstöckelpflanze hingegen nie an, was aber nicht ausschließt, dass sie es andernorts tun.

Rehe zerbeißen und fressen aber auch systematisch Parasiten, beispielsweise Hirschläuse, die im Sommer und Herbst massenhaft an Rehen auftreten können (Wimmer 2014).

Rehe benötigen, wie andere Tiere auch, Salz, ja es ist manchmal direkt gierig danach. Der Jäger weiß das, und er macht sich dieses Bedürfnis seit jeher zu Nutzen. Einerseits halten viele Jäger das Angebot von Salz für das Wohlbefinden der Rehe für notwendig, andererseits nutzen sie es, um Rehe beobachten und erlegen zu können. Auf die Frage, woher Rehe und andere Wildtiere das notwendige Salz früher nahmen, wird behauptet, sie hätten es von natürlichen Salzlecken geholt. Fakt ist aber, dass Rehe über ihre pflanzliche Nahrung genug Salz aufnehmen. Es bedarf absolut keiner Salzlecken. Offene Salzaufnahme über Lecken erzeugt Durst und fördert ganz entschieden den Verbiss, denn ein Großteil des von den Rehen benötigten Wassers wird über Pflanzen aufgenommen.

Salzlecke.

Salzlecken helfen dem Jäger mehr als den Rehen!

Schöpfendes Reh.

Ob Rehe offenes Wasser annehmen, scheint ganz wesentlich vom Wassergehalt ihrer Nahrung abzuhängen.

Ob alle Rehe zumindest gelegentlich offenes Wasser annehmen, wird kontrovers diskutiert. Zumindest scheinen sie nicht von offenem Wasser abhängig zu sein. Andererseits gibt es zahlreiche Beobachtungen schöpfender Rehe. Kurt (1979) teilt mit, dass in Schweden Rehe „neben gefüllten Futterraufen wegen Wassermangels verhungerten". Wimmer (2015), die mit freilaufenden Rehen lebt und arbeitet, berichtet, dass ihre Rehe teils Wasser aufnehmen, teils auch nicht. Sie dokumentierte auf Video, wie eine Geiß ihre beiden Kitze an einem heißen Junitag regelrecht zur Wasseraufnahme animierte.

Konkurrenz

Mit anderen heimischen Wildwiederkäuern stehen die Rehe nur bedingt in Äsungskonkurrenz. Zu einem gewissen Grad ist das bei den Gams der Fall, die den Rehen im Äsungsverhalten besonders im Winter recht nahe stehen. Die Konkurrenz dieser beiden Arten wird vor allem im Wald deutlich, weniger auf alpinen Matten.

In Polen kann gebietsweise auch der Elch als Nahrungskonkurrent auftreten, doch beäsen Rehe und Elche – zumindest teilweise – unterschiedliche „Stockwerke". Auch wenn es auf den ersten Blick nicht plausibel erscheint, so tritt auch das Schwarzwild als Nahrungskonkurrent zum Rehwild auf. Für beide Arten stellt nämlich die Mast von Eiche und Buche einen erheblichen Energie-

Gamsjährling.

Gams stehen in einer gewissen Äsungskonkurrenz zum Rehwild. In manchen europäischen Ländern ist ihr Vorkommen keineswegs auf das Hochgebirge beschränkt. In Italien leben sie sogar im Hügelland, direkt an der Adriaküste.

schub dar. Wo das Schwarzwild fehlt, bleibt dem Rehwild mehr Mast! Allerdings finden beide Baumfrüchte noch verschiedene andere Liebhaber, wie etwa Ringeltauben, Häher und zahlreiche Finkenvögel. Sie alle erscheinen bei uns in starken Mastjahren oft invasionsartig. Bei den Bucheckern treten in den oberen Bergwaldlagen auch die Gams als Konkurrenten auf.

Vom Rehwild bevorzugte Äsungspflanzen nimmt auch das Rotwild auf, wenn es im Rudel über eine Fläche „hinweggrast". Es selektiert aber nicht. Daher steigt die Rehwilddichte meist schnell, wenn das Rotwild irgendwo reduziert wird. Insgesamt ist das Reh als „Einzelgänger" jedoch geradezu prädestiniert, immer wieder irgendwo eine Nische fürs Überleben zu finden.

Fortpflanzung

Paarung und dann Eiruhe

In der Regel nehmen weibliche Rehe im zweiten Lebensjahr erstmals an der Paarung teil. In seltenen Fällen gelangen aber auch schon Kitze zum Eisprung und können fruchtbar beschlagen werden. Im Januar 2009 erlegte Borchers (2009, schriftliche Mitteilung) ein aufgebrochen nur 8 Kilogramm schweres Kitz, das einen Embryo in der Tracht hatte! Dies ist doppelt bemerkenswert, weil es sich um ein ungewöhnlich schwaches Kitz handelte. Ellenberg geht davon aus, dass Kitze zu Beginn des Winters ein Lebendgewicht von zumindest 12 Kilogramm aufweisen müssen, um den Winter zu überstehen. Das entspricht grob 9 Kilogramm aufgebrochen. Welche Überlebenschancen ein „aus dem Kitz kommendes Kitz" hat, sei dahingestellt.

Ein Phänomen ist die Paarungszeit im Hochsommer, der sich eine Eiruhe anschließt. Erst im Frühwinter nisten sich die im Sommer befruchteten Eier in der Gebärmutter ein. Das war bereits Mitte des 19. Jahrhunderts exakt bekannt, doch war in der Jagdliteratur bis ins 20. Jahrhundert hinein von der erst im Spätherbst stattfindenden Brunft zu lesen. Bischoff (in: Neuhaus 1978) schrieb schon im Jahr 1854:

> In dem Eierstock entwickelt sich sogleich (nach der Brunft) in dem vom Ei verlassenen Graafschen Bläschen ein sogenannter gelber Körper in gewöhnlicher Weise, und derselbe findet sich als Beweis des Austrittes des Eies in allen folgenden Monaten in ziemlich unveränderter Größe in dem Eierstocke …

Paarungszeitpunkt

Die Mehrzahl der Geißen und Schmalrehe wird hier in Kärnten in der zweiten Julihälfte brunftig, einzelne jedoch schon deutlich früher. 2013 sah ich am 7. Juli den ersten Bock treiben. Es war zu erkennen, dass er noch keine allzu große Lust hatte. Es war vielmehr die durch ihre helle, semmelrote Farbe besonders auffällige Geiß, die ihn immer wieder animierte. Ob es dabei zum Beschlag kam, entzieht sich meiner Kenntnis, da sich das Paar schließlich weiterer Beobachtung entzog. Am 10. Juli sah ich beide auf derselben Wiese heftig treiben, und am 14. Juli, also immerhin 7 Tage später, kam es wieder zu Werbeversuchen durch den Bock. Diesmal entzog sich die Geiß seinem Vorhaben. Das widerspricht der allgemeinen Auffassung, dass Bock und Geiß in der Brunft nur einen oder zwei Tage zusammen blieben (Kurt 1991).

Rehbrunft.
Die Geiß animiert den Bock, ihr zu folgen und stimuliert ihn dabei zum Beschlag.

In einem Revier im Salzburgischen stand 2014 ein Bock, rund 5 Tage mit einer markierten Geiß zusammen. Dann kam noch eine weitere Geiß hinzu. Beide wurden weitere 3 Tage wechselweise von ihm beschlagen, und beide schienen auf den Bock und seine Doppelbelastung Rücksicht zu nehmen. Das, was wir „Treiben" nennen, spielte sich hier zumindest teilweise als „Gehen" ab (Wimmer 2014).

Im Sommer 2014 sah ich bei uns in Kärnten bereits am 1. Juli im letzten Abendlicht betont heftig einen Bock treiben. Auch in den Folgetagen sahen Mitjäger immer wieder Böcke treiben. Nebenbei bemerkt: Genau genommen ist es falsch zu sagen, „die Böcke treiben". Richtig ist vielmehr, dass die Geißen die Böcke animieren, ihnen zu folgen. Bleibt die Geiß stehen, bleibt auch der Bock stehen. Eingebürgert hat sich aber die Redewendung „der Bock treibt".

Am 14. Juli 2014 trieb dann, ebenfalls bei uns, ein Bock recht intensiv eine Geiß. Ich rechnete schon mit dem kurz bevorstehenden Beschlag. Da zog die Geiß ihren Kreis etwa fünfzehn Meter an einem unbeteiligt dastehenden Schmalreh vorbei. Nun geschah, was ich nie für möglich gehalten hätte. Der Bock änderte die Richtung und stürmte auf das Schmalreh zu. Dieses ergriff, förmlich überrascht, die Flucht, und der Bock folgte ihm. Leider versperrte mir ein kleines Waldstück die Sicht, sodass die Beobachtung abbrach. Die Geiß jedoch blieb sichtlich konsterniert stehen und äugte den beiden nach. Der Bock kehrte während der Dauer meines Ansitzes nicht zurück.

Neben der rein faktischen Beobachtung blieb mir noch etwas: Die Erkenntnis, dass uns Jägern viele Einsichten in Wesen und Leben des Wildes und somit auch viel Stoff zum Nachdenken verwehrt bleiben, weil wir vor das anhaltende Erleben einen Schuss als Schlusspunkt setzen!

Die Geiß entscheidet

Was nun das Treiben des Bockes betrifft, so verwundert, dass dies Generationen von Wissenschaftlern und Jägern einfach unkritisch abgeschrieben haben. Es braucht keiner großen Forschung, um zu erkennen, dass die Geiß den Ton angibt. Das Mittel der Vergewaltigung mag den Affen und ihren Verwandten zur Verfügung stehen, Paarhufern und insbesondere Rehen nicht. Der Mensch mag in seiner Habgier Schweine und Rinder zu Gebärmaschinen gemacht haben, nicht jedoch die Rehgeißen. Es sind nämlich Wesen, die nicht geringe Gefühle entwickeln und die mancherlei Vorlieben zeigen, auch bei der Partnerwahl.

ZEILER, der auf dem Rosenkogel in der Steiermark ein Rehwildprojekt leitete, hatte sieben Geißen mit Sendern ausgestattet. Drei von ihnen haben ihr angestammtes Wohngebiet während der Brunft verlassen und suchten einen völlig anderen, knapp 4 Kilometer entfernten Revierteil auf. ZEILER (2009) schreibt:

> Alle Wanderungen erfolgten pfeifengerade und ohne Umwege hin und zurück, es waren einmalige Ausflüge in der Brunftzeit, die kaum mit einer Störung oder mit Flucht erklärt werden können.

LINELL (in: ZEILER 2009) berichtet, dass 40 % der von ihm auf der norwegischen Insel Storfosna besenderten Geißen in der Brunft ebenfalls größere Ausflüge unternahmen. Auch RICHARD (2008) stellte bei 5 von 11 telemetrierten Geißen Ausflüge in der Brunft von mehreren Stunden bis zu Tagen fest, um sich zu paaren. VAMPÉ (2014), die 235 erwachsene Rehe telemetrisch überwachte, stellte ebenfalls bei rund 41 % der Geißen Ausflüge in der Brunft fest; aber auch 18 % der Böcke verließen ihre Sommerwohnräume, um sich mit fremden Geißen zu paaren. Jene Jäger, die – immer noch auf der Linie unserer Großväter – die starken Böcke erst nach der Brunft erlegen wollen, sollten darüber nachdenken!

Nun haben wir oben von jenem Bock im Salzburgischen gehört, der sich in der Brunft zwei Geißen gleichzeitig „gönnte“. Es muss aber auch umgekehrt stattfinden, nämlich dass sich Geißen mit mehreren Böcken einlassen, wenn auch nicht gleichzeitig. VAMPÉ (2014) fand bei über 20 % aller Mehrfachgeburten auch zumindest zwei Väter.

Nicht die Schmalrehe, sondern jene Geißen, die kein Kitz ausgetragen oder es bald verloren haben, scheinen früher zum Eisprung zu kommen. Im oben geschilderten Fall (14. Juli 2014) war das Gesäuge der Geiß jedoch gut sichtbar.

Ovulationszyklen

Der Zeitpunkt des Eisprungs steht bei den Rehgeißen in Zusammenhang mit dem vorausgegangenen Setztermin. Nach Ellenberg (1978) liegen zwischen Setztermin und neuerlichem Eisprung 67 Tage. In der langjährigen Beobachtung in verschiedenen Revieren Süddeutschlands und Kärntens wurden die meisten Geißen so zwischen dem 16. Juli und dem 4. August brunftig. Einzelne Rehe – vor allem Schmalrehe – zeigten auch Mitte August noch Paarungsverhalten.

Geißen setzen bis ins hohe Alter. Kurt (1979) berichtet von einer 11-jährigen Geiß, die im 12. Lebensjahr ihr 19. Kitz brachte. Grüntjens (2012) berichtete über eine von ihm markierte rote Geiß, die mit 16 Jahren noch Drillings- und mit 17 Lebensjahren noch zwei starke schwarze Kitze führte! Dies steht im Gegensatz zu Aussagen von Hamel (2009, zitiert durch Sandfort), der den Fortpflanzungserfolg mit 8 Jahren stark abnehmen sieht.

„Gelte" Geißen, also solche, die infolge Überalterung tatsächlich nicht mehr aufnehmen können, sind mehrheitlich jägerische Phantome. Früher (und mancherorts wohl auch heute noch) war es einfach so, dass nicht führende Geißen als „gelt" eingestuft und ihnen ein hohes Alter zugeordnet wurde. In der Praxis sah es so aus, dass die Jäger glaubten „ihre Rehe" zu kennen. Wurde an einem bestimmten Ort auch im Folgejahr wieder eine Geiß ohne Kitz gesehen, war es automatisch die Geltgeiß vom Vorjahr. Motto: „Die kenne ich, die stand auch letztes Jahr schon da." Bei der heute intensiven Bejagung des Rehwildes in Mitteleuropa wird es nur noch sehr wenige Geißen geben, die tatsächlich altersbedingt keine Kitze mehr zur Welt bringen. Wenn überhaupt, dann unterbricht oder beendet der mangelhafte Ernährungszustand oder ein körperlicher Defekt die Fruchtbarkeit.

Reimoser u. a. dokumentierten die Setzzeit niederösterreichischer Rehe; die Daten ergaben sich durch die Markierung von 4.026 Kitzen. Der früheste Nachweis war der 22. März, der späteste der 24. August! Grundsätzlich liegen die Setztermine in den höheren Gebirgslagen etwas später als im Tiefland und im Mittelgebirge.

Energie wird in Vermehrung umgesetzt

Wie viele Eier eine Geiß zur Befruchtung bringt, wie viele dieser befruchteten Eier das Embryonalstadium erreichen, wie viele Kitze schließlich geboren werden und wie viele die ersten Lebenswochen überleben, hängt ganz wesentlich von der Kondition der Geiß ab. Bei gesunden, gut genährten mehrjährigen Geißen sind zwei Kitze die Regel. Schwache Schmalrehe können „übergehen".

Ovariensuchbild

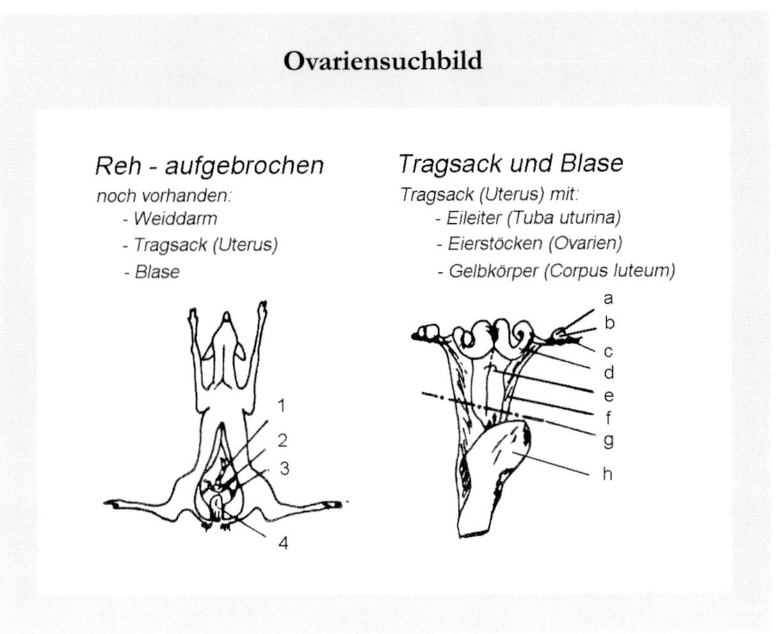

1 Weiddarm; 2 Tragsack; 3 Brandader; 4 Blase;

a Eierstock; b Gelbkörper; c Eileiter; d Tragsackhorn; e Tragsack; f Begleitgewebe; g Schnitt; h Blase.

(Grafik: MÜLLER, OFD ANSBACH 1982)

Unter günstigen Verhältnissen bringen Geißen auch drei, in seltenen Fällen sogar vier Kitze zur Welt.

Körperlich starke Geißen setzen mehr Kitze als schwache Geißen. Das ist nicht nur „logisch", sondern auch relativ einfach feststellbar. Man muss nur die Gelbkörper *(Corpus luteum)* zählen. Der Gelbkörper entsteht bei Säugetieren während des Eisprunges. Wenn die Eizelle den Follikel verlässt, bildet sich in diesem das Gelbkörperhormon *(Progesteron)*, das für die Aufrechterhaltung der Schwangerschaft zuständig ist.

HOLZAPFL (1986) untersuchte in einem großangelegten Versuch in Mittelfranken weibliche Rehe auf Gelbkörper. Auch dabei zeichnete sich eine klare Abhängigkeit der Gelbkörperraten vom Körpergewicht des Rehs ab. Während schwache Geißen und Schmalrehe im Schnitt nur einen Gelbkörper aufwiesen, waren es bei schweren Geißen 2,5 Gelbkörper. Viele körperlich schwache Rehe nahmen also überhaupt nicht auf, während schwere Geißen durchaus drei, ja sogar vier Eier zur Befruchtung brachten. *(Siehe dazu Grafik nächste Seite links oben.)*

VODNANSKY (2000) ging noch einen Schritt weiter. Er untersuchte, ob auch zwischen der Einnistung der befruchteten Eier in die Gebärmutter und dem Körpergewicht ein Zusammenhang besteht. Hierzu mussten bei den einzelnen

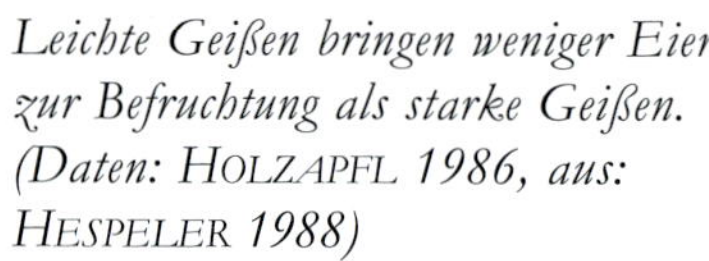

Leichte Geißen bringen weniger Eier zur Befruchtung als starke Geißen. (Daten: HOLZAPFL 1986, aus: HESPELER 1988)

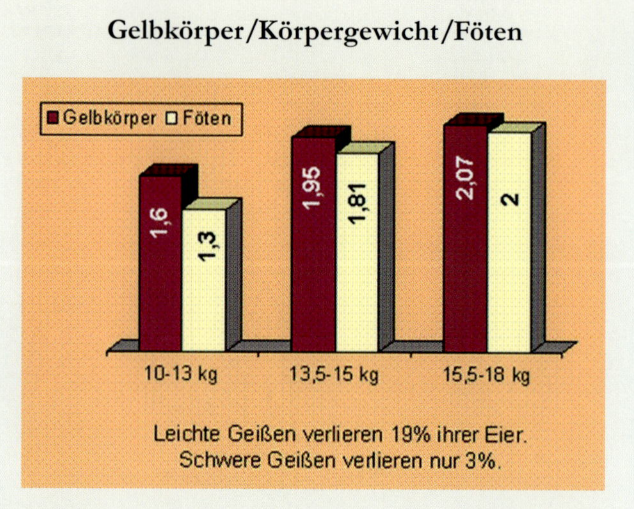

Bei leichten Geißen gehen noch viele befruchtete Eier verloren, bei starken entwickeln sich viele befruchtete Eier zu Föten. (Daten VODNANSKY u. a., aus: HESPELER 1988)

Rehen Gelbkörper und Föten verglichen werden. Auch hierbei ergab sich eine starke Abhängigkeit vom Körpergewicht. Bei den leichten Geißen ging fast ein Fünftel (19 %) der befruchteten Eier noch vor der Einnistung verloren. Bei den schweren Geißen waren es nur 3 %. *(Siehe rechte Grafik rechts oben.)*

Wenn wir – rein theoretisch – davon ausgehen, dass, sobald sie sich eingenistet haben, keine Föten mehr verlorengehen und alle Kitze lebend geboren werden, dann brächten zehn leichte Geißen 8,1 Kitze zur Welt, zehn schwere aber 24,25 Kitze, also dreimal so viele. Der Trend setzt sich fort, denn auch Föten gehen noch gewichtsabhängig verloren, und Kitze aus leichten Geißen werden geringere Überlebenschancen haben als solche aus schweren Geißen.

ELLENBERG (1978) vermutet, dass die Ernährungssituation der Geiß in den letzten beiden Wochen vor dem neuerlichen Eisprung von ausschlaggebender Bedeutung für die Zahl der zur Ovulation freigegebenen Eier ist. Demnach wäre es nicht nur das absolute Körpergewicht, sondern auch der „Ernährungstrend", den die Natur der Geiß in dieser kritischen Zeit signalisiert.

Bedeutung für die Jagdpraxis

Der Zusammenhang von körperlicher Verfassung und Zuwachs ist von großer jagdpraktischer Bedeutung, weil die körperliche Verfassung auch stark von der Rehwilddichte abhängt. Sind die jagdlichen Eingriffe in einen Rehwildbestand zu gering, steigt die Sterblichkeit durch andere Ursachen, gleichzeitig sinkt die Kondition der Rehe, und mit dieser sinken die Zuwachsraten. Hierzu zwei Gedankenspiele:

a) Es gibt – immer gemessen an der Qualität des Lebensraumes – zu viele Rehgeißen. Dadurch entstehen soziale Konflikte zwischen den Geißen. Manche Geißen müssen suboptimale Setzplätze akzeptieren. Sie müssen vielleicht weitere Wege zwischen Ablege- und Äsungsplatz zurücklegen. Das alles geht zu Lasten der Äsungszeit und damit letztlich der Kondition. Weniger oder qualitativ mindere Äsung bedeutet aber auch weniger Milch und in der Folge geringere Grundimmunität der Kitze und somit höhere Sterblichkeit. Die Natur baut dann vor, indem sie weniger Eier zur Befruchtung freigibt oder befruchtete Eier resorbiert.
b) Völlig anders, wenn die Geißen optimale Wohnräume finden und sie sich nicht gegenseitig bedrängen. Liegen dann auch noch Äsung und Einstände eng beisammen, finden die Geißen nicht nur ausreichend gute Nahrung, sondern auch mehr Zeit, diese zu nutzen. Sie befinden sich dann ernährungsphysiologisch – salopp ausgedrückt – in einem „Steigflug“. Es wird Überfluss signalisiert, und es werden viele Eier zur Befruchtung freigegeben. Die nicht jagdbedingte Sterblichkeit sinkt, und der Zuwachs steigt.

Rehgeiß im Sommerhaar.

Gut konditionierte und spät setzende Geißen können vor dem Setzen schon durchfärben.

Die Dichte der Rehwildbestände wird auch vom Jäger beeinflusst. Erlegt er viele Rehe – immer gemessen am Lebensraum –, dann schafft er für die überlebenden Rehe günstigere Lebensbedingungen. Körpergewichte und Reproduktion steigen. Erlegt er zu wenige Rehe, sinken Kondition und Zuwachs. Wie wir oben gesehen haben, kann der Zuwachs um weit mehr als 100 % schwanken. Eine höhere Nutzung des Rehwildes führt folglich nicht automatisch zu weniger Rehen. Dies ist erst dann der Fall, wenn die Nutzung nicht mehr kompensatorisch, sondern additiv erfolgt und den Zuwachs deutlich übersteigt!

Trennung von den Vorjährigen

In den letzten Tagen vor der Geburt werden die Schmalrehe (die vorjährigen Geißkitze) und Jährlingsböcke von ihren Müttern auf Distanz gebracht. Jährlingsböcke beziehen in der Nähe liegende Nischen oder wandern aus. Schmalrehe schließen sich manchmal lose einem Bock an oder bleiben in der Nähe der Mutter. ELLENBERG (1978) stellte fest:

> Danach wird deutlich, dass Schmalrehe mit zunehmender Wilddichte auch im Sommer näher an ihre Mütter rücken, weil fremde Geißen sie anscheinend noch weniger dulden als ihre erneut Kitze führende Mütter.

Bei einer Dichte von 10 Geißen pro 100 Hektar Gatterfläche, die er als „gering“ ansah, hielten sich die Schmalrehe etwa gleich weit von ihren Müttern entfernt wie von den beiden am nächsten benachbarten nicht verwandten und ebenfalls führenden Geißen. Ellenberg schreibt, ein Abstand von 200 Metern zwischen dem Mittelpunkt der Homerange (Sommerwohngebiet) des Schmalrehs und den nicht verwandten führenden Geißen werde selten unterschritten.

Dieses auf Distanz-Gehen zu den vorjährigen Kitzen dürfte dem Sicherheitsbedürfnis der Geiß entsprechen, denn alleine werden sie von Feinden weniger entdeckt als in Gesellschaft. Das muss ihnen vor allem nach der Geburt wichtig sein, so lange die Kitze noch nicht fluchtfähig sind.

Setzzeitpunkt

Ellenberg, der das Rehwild im Stammhamer Versuchsgatter untersuchte, schreibt an anderer Stelle:

> Der Höhepunkt der Setzzeit fällt im Rehgatter von Jahr zu Jahr auf verschiedene Daten. Die Differenz beträgt maximal 12 bis 14 Tage zwischen den Jahrgängen 1973 und 1976. In diesen Jahren war auch die phänologische Entwicklung der Pflanzendecke auffällig verschoben.

Rieck (1955) weist darauf hin, dass die Geburt der Kitze in den verschiedenen Gegenden Mitteleuropas zu durchaus unterschiedlichen Zeiten erfolgt. Er sieht den Setzzeitpunkt umso später, je weiter nordöstlich und je höher über dem Meer die betrachtete Rehpopulation lebt. Strandgaard (1972) fand die Bestätigung hierzu bei den Rehen in Dänemark. Jene, die in den Heiden an der Westküste Jütlands lebten, setzten um 12 bis 14 Tage später als jene in der klimatisch milderen und landwirtschaftlich intensiv genutzten Ostküste des Landes.

Unterschiede, was den Höhepunkt der Setzzeit betrifft, gibt es, wie Ellenberg berichtet, durchaus kleinräumig. Er registrierte den Höhepunkt bei Ingolstadt im Donautal 10 bis 12 Tage früher als auf den nur 150 Meter höher und 20 Kilometer entfernt gelegenen Jurahöhen.

Die Jäger in Niederösterreich markierten über 4.000 Kitze. Rund 70 % aller Markierungen fanden in der 21. bis 23. Kalenderwoche statt (zweite Maihälfte bis Anfang Juni). Die früheste Markierung erfolgte am 22. März, die späteste am 24. August (Reimoser 2001). In Baden-Württemberg werden nach Untersuchungen der Wildforschungsstelle Aulendorf die meisten Rehkitze in der 21. Kalenderwoche mit Marken versehen. Die Mehrzahl der Kitze dürfte bei

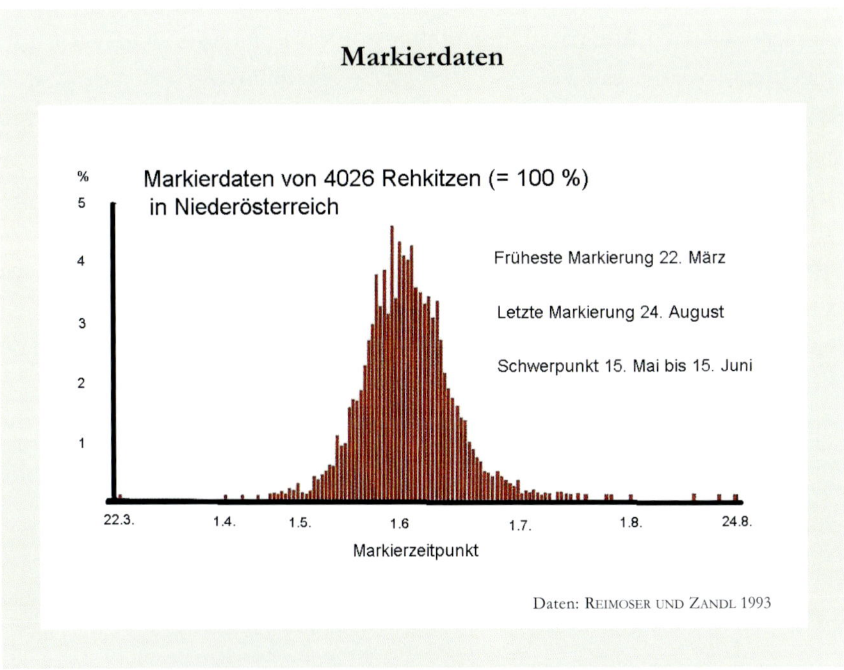

Die meisten Kitze wurden in Niederösterreich (139 bis 2.076 Meter Seehöhe) zwischen Mitte Mai und Mitte Juni markiert. Im Mittel dürften sie bei der Markierung bereits eine Woche alt sein.

der Markierung etwa eine Woche alt sein. Das heißt, die Geburten finden grob eine Woche früher statt. Damit ist der Mai der Monat, in dem die meisten Kitze geboren werden. Gelegentlich gehörte Behauptungen, Geißen hätten auf den Geburtstermin ihrer Kitze keinen Einfluss und würden alljährlich am selben Tag gebären, stimmen nachweislich nicht. Es gibt genug Daten markierter Geißen, die das Gegenteil belegen.

Eine markierte Geiß im Pongau setzte erstmals 2012 am 9. Juni zwei Bockkitze. 2013 brachte sie am 4. Juni wieder zwei Bockkitze zur Welt und 2014 am 31. Mai zwei Geißkitze. 2015 waren es am 3. Juni nochmals zwei Geißkitze. 2016 waren es am 1. Juni ein Bock- und ein Geißkitz. Die erste Geburt erfolgte über Mittag, die folgenden alle am Morgen so gegen 8 Uhr (WIMMER 2015).

Rehgeißen können den Zeitpunkt der Geburt den Wetterbedingungen und der Phänologie anpassen!

Geschlechterverhältnis bei der Geburt

Allgemein wird davon ausgegangen, dass die Kitze etwa im Verhältnis 1♂ : 1♀ geboren werden. Diese Annahme lag und liegt auch heute noch allen Zuwachsberechnungen zugrunde, trifft aber nicht zu. Denn die Natur versucht über das Geschlechterverhältnis der Kitze sowohl große Sterblichkeitsverluste (Jagd, Raubfeinde, Krankheiten, Winter) auszugleichen, als auch ein weiteres Anwachsen des Bestandes bei bereits hoher Dichte zu verhindern.

Gut ernährte Geißen setzen einen höheren Anteil an weiblichen Kitzen. Schlecht ernährte setzen vorwiegend Bockkitze (KURT 1991). Wie das? Ganz einfach: Weibliche Föten sind in der Regel schwächer als männliche und werden daher in kritischen Situationen auch zuerst resorbiert oder abortiert.* In freier Wildbahn sind unter kontrollierbaren Bedingungen Geschlechterverhältnisse bei Kitzen von 3:1 bis 1:3 festgestellt worden (KURT 1991).

quantitativ und qualitativ ausreichende Nahrung =
= starke Geißen = hoher Anteil an Geißkitzen

* Das steht allerdings im Gegensatz zu WOTSCHIKOWSKY (1996), der für das Revier Hahnebaum in Südtirol eine erhöhte Sterblichkeit der Bockkitze angibt. Er begründet dies damit, dass ein höheres Körpergewicht auch einen höheren Kalorienbedarf bedingt.

Bei weiblichen Kitzen ist die frühe Jugendsterblichkeit offensichtlich höher als bei männlichen (weil Geißkitze schwächer sind), womit die Natur sich ein weiteres Regulativ geschaffen hat.

Ellenberg (1978) stellte in Stammham fest, dass erstmals setzenden Geißen überwiegend männliche Kitze zur Welt brachten (17♂: 7♀). Auf der „Rehfarm" (Rehe in Kleingehegen), wo die Geißen im Mittel 11,5 % mehr wogen als die erstgebärenden Geißen im 130 Hektar großen Gatter, war das Geschlechterverhältnis bei den Neugeborenen, mit leichtem Überhang zur weiblichen Seite hin, nahezu ausgeglichen.

wenig Nahrung = schwache Geißen = hoher Anteil an Bockkitzen + hohe Sterblichkeit bei den Geißkitzen = geringer Zuwachs

viel Nahrung = starke Geißen = hoher Anteil an Geißkitzen + geringere Sterblichkeit = höherer Zuwachs

Fazit: Das Geschlechterverhältnis bei den Neugeborenen ist stark schwankend und hängt von vielen Faktoren ab; das macht eine Zuwachsberechnung fast unmöglich!

Die Geburt selbst

Nur wenige Jäger erleben jemals die Geburt eines Rehkitzes, und auch Wildbiologen werden selten in freier Wildbahn Zeuge dieses Vorgangs. Eine liebe Freundin von uns lebt im Salzburger Land seit Jahren wirklich intim mit Rehen in freier Wildbahn zusammen und durfte mehrfach Geburten hautnah miterleben. Nun verlaufen Geburten weder beim Menschen noch bei anderen Tieren genormt. Jede Geburt ist eine Einmaligkeit.

Die Vermutung liegt nahe, dass Geiß und Kitze den Platz der Geburt so rasch wie möglich verlassen, um vor Feinden sicher zu sein. Aus diesem Grund sollen die Geißen ja auch spontan die Nachgeburt aufnehmen. Das klingt einleuchtend, überzeugt mich dennoch nicht wirklich, denn der Setzplatz einer Geiß wird von unserem Hund auch nach Tagen noch problemlos erkannt und verwiesen. Eine markierte Geiß ließ ihre Kitze gut eine Woche hindurch in

Kurz nach dem Setzen.
Eine Rehgeiß mit zwei weiblichen Kitzen, eine halbe Stunde nach der Geburt des zweiten Kitzes.

unmittelbarer Setzplatznähe abliegen. Danach unternahm sie mit ihnen einen ersten größeren Spaziergang. Nach zwei Tagen lagen die Kitze wieder am alten Platz und wurden dort bis sechs Mal in 24 Stunden besucht und gesäugt. Es gab aber auch Tage, an denen die Geiß volle 8 Stunden nicht erschien, ohne dass in der Nähe der Kitze irgendeine Störung zu verzeichnen gewesen wäre.

Kitze stehen meist eine Stunde nach ihrer Geburt halbwegs sicher auf den Läufen, manchmal sogar früher. Sie legen sich erst ab, wenn sie satt sind. Aber auch danach ruhen Geiß und Kitze mitunter noch eine Stunde und länger gemeinsam an dem Platz der Geburt. Das unterstützt die Theorie der Spurenbeseitigung durch Aufnahme der Nachgeburt nicht unbedingt. Möglicherweise geht es der Rehgeiß vorrangig auch darum, mit der Nachgeburt konzentriert Nährstoffe aufzunehmen. Ansonsten würden sie den Platz schnellstmöglich verlassen!

Sehr aufschlussreich sind die Beobachtungen WIMMERS (2015), die sehr innigen Kontakt zu in freier Natur geborenen und völlig frei lebenden Rehen hat und bei einer der Geißen auch der Geburt direkt beiwohnen darf. Die direkte Teilnahme an der Geburt wilder Rehe dürfte eine Einmaligkeit sein und liefert sicher authentischere Daten als die Beobachtung einer Geburt im Gehege. Der gesamte Vorgang wurde auf Video dokumentiert und darf nachfolgend in Stichworten wiedergegeben werden:

Erste sichtbare Wehen bereits zwei Tage vor der Geburt.

Die Geburt beider Kitze erfolgte in Seitenlage. (Nebenbei bemerkt: Dieselbe Geiß setzte auch schon im Stehen, beziehungsweise bei Zwillingskitzen das erste liegend und das zweite stehend.)

Das erste Kitz erschien um 8:24 Uhr. Die Geburt des zweiten Kitzes folgte unmittelbar danach.

Während das zweite Kitz erschien, leckte die Geiß das Erstgeborene trocken.

Das zweite Kitz versuchte bereits während des Geburtsvorganges die Spinne der Mutter zu erreichen und zu saugen! Saugversuche unternahm es während der Geburt auch an den Läufen der Mutter.

Um 8:40 Uhr begann das erstgeborene Kitz zu trinken – der Geburtsvorgang läuft noch.

Um 8:41 Uhr war auch das zweite Kitz heraußen.

Unmittelbar danach nahm die Geiß alle Überreste der Geburt einschließlich Nabelschnur auf, fraß alle Gräser und Kräuter, auf denen sich Schweißspritzer befanden und leckte den Boden sauber.

Um 9:02 trinkt das Zweitgeborene.

Um 9:09 Uhr, also 45 Minuten nach seiner Geburt, gibt das erstgeborene Kitz bereits Kot ab.

Um 9:24 Uhr, eine Stunde nach seiner Geburt, erscheint die Nachgeburt des ersten Kitzes (in den Vorjahren war sie unmittelbar nach der Geburt erschienen) und wird ebenfalls sofort aufgenommen.

Um 9:27 Uhr hüpft das zuerst geborene Kitz bereits sicher über die liegende Mutter hinweg.

Um 9:30 trinken beide Kitze gemeinsam.

Die Geiß bleibt bis 13:00 Uhr bei den Kitzen, lässt sie dann alleine und ist um 14:00 Uhr wieder zurück. Sie bleibt dann nahezu den ganzen Tag bei den Kitzen.

An ihrem ersten Lebenstag wurden die Kitze fünf Mal gesäugt.

Die erste Zeit nach der Geburt

Während der ersten Lebenswochen liegen Kitze die meiste Zeit des Tages ab. Ob sie das weit auseinander oder nahe beisammen tun, ist individuell verschieden. Kitze, die gestern weit auseinander lagen, können morgen wenige Meter nebeneinander liegen. Allgemein wird davon ausgegangen, dass die Kitze sich in der vierten Lebenswoche überwiegend bei ihren Müttern aufhalten. Dies scheint eigenen Beobachtungen nach zumindest nicht immer zuzutreffen. Am 31. Mai geborene Kitze lagen auch am 9. Juli noch ab und wurden nur wenige

Rehkitz, 38 Tage alt, freie Wildbahn.

Das Kitz hat seine Jugendflecken schon komplett verloren. Seine Mutter war markiert. Bei manchen Kitzen sind die Flecken selbst Anfang September noch zu sehen.

Male am Tag von ihrer markierten Mutter aufgesucht. Sie waren beide in sehr guter Kondition und hatten im Alter von 38 Tagen ihre Jugendflecken schon völlig verloren. Andererseits unternahmen Kitze im Alter von zwei Wochen bereits kürzere Ausflüge mit ihrer Mutter. Bemerkenswert dabei war, dass an manchen dieser Ausflüge nicht beide Kitze gleichzeitig teilnahmen, sondern jeweils nur eines.

Zum Aufbau ihrer Pansenflora und um die Verdauung anzuregen, nehmen manche Kitze bereits am ersten Lebenstag Erde auf (Bubenik und Kurt 1991). Nach zwei Wochen äsen sie schon etwas Grün, sind aber noch lange auf die Muttermilch angewiesen. Eine echte „persönliche" Mutter-Kind-Bindung soll erst nach Vollendung der dritten Lebenswoche entstehen. Vorher lassen die Geißen auch fremde Kitze saugen. Ich habe inzwischen dennoch große Zweifel daran, dass die Geiß ihre eigenen Kitze in den ersten drei Lebenswochen nicht kennt. Auch Bachen lassen fremde Frischlinge an ihre Zitzen, obwohl sie ihre eigenen problemlos erkennen.

Obwohl sie in den ersten Wochen ihres Lebens vor allem abliegen, sind Rehkitze ausgesprochene Schnellstarter. Die tägliche Gewichtszunahme ist bis zur weitgehenden Umstellung auf feste Nahrung am höchsten. Verschiedene Forscher (alle zitiert bei Ellenberg 1978) stellten – allerdings mit unterschiedlicher Methodik – Tageszunahmen während der Säugezeit von 74 Gramm bis

Geburt der Kitze und erster Lebensabschnitt *

Dauer der Geburt: Austreibphase: 30 bis 110 Minuten
Nachgeburtsphase: 137 bis 179 Minuten
Gesamte Geburt: 4 bis 5 Stunden

Kitz steht auf den Läufen: erste Versuche nach etwa 20 Minuten; sicheres Stehen nach 30 bis 90 Minuten

Kitz macht erste Schritte: nach 1 bis 3 Stunden

Lage der Geiß beim Säugen: anfangs in Seitenlage, später stehend

erstes Säugen: nach 44 bis 105 Minuten

Ablegen des Kitzes: nach dem Trocknen und erstem Saugen; Kitz legt sich selbst ab

Ablegepräferenzen: Bevorzugt werden Wiesen- oder Waldstandorte mit einer Grashöhe von +/- 50 cm, unter 20 cm selten (Beschattung!).

Dauer der Ablegephase: 2 bis 3 Wochen **

Distanz zu Geschwisterkitz: anfangs 20 bis 80 m, später bis max. 400 m (ZSCHETZSCHE 1958)

Säugeintervalle: so ab dem 4. Lebenstag 6- bis 7-maliges Saugen, anfangs jedoch öfter (ESPMARK 1969)

Milchproduktion der Geiß: anfangs mindestens 800 g pro Kitz (ELLENBERG 1978)

Aufnahme von Erde: im Alter von 3 bis 4 Tagen (BUBENIK 1965)

Aufnahme pflanzlicher Stoffe: Beginn nach der ersten Lebenswoche, dann immer häufiger, nach 3 Wochen regelmäßig

endgültige Umstellung auf pflanzliche Nahrung: etwa mit 6 Wochen; Milch wird dann noch genommen, spielt aber keine große Rolle mehr

* Daten, soweit nicht anders vermerkt, nach KURT (1991)

** Kitze von markierten Geißen lagen auch mit 6 Wochen die meiste Zeit des Tages ab

155 Gramm fest. Ellenberg selbst kam zu ähnlichen Ergebnissen, stellte aber auch fest, dass bei nasskaltem Wetter die Gewichtszunahme in den ersten drei Lebenswochen regelmäßig stagnierte. Das bedeutet, dass es – wetterbedingt – gute und schlechtere Kitzjährgänge geben muss.

Die frühe Mutter-Kind-Beziehung

Mehrheitlich herrscht unter Jägern die Meinung, die Geiß lege ihre Kitze ab. Das trifft so absolut – wie der Jäger immer wieder beobachten kann – sicher nicht zu. Die Geißen suchen ihre Kitze auf, um sie zu säugen. Danach bleiben sie, je nach Alter der Kitze und Situation, noch einige Zeit zusammen. Je älter die Kitze werden, umso eher dürfen sie die Geiß auch eine gewisse Strecke begleiten, wobei sie immer wieder an die Spinne drängen. Wird es der Geiß zu viel oder sieht sie Gefahr, entzieht sie sich mit wenigen Sprüngen, und die Kitze legen sich ab. Die Geiß gibt den Ablegeplatz also grob vor, während die Kitze offenbar selbst bestimmen, wo genau sie liegen wollen.

In den ersten Lebenswochen ist es die Geiß, die ihre abgelegten Kitze aufsucht. Nur in Ausnahmesituationen, bei Bedrohung oder bei großem Hunger, fiepen die Kitze, wobei die Geiß ihre Kitze vermutlich noch nicht akustisch erkennt. Deshalb stehen Geißen auch zu, wenn fremde Kitze fiepen oder wenn der Jäger fiept!

Rehkitz, wenige Tage alt.

Kitze suchen sich ihren Ablegeplatz selbst. Zwillingskitze liegen meist getrennt, gelegentlich aber auch dicht zusammen.

Frühe Sterblichkeit

Das Wetter in den ersten zwei, drei Lebenswochen ist ein ganz wesentlicher Sterblichkeitsfaktor. Um es grob zu sagen: Warmes und trockenes Wetter lässt viele Kitze überleben, auch wenn sie nicht besonders stark sind. Nasses und kaltes Wetter rafft viele dahin, auch wenn sie keineswegs besonders schwach sind. Sie kühlen aus, und die mit der Milch aufgenommene Energie wird zur Aufrechterhaltung des Wärmehaushaltes knapp.

ELLENBERG (1978) berichtet über ein steirisches Revier auf der Koralpe. Dort stocken in 700 bis 1.500 Metern Seehöhe auf Urgestein über 90 % Fichten. Untersuchte Geißen hatten alle zwei Gelbkörper. Durch gute Fütterung kamen die Rehe gut über den Winter. Trotzdem wurden auf Grundlage jahrelanger Beobachtung im Herbst jeweils nur 0,5 aufgewachsene Kitze pro erwachsener Geiß festgestellt.

In der Regel sind die Wetterbedingungen in Hochlagen schwieriger als in den Tälern, weshalb die wetterbedingte Sterblichkeit im Gebirge höher ist. Das muss aber nicht immer so sein, denn in höheren Lagen verschiebt sich auch die Setzzeit. So kann das Wetter in manchen Jahren in den tieferen Lagen in der Hauptsetzzeit ausgesprochen ungünstig sein. Etwas später, wenn die Geißen in den Hochlagen setzen, kann es dort hingegen weit günstiger sein.

Produziert die Geiß wenig Milch, weil es ihr selbst nicht besonders gut geht, tut sich das Kitz mit dem Aufbau von Abwehrkräften schwer und ist damit für allerlei Infektionskrankheiten anfällig. Jedenfalls können – bei ungünstigen Verhältnissen – bis zu 75 % der Kitze schon in den ersten Lebenstagen verenden (KURT 1991). 50 % sind jedenfalls nicht außergewöhnlich. Diese Tatsache beweist aber auch, dass die Rehwildgrundbestände um vieles höher sein müssen, als gemeinhin angenommen wird. Wäre dem nicht so, wären die Rehe nach den früher gebräuchlichen Rechenschemen von fixierten Zuwachsraten minus Abschuss längst ausgestorben.

Nach drei Wochen ist die kritische Phase vorüber und das Schlimmste überstanden. Eine erhöhte Sterblichkeit zieht sich jedoch durchs gesamte erste Lebensjahr, mit einem zweiten Gipfel im Spätwinter.

Anfangs legen die Kitze täglich bis zu 200 Gramm an Körpergewicht zu. Doch mit dem neuerlichen Eisprung geht der Milchfluss stark zurück, die Kitze ernähren sich bereits überwiegend vegetarisch. Der Geiß wird das Saugen aber schon in der vierten oder fünften Lebenswoche zunehmend unangenehm, und sie weicht den Kitzen immer häufiger aus. Damit fördert sie gleichzeitig die Aufnahme pflanzlicher Nahrung durch die Kitze. Das Säugen hat jetzt vor allem soziale Bedeutung und kann bis in den Herbst hinein beibehalten werden.

Abhängig vom Zeitpunkt der Geburt geht die Tageszunahme der Kitze im Herbst ständig zurück. Im Oktober sind es nur noch wenige Gramm. Im

Das Wetter nimmt entscheidenden Einfluss auf die Sterblichkeit der Kitze im ersten Lebensabschnitt. Sie ist nicht vorausberechenbar und sehr schwer zu erfassen.

Dezember wird kaum noch Gewicht aufgebaut. Da Kitze bis in den Dezember hinein wachsen, also die aufgenommene Energie vorrangig in den Aufbau von Knochen- und Muskelmasse investieren, können sie nur bescheidene Feistvorräte anlegen. Daher bauen die Kitze im Laufe des Winters eher Körpermasse ab. Sie sind dann zu Beginn der Schusszeit häufig leichter als noch im Dezember. Nicht selten wiegen Jährlinge im Mai gerade einmal 11 oder 12 Kilogramm und nicht selten sogar unter 10 Kilogramm.

LINDENTHAL (2014), der ein Revier im voralpinen Allgäu betreut, konnte darstellen, dass die Gewichte nach schneereichen und vor allem langen Wintern regelmäßig geringer waren als nach „normalen" Wintern. Demnach wogen im Mai (da liegt dort oben oft noch Schnee) die Jährlingsböcke im Schnitt der Jahre 2009 bis 2013 14,8 Kilogramm und die Schmalrehe 13,2 Kilogramm. Diese Gewichte entsprechen den Herbstgewichten der Kitze.

III.

Lebensräume

Rehe sind keine Waldbewohner

Diktieren Rehe den Waldbau?

Nicht nur der Jäger verknüpft die Rehe gefühlsmäßig mit dem Wald. Klar – er begegnet im Wald den Rehen, und er jagt sie dort. Dennoch sind Rehe im eigentlichen Sinne keine Waldbewohner. Dass manche von ihnen dennoch im Wald leben, hängt damit zusammen, dass sie auch im geschlossenen Wald überall Situationen finden, die dem Waldrand ähneln. Ob solche Situationen im geschlossenen Wald häufig oder eher selten sind, hängt von der Art und der Intensität der forstlichen Nutzung ab. Die höchsten Rehwilddichten haben wir daher in eher kleinen, gut erschlossenen und intensiv genutzten Wäldern. Vom Rotwild werden solche überwiegend gemieden.

In Deutschland, wo die Diskussion über Schäden am Wald durch Rehwild wohl schon am längsten und heftigsten geführt wird, gilt bei vielen Förstern der Spruch: „Rehe diktieren den Waldbau". Das stimmt zwar, ist aber nur die halbe Wahrheit, denn ebenso bestimmt die Forstwirtschaft die Rehwilddichte. In großen, geschlossenen und ohne Kahlschläge genutzten Wäldern, wie es sie heute noch im Süden Europas gibt, leben nur vergleichsweise wenige Rehe.

Erst die Holznutzung bringt Licht in die Wälder, am meisten dort, wo schlagweise genutzt wird. Die einzelstammweise Nutzung (Plenterung) lässt wenig Licht auf den Boden dringen. Licht fördert aber die kraut- und strauchartige Bodenflora und somit Rehwildnahrung. Es klingt absurd, aber je naturnäher ein Wald ist, umso weniger Rehe ernährt er! Müssen die Rehe diesen Lebensraum auch noch mit Rotwild teilen, verstärkt sich der Effekt.

Ich lebe im unmittelbaren Grenzbereich der drei Länder Italien, Österreich und Slowenien. Auf italienischer Seite besteht im öffentlichen Wald seit 1938 (Erlass durch Benito Mussolini) ein totales Jagdverbot. Gleichzeitig werden die Wälder überwiegend naturnahe bewirtschaftet, und die Rehwilddichte ist so gering, dass sich selbst die Weißtanne ohne jede Schutzmaßnahme verjüngt.

In Slowenien drüben wird auch ein weit naturnäherer Waldbau praktiziert als bei uns. Die Jagd wird eher extensiv betrieben, und im Triglav-Nationalpark ruht sie weitgehend. Dennoch ist der Verjüngungszustand des Waldes deutlich besser als hier. Die Fichte muss nicht geschützt werden. Die Buche verjüngt sich üppig ohne Schutz und teilweise auch die Tanne.

Rehe diktieren den Waldbau –
Waldbau diktiert die Rehwilddichte!

Äsungsbereich Forststraße.

Erst die Nutzung der Wälder und ihre Erschließung mit Forststraßen macht sie für Rehwild attraktiv.

Auf österreichischer Seite wird der Wald überwiegend schlagweise genutzt. Es entstehen immer wieder neue Freiflächen und vertikale Strukturen; die Rehwilddichte ist – trotz alpinen Charakters der Landschaft – sehr hoch. Die Fichte muss geschützt werden.

Der Bau von Forststraßen mag für Rotwild nachteilig sein, für Rehe bringt er große Vorteile. Er schafft Grenzlinien (vertikale Strukturen, an denen sich die Rehe orientieren). Forststraßen sind auch Lichtschächte, an deren Rändern oft mehr Nahrung wächst als im Inneren der Bestände.

Wenn ich sage, Rehe verhalten sich zum Wald ähnlich wie Bakterien, mag das mancher Jäger missverstehen. Es trifft jedoch den Kern, und ich schätze Rehe keineswegs gering ein. Aber Bakterien leben in jedem gesunden Körper, und sie sind für diesen sogar lebensnotwendig. Sie stärken die Abwehrkraft, schaffen natürliche Immunität und halten sich zahlenmäßig in verkraftbaren Grenzen. Ist der Körper krank, dann gerät er aus dem Gleichgewicht, er verliert seine Immunkraft, und bestimmte Bakterien vermehren sich übermäßig. In unserem Falle stellt der Wald den Körper dar, und die Rehe übernehmen die Rolle der Bakterien.

Nur wenige Wälder sind wirklich naturnahe

Es ist einfach so, dass die meisten europäischen Wälder eher Plantagen- als Waldcharakter haben. Es ist die Betriebswirtschaft, die bestimmt, wie der Wald auszusehen hat. Zu dieser forstlichen Betriebswirtschaft gehört in vielen Ländern auch das Rotwild, das ebenfalls Einfluss auf die Rehwilddichte nimmt.

Zunächst bestimmt der Wirtschaftswald die Dynamik der Rehwildvermehrung. Erst in der Rückkoppelung – im zweiten Zug – diktiert das Rehwild den Waldbau. Da niemand bereit ist, die Wälder sich selbst zu überlassen, muss der Jäger einspringen. Von ihm wird heute verlangt – was seinem Selbstverständnis zuwiderläuft – er soll die Bestände seiner Beutetiere drastisch reduzieren. Damit stellt er sich langfristig selbst zur Disposition! Folgt er der Aufforderung nicht, zeigt er erst recht, dass es – irgendwie – auch ohne ihn geht!

Viele europäische Wälder sind arm an Baumarten, oft bodenkahl und damit arm an Rehwildnahrung. Sie werden zwar schlagweise genutzt, was dem Rehwild durchaus entgegenkäme, wäre die Rotwilddichte nicht so hoch, dass fast jede Verjüngungsfläche gezäunt werden muss. Damit werden aber dem Rehwild gerade die besten Deckungs- und Nahrungsflächen genommen. Zwar bleibt die Rehwilddichte in solchen Wäldern gering, doch da die Rehe nicht von Luft und landschaftlicher Schönheit leben, konzentriert sich der Verbiss außerhalb der Zäune!

Der Gedanke liegt nahe, dass Rehe mit steigendem Nahrungsangebot keine Verbissschäden mehr verursachen. Das stimmt so nicht, denn zunächst setzen Rehe Nahrung in Vermehrung um. So gesehen dienen die meisten der durchaus rehwildfreundlichen Maßnahmen zunächst der Vermehrung dieser Wildart. Zu den scheinbar rehwildfreundlichen Maßnahmen gehört (wir sagten es schon) der Bau von Forststraßen. Je breiter die Ausführung, umso mehr Licht fällt ein,

Kiefern-Altholz.
Bodenkahle Nadelholzbestände sind keine Rehwildlebensräume.

Lichtschacht.

Nur ein ganz schmaler Pfad, der den sonst bodenkahlen Fichten- und Föhrenwald durchschneidet, und schon wachsen überreich der Ahorn und andere Laubhölzer.

und umso mehr Äsung wächst neben ihnen. Gehen wir von einer Forststraßenlänge von 30 lfm/ha aus, so sind das bei einer beidseitigen mittleren Lichtschachttiefe von je vier Metern 2,4 Hektar „Äsungsfläche" je 100 Hektar Wald.

Praktisch keine Nahrung finden Rehe in geschlossenen Nadelholzdickungen oder in Althölzern mit hoher Rohhumusauflage, ohne Verjüngung. Sie finden in ihnen allenfalls Einstand. Nahrung wächst nur in den von Straßen, Wegen oder Abteilungslinien gebildeten Lichtschächten. Dort wächst dann bis zu 90 % aller verfügbaren Nahrung.

> *Der Begriff „naturnahe" ist immer ein relativer und stellt immer die Frage, in welchem Maße wir den Menschen und seine Interessen der Natur zuordnen.*

Rehe mögen Grenzlinien

Wege, Abteilungslinien, aber auch Bestandesränder bilden vertikale Strukturen, an denen sich Rehe gerne orientieren. Sie bilden oft die Grenzen der Wohnräume einzelner Böcke oder Geißen. Die positive Wirkung solcher Grenzlinien wurde auch für eine ganze Reihe anderer Wildtiere dokumentiert.

Reimoser (1987) untersuchte in der Steiermark, im Bereich der Koralpe, die Wirkung von Grenzlinien innerhalb des Waldes auf Rehwild und kam dabei zu interessanten Ergebnissen. Rehe bevorzugten in dem von ihm untersuchten Gebiet ganz deutlich den engeren Bereich solcher Grenzlinien; Gründe sind offenbar das dort anfänglich bessere Nahrungsangebot und die erhöhte Sicherheit. Rehe halten sich nur ungern in größeren Dickungen auf – eher an deren Rand, wo sie selbst zwar nicht gesehen werden, wohl aber jede mögliche Gefahr frühzeitig ausmachen und taxieren können.

Nach Reimoser hängt die Attraktivität einer Bestandesgrenze für Rehe dennoch weniger vom Nahrungsangebot im Randzonenbereich ab, sondern primär von der optischen Auffälligkeit der Randlinie. Er führt dies auf das spezifische Sehvermögen der Rehe (Astigmatismus, mangelndes stereoskopisches Sehen) zurück. Optisch auffällige Grenzlinien, wie sie Kahlschläge und Steilränder darstellen, bieten dem Rehwild daher einen Besiedlungsanreiz, der auch dann noch erhalten bleibt, wenn kein vermehrtes Nahrungsangebot mehr vorhanden ist. Wird zunächst nur ein Überangebot erreichbarer, geeigneter Vegetation genutzt, so äsen sich die Rehe mit dem Zurückgehen der Vegetation sehr schnell in den Schadensbereich. Derartige Grenzlinien können folglich zu „ökologischen Fallen" werden – zu einer unnatürlich hohen Nutzung der Nahrungsbasis. Äußere Randlinien (Waldränder) sieht Reimoser weniger kritisch, da sie häufig mit einem dauerhaft günstigen Äsungsangebot (Landwirtschaft) verbunden sind.

Auf die positiven Auswirkungen intensiver Waldnutzung auf das Rehwild wurde schon verwiesen, auch darauf, dass die Rehwilddichte in kleineren Waldparzellen höher ist als in großen geschlossenen Wäldern. Kleine Waldparzellen können durch Umwandlung von Holzboden in landwirtschaftliche Flächen entstehen oder umgekehrt durch Aufforstung von Agrarflächen. Die Abbildungen unten zeigen die unterschiedliche Länge der Grenzlinien in einer mehr oder weniger gegliederten Landschaft.

Randlinien.

Zweimal die gleiche (manipulierte) Revierkarte und zweimal etwa der gleiche Feldanteil, aber die Grenzlinien rechts sind mehr als doppelt so lang wie links.

Wenn beispielsweise in einem 500-Hektar-Revier 200 Hektar Wald in vier Parzellen verteilt sind, dann fühlen sich darin mehr Rehe wohl, als wenn die 200 Hektar einen Block bilden.

Wenn kleinere Waldteile in der Agrarlandschaft liegen, ist die durchschnittliche Entfernung der Feldmittelpunkte zu den Waldrändern geringer. In der Folge werden die Felder auch intensiver als Lebensraum genutzt. Wechseln Felder und Wiesen immer wieder mit kleinen Waldparzellen, so ist die Rehwilddichte in beiden höher. Mit anderen Worten: Große zusammenhängende Feldkomplexe beherbergen auch im Sommer denkbar wenige Rehe.

Viele Jäger glauben, ein großer, wieder aufgeforsteter Kahlschlag oder eine große Dickung würde vom Reh als Einstand bevorzugt. Ebenso wird immer wieder vermutet, Rehe hielten sich bevorzugt im Zentrum solcher Einstände auf, weil sie sich dort am sichersten fühlten. Doch genau das ist nicht der Fall. Das Reh, das mitten in einer großen Dickung sitzt, kann sich nur schwer darüber informieren, was draußen geschieht. Daher ruht es bevorzugt am Rande.

Das Zentrum eines Waldstückes oder auch eines Feldes bevorzugen Rehe am ehesten dann zum Ruhen, wenn die Vegetation noch so niedrig ist, dass sie ihnen trotz ihrer zentralen Position die Beobachtung des Umfeldes erlaubt. Natürlich nutzen Rehe das Zentrum einer Kultur oder eines Kahlschlages gerne zur Nahrungssuche.

Der Jäger kennt dieses Verhalten, weil er es immer wieder erlebt. Da sitzt irgendwo, dicht neben dem Weg, in der Kultur oder im Getreideacker, ein Reh. Wir fahren mit dem Auto vorbei, halten vielleicht auch an; das Reh beobachtet uns wiederkäuend, ohne flüchtig zu werden – solange wir nicht vom Weg abweichen. Verlassen wir das Auto und dringen in die Kultur oder den Acker ein, so flüchten Rehe jedoch sehr hastig, gelegentlich auch auf größere Entfernung. Nicht nur die auf unserer Seite sitzenden Rehe flüchten, sondern auch und gerade die auf der gegenüberliegenden Dickungsseite, also noch recht weit von uns entfernten. Warum? Weil uns die auf unserer Seite sitzenden Rehe frühzeitig sehen und uns einschätzen können, während die auf der gegenüberliegenden Seite sitzenden uns nur hören und/oder riechen, uns aber nicht einschätzen und im Auge behalten können.

Sehen ohne gesehen zu werden

Rehe wollen alles sehen, aber selbst nicht gesehen werden. Sie beobachten den Menschen, solange er den Weg nicht verlässt und/oder solange sie sich selbst in Deckung fühlen. Dass Rehe ohne von uns gesehen zu werden oft dicht neben vielbegangenen Wegen sitzen, zeigt sich immer wieder bei der Telemetrie. Da fahren wir vielleicht durchs Revier und sehen ein Reh, das kaum zwanzig Meter neben dem Weg in der Verjüngung steht. Bis zur Rückenlinie ist

Verstecken spielen.

Die Geiß fühlt sich im hohen Gras der Wiese sicher und hat ihre Umgebung gut im Blick. Nur wir sehen sie kaum.

es verdeckt, nur Hals und Kopf ragen heraus. Es fixiert uns völlig starr, vermeidet jede Regung. Solange wir im Auto bleiben, passiert gar nichts. Dasselbe Reh, das uns, in der Dickung sitzend, auf zehn Schritte vorübergehen lässt, flüchtet im bodenkahlen Hochwald vielleicht schon auf zweihundert Meter.

Reimoser, der die Wirkung von Waldbestandsgrenzen im Bereich der Koralpe untersuchte, stellte fest, dass die Fährtendichte im Randbereich von Baumhölzern bis zum zehnfachen Wert zunimmt und über 25 Meter Entfernung zum Rand wieder stark absinkt. Die Randzonen von Beständen scheinen für Rehe also auch sicherer zu sein als deren Zentrum. Klar: Am Rand bewahren die Rehe den Überblick, im Zentrum fehlt ihnen weitgehend die Information über das, was sich außerhalb tut!

Reimoser schreibt weiter:

> In dicht geschlossenen Fichtendickungen wird also insbesondere im Winter vorwiegend der äußerste Randbereich von den Rehen genutzt, wesentlich seltener jedoch zentraler gelegene Bestandesteile.

Ich erinnere mich an einen Wiesenhang im Revier Gießwald, der vor vielen Jahren aufgeforstet wurde. Unten grenzte der Weg den Bestand ab; an ihm standen schon die Häuser. Hinter der Aufforstung schloss sich der Wald an. Die Rehe saßen gerne entlang des bebauten Weges. Zuerst, als sich die Kultur zu schließen begann, und später auch noch, als die Dickung ins Stangenholzalter

Wir sollten immer überlegen, wie wir uns im Falle einer Bedrohung selbst verhalten würden: Wollen wir möglichst viel Information über die Art der Bedrohung, oder koppeln wir uns von der Information ab?

wuchs. Häufig saßen sie sogar nicht mehr als zehn Meter neben den Häusern. Spielende Kinder, Radfahrer, ratschende Frauen, das alles störte sie nicht. Sie hatten die Gefahr sicher im Auge und fühlten – das war wohl das Wichtigste – sich selbst unbeobachtet. Um wirklich ruhen zu können, wollen – ja müssen (!) – sie die Gefahr im Auge haben. Inmitten der Dickung fühlen sich die Rehe, durch ihre ursprünglichen Feinde – Luchs und Wolf – wohl weit mehr bedroht als an deren Rand.

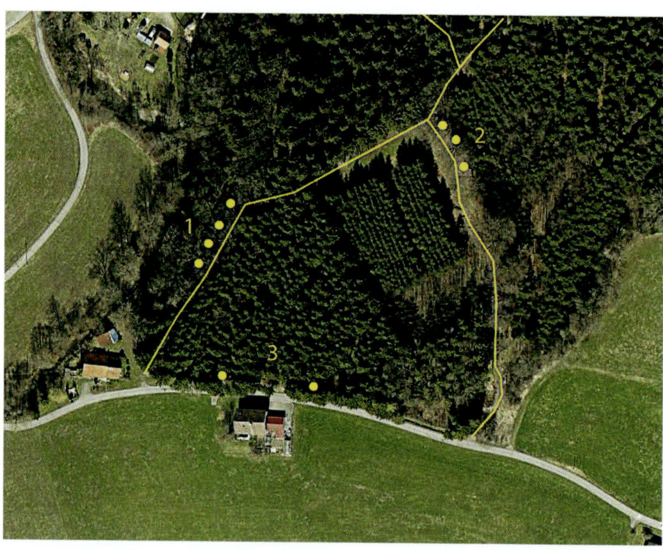

Raumnutzung.

Die Rehe ruhten vorzugsweise direkt neben einem Erdweg an der steilen Hangkante (1), unter Altbuchen (2), die den Trauf bildeten, oder in unmittelbarer Hausnähe (3).

Die „gute Deckung" im Zentrum wurde kaum genutzt. Alle drei gewählten Orte ermöglichten ein frühzeitiges Erkennen von Gefahren.

Bedeutung für den Jäger

Wenn Rehe sich bevorzugt in den Randbereichen aufhalten, dann werden sie den pirschenden Jäger fast immer zuerst wahrnehmen, während dieser sie nicht entdeckt. Je vorsichtiger sich der Jäger bewegt, umso mehr Aufmerksamkeit erregt er bei den Rehen. Es wird also in vielen Fällen sinnvoller sein, sich eher wie ein Nichtjäger zu bewegen.

Bei Drückjagden kommt meist schon Bewegung ins Rehwild, ehe die Hunde geschnallt werden oder die Treiber sich in Bewegung setzen. Da sie sich bevorzugt in den Randbereichen ihrer Einstände aufhalten, registrieren sie die ihre Stände aufsuchenden Jäger. Dabei versucht sich ein Teil von ihnen zu ver-

Wenn wir ein Reh sehen, sehen uns vielleicht fünf Rehe!

drücken. Daher darf bei uns der Jäger – bei weiträumig abgestellten Drückjagden – schießen, sobald er seinen Stand eingenommen hat.

Forstwirtschaft fördert Rehe

Altersklassenwälder – viele Rehe und viel Verbiss

Die Vorliebe für Randbereiche führt aber auch dazu, dass kleinere Kultur- oder Verjüngungsflächen bevorzugt verbissen werden. Ich erinnere mich an eine derartige Fläche im Gießwald. Dort entstand in einer Bauernwaldparzelle ein Käferloch, kaum größer als 2.500 Quadratmeter, das sofort wieder mit Fichte aufgeforstet wurde. Schon im ersten Winter war der Verbiss auf dieser Kleinfläche enorm, während nur 150 Meter weiter die Fichte überhaupt nicht und die fürs Rehwild weit attraktivere Tanne wenig verbissen wurde.

Obwohl ich dort so ziemlich jedes Reh schoss, fanden sich immer wieder – wörtlich zu nehmen – „Nachfolger". Die Fläche war einfach so attraktiv, dass ständig Rehe aus der Umgebung nachzogen. In solchen Fällen mag es durchaus zutreffen, dass die sprichwörtlich letzte Geiß immer noch Schaden verursacht, obwohl schon zehn vor ihr geschossen wurden.

In Altersklassenwäldern ist das Nahrungsangebot für Rehe jahreszeitlich sehr unterschiedlich verteilt, mit einer Spitze in der Vegetationszeit und einem

Bodenkahles Fichten-Altholz.

Altersklassenwälder sind arm an Bodenvegetation und Rehwildnahrung. Hier keimende Jungbäume werden meist sehr schnell aus purer Not gefressen, ehe sie noch wirklich in Erscheinung treten. Um satt zu werden, müssen die Rehe ziehen.

Fichten-Tannen-Altholz mit reicher Naturverjüngung.

In Wäldern mit reicher Naturverjüngung finden Rehen üppigst Nahrung und Deckung. Sie finden auf kleinem Raum alles, was sie brauchen. Der Jäger aber hat das Problem, keine Rehe mehr zu sehen.

absoluten Tief im Winter. Dieses Wintertief wurde und wird vielerorts heute noch durch eine mehr oder weniger intensive Fütterung ausgeglichen. Ein weiteres Merkmal ist die Trennung von reinen Einstandsflächen und Äsungsflächen. Das heißt, die Rehe müssen, um satt zu werden, zwischen Einstand und Äsungsfläche ziehen. Genau das macht sie jagdlich zu einem gewissen Grad berechenbar. Die Jagd in Altersklassenwälder ist in der Regel ungleich leichter als jene in naturnahen Wäldern.

Reimoser schreibt:

> Die Ergebnisse zeigen deutlich, dass die Forstwirtschaft durch ungünstiges Habitatmanagement (unbewusst) einen wesentlichen Anteil am Wald-Wild-Konflikt (Wildschadensproblematik) haben muss. Diese Wechselwirkungen sollten waldbaulich stärker berücksichtigt werden (Vermeidung von Kahlschlägen).

Wer liefert mehr Verbissmasse?

Gemeinhin wird davon ausgegangen, dass Laubholz mehr Verbissmasse liefert als Nadelholz. Ganz so einfach ist das nicht, denn es kommt darauf an, welche Baumarten konkret verglichen werden. So liefert eine Fichte weit mehr rehwildtaugliche Verbissmasse als eine Kiefer und eine Buche mehr als ein Bergahorn. Die Lärche liefert wenig Verbissmasse und reagiert auch noch „beleidigt" auf Verbiss. Die Unterschiede zwischen den einzelnen Baumarten werden umso deutlicher, je intensiver und öfter der einzelne Jungbaum verbissen wird. Unterschiedlich ist aber auch die „Verbissresistenz" der Baumarten. Buche und Tanne kommen sehr lange mit wenig Licht aus und reagieren auf Verbiss meist mit üppiger Verzweigung – sie bleiben auch lange Zeit für den Rehwildäser gut

Die geringe Knospenmasse der Laubhölzer und deren Bevorzugung durch die Rehe führen vielerorts zur Entmischung der Wälder.

erreichbar. Die Esche reagiert längst nicht so positiv wie die Buche, und wenn ein Trieb dem Äser entkommt, strebt sie möglichst schnell nach oben. Die Kiefer als Lichtholzart vermag weder im Halblicht des geschlossenen Bestandes auszuharren, noch bildet sie „verbissfreundliche" Kollerbüsche wie die Fichte.

Zweifellos werden im Winter Laubholzknospen den Trieben des Nadelholzes vorgezogen. Eine Ausnahme bildet lediglich die Weißtanne. Die Äsungsmasse der Edel-Laubhölzer ist jedoch unglaublich gering. Messungen im Gießwald ergaben bei jungen Berg-Ahornen aus der Naturverjüngung, die gerade noch für Rehäser erreichbar waren, im Mittel lächerliche 2 Gramm Verbissmasse. Ähnliche Ergebnisse gab es bei der Esche. 180 Zentimeter hoch und ebenfalls noch nicht verbissen, lieferte sie im Mittel 3 Gramm Knospenäsung. Eine Fichte in gleicher Höhe lieferte im Minimum 600 Gramm. Bei Bäumen, die bereits im Vorjahr verbissen worden waren, schnitt die Fichte noch günstiger ab. Zwar reagieren Laubbäume und Fichten auf ständigen Verbiss gleichermaßen mit einer Vervielfachung ihrer Triebe (siehe Schnitthecke), doch zeigt sich die Fichte auch in diesem Fall den Laubhölzern weit überlegen. Aus der Sicht der Rehe ist Verbiss von Jungbäumen also weit mehr als das momentane Stillen ihres Hungergefühls. Es ist echte Vorsorge! Die Rehe schneiden sich alle erreichbaren Pflanzen zurück. Damit erreichen sie nicht nur eine verstärkte Produktion von Knospen und Trieben, sie sorgen durch die Entfernung des Leittriebs auch dafür, dass ihnen die Verbissmasse zugänglich bleibt.

Holzeinschlag und Rehwilddichte

Rehe orientieren sich, wie wir schon gehört haben, an Grenzlinien, und die Länge der Grenzlinien nimmt wesentlichen Einfluss auf die Siedlungsdichte der Rehe. Grenzlinien entstehen bei der forstlichen Nutzung. In welchem Umfang sie entstehen, hängt sowohl von der Intensität wie auch von der Form der Nutzung ab. Ein Hektar in Rechteckform hat längere Grenzlinien als eine ebenso große Fläche in Quadratform. Die Grenzlinienlänge eines 10 Hektar großen Kahlschlags ist geringer als die von zehn 1 Hektar großen Kahlschlägen.

Sperber (1974, zitiert bei Hespeler 1988) wies nach, dass in dem von ihm verwalteten Forstamt Ebrach die Rehwildstrecke über rund neunzig Jahre hinweg mit dem Holzeinschlag korrelierte. Ebenso zeigte er auf, dass auch die Altersstruktur und Mischform der Wälder Einfluss sowohl auf die Rehwilddichte wie

Prozessor an der Arbeit.

Viele Jäger befürchten, dass Holzerntemaschinen das Rehwild nachhaltig vergrämen. Tatsächlich aber ruhen Rehe manchmal trotz des Lärms ganz in der Nähe. In den Lücken, die durch die Holzernte entstehen, wächst schnell frische Äsung.

ihre Bejagbarkeit nahm. Jede Verfeinerung der Waldbewirtschaftung, etwa die Umstellung vom Großkahlschlag auf Saumhiebe, kam den Rehen entgegen.

Veränderungen der Waldstruktur machen sich besonders in Revieren mit kleinen Waldparzellen und eher einheitlicher Altersstruktur bemerkbar. Wenn ein hoher Altholzanteil in die Endnutzung kommt und plötzlich Verjüngungen entstehen, kann die Rehdichte sich drastisch erhöhen. Sie kann ebenso drastisch sinken, wenn die Verjüngung gezäunt wird. Häufig nehmen daher Forstwirtschaft und Natur weit mehr Einfluss auf die Rehwilddichte als die Jagd!

Das alles ist nicht neu. Bereits in den 1950er-Jahren untersuchten Brown und Ellsworth Readel (1959, zitiert bei Sperber 1975), in welchem Maße sich Änderungen der Waldstruktur auf die Dichte von Schalenwildarten auswirken. In dem von ihnen untersuchten Gebiet veränderte sich die Bestandesdichte von Schwarzwedelhirschen in Douglasienwäldern je nach Altersklasse. Die höchste Dichte war mit 6 Stück je Quadratmeile in der ersten Altersklasse (0 bis 20 Jahre) gegeben. In der dritten Altersklasse waren es auf derselben Fläche nur noch 0,4 Stück. Die rein biotopbedingte Wilddichte schwankte also innerhalb von 35 Jahren um das Dreizehnfache!

Die Natur selbst kennt keine gleichbleibenden Wilddichten. Veränderungen des Lebensraumes bedeuten immer auch Veränderung der Wilddichte. Nur der Jäger glaubt, die Rehwildbestände auf einer von ihm bestimmten Höhe halten zu müssen und handelt damit absolut naturwidrig!

Natur kennt keine Katastrophen, sondern nur leichte und schwere, langsame und rasche Veränderungen. Diese Veränderungen begünstigen oder benachteiligen mehr oder weniger einzelne Tier- und Pflanzenarten.

Licht und Äsung durch Kalamität

Auf Wildtiere können sich forstliche Katastrophen durchaus positiv auswirken. Dabei wäre zu fragen, ob die Natur den Begriff „Katastrophe" in unserem Sinne überhaupt kennt. Schneebruch, Orkanschaden oder Waldbrände sind zwar für den wirtschaftenden Menschen extrem nachteilig und werden daher als „Katastrophen" bezeichnet. Sie können auch für einzelne Pflanzen oder Tiere zur Katastrophe werden; seltener wirken sie sich auf ganze Tierpopulationen aus. Viel häufiger aber ermöglichen sie für zahlreiche Arten einen gewaltigen Entwicklungsschub. Aus der Sicht der Natur handelt es sich bei einem großen Windwurf ebenso wie bei einem kleinen Käferschaden eher um eine „Veränderung", die neue Möglichkeiten bietet. Zu denen, die von den meisten den Wald betreffenden derartigen Veränderungen profitieren, gehören die Rehe.

Als ich 1982 den Gießwald übernahm, drangen als Folge von Schneebrüchen saftige Holundertriebe, Himbeere, Weidenröschen, Hasenlattich und

Äsung in Hülle und Fülle.

Plenterwald in Slowenien (Območna enota Postojna), in dem sich Tanne und Buche trotz Rot- und Rehwild ohne Schutz verjüngen.

eine Unzahl anderer Äsungspflanzen des Rehwildes überall durch die vom Schnee zusammengedrückten und noch nicht aufgearbeiteten Fichtenstangen. Damals war der Rehwildbestand noch recht hoch. Mein Vorgänger hatte jahrelang geschont. Trotzdem kamen mit einem Schlage überall die Buche und auch die Tanne. Wäre der Rehbestand bereits früher abgesenkt worden – die plötzlich einsetzende Naturverjüngung wäre von den Rehen wahrscheinlich nicht mehr zu bewältigen gewesen. So aber ästen sich die Rehe (artgemäß) rund um die Uhr in den Einständen feist.

Jagdlich brachte diese Verbesserung durchaus erhebliche Nachteile und Erschwernisse. Für die Rehe selbst brachte sie vor allem Vorteile. Ihre Streifgebiete reduzierten sich, was zu einer höheren Besiedlungsdichte führte. Gleichzeitig wurde es schwerer, Rehe zu sehen und zu beobachten, denn der Wald bot ihnen jetzt mehr als vorher die Wiesen. Zusätzlich wurde die Landwirtschaft immer rationaler und hektischer. Über Wiesen, die früher zweimal im Jahr gemäht wurden, donnerten die Kreiselmäher immer häufiger. Heute sind in jener an Niederschlägen reichen Gegend fünf, ja bis zu sechs Mähgänge üblich! Jeder Mahd folgt die Gülle, und der in ihr enthaltene Stickstoff jagt die Obergräser hoch, während die für das Wild wichtigen Kräuter sich kaum noch versamen können. Hinzu kommt die durch Gülle verursachte Geruchs- und Geschmacksbeeinträchtigung. Damit werden die Wiesen für den Selektierer Reh immer unattraktiver.

Wälder, die einmal durch Schneebruch oder Sturm geschädigt wurden, entwickeln eine Eigendynamik; ihre Ränder bröckeln weiter, Licht dringt weiter vor und schafft immer neue Bodenvegetation. Dafür sorgen Sonnenbrand, Frost und Käfer.

Fichtenstangenholz.

Ein vorher finsteres, bodenkahles Fichtenstangenholz im Gießwald, ein Jahr nach Schneebruch und dessen Aufarbeitung – ein Äsungsparadies, wie wir es mit Wildäckern nie schaffen können.

Nach „Wiebke". Stürme haben in weiten Teilen Europas innerhalb von Stunden aus Fichtenreinbeständen Laubholzkulturen gemacht und Rehwildparadiese geschaffen.

Siedlungsdichte steigt

Für das Rehwild waren die Sturmschäden und ihre Folgen zunächst ideal. Für die Jagd galt dies nur kurze Zeit. Anfangs waren die neuen Verjüngungsflächen – wenn nicht gezäunt – ideal für die Ansitzjagd. Das änderte sich nach ganz wenigen Jahren, weil nun die Vegetation auf großen Flächen die Sicht nahm. Das führte mit zu der Forderung, die Rehe verstärkt auf Drückjagden zu bejagen. Allerdings lassen sich Rehe nicht zielgerichtet treiben wie etwa Rot- oder Schwarzwild. Sie weichen Hunden und Treibern eher aus, immer bestrebt, ihre kleinen Wohnräume nicht zu verlassen. Wo aber will man die Jäger in großen, inzwischen zu Dickungen herangewachsenen Sturmflächen postieren, wenn es an tauglichen Strukturen fehlt?

Wo ohne Zaun verjüngt wurde, entstanden auch keine „Zwangswechsel", und der Schrotschuss auf Rehwild ist zwar immer noch in weiten Teilen Europas erlaubt und gebräuchlich, nicht jedoch in Deutschland und Österreich, und nicht in den ehemals sozialistischen Ländern. Es war fast überall versäumt worden, bei der Wiederbewaldung der Sturmflächen ausreichend Bejagungsflächen und Bejagungsstrukturen einzuplanen. In Deutschland waren die Gesetzgeber der Länder (Jagd ist Sache der Bundesländer) bemüht, die jagdlichen Rahmenbedingungen anzupassen. Die Klasseneinteilung beim Rehwild wurde aufgehoben oder auf zwei Klassen reduziert (Jährlinge und Mehrjährige). Mit Ausnahme des jagdlich erzkonservativen Bayern und Mecklenburg-Vorpommerns wurde die Trophäenschau abgeschafft. Inzwischen verzichten immer mehr Bundesländer auf den Abschussplan und verbieten die Fütterung. Den Rehen tut dies keinen Abbruch. Probleme für die Jäger blieben nicht zuletzt deshalb, weil sich viele nicht auf die geänderten Verhältnisse einstellen können oder wollen.

Umweltverschmutzung und Rehwild

Stickstoffeintrag

Mit der Luftverschmutzung ist es ähnlich wie mit den Waldschäden. Für den Menschen bringen sie gesundheitliche Probleme und bedeuten wirtschaftliche Schäden – doch die Rehe profitieren sogar von ihnen! Der Leser mag jetzt den Kopf schütteln, aber es ist so. Dass die Rehe mit den Schwefel-Emissionen, mit Luftstickstoff, mit der Nitratanreicherung im Trinkwasser und mit der Ozonbelastung weniger bis gar keine Probleme haben, liegt wahrscheinlich schon an ihrer – im Vergleich mit uns – kurzen Lebenserwartung. Andererseits fördert die Stickstoff-Eutrophierung der Landschaft in großem Stil Äsungspflanzen des Rehwildes. Bereits 1987 wies ELLENBERG auf diese Zusammenhänge hin. Während noch in den 1930er-Jahren 40 kg N/ha/Jahr als landwirtschaftliches Düngungsziel galten, werden diese Mengen heute als Emissionen eingetragen. Das Umweltbundesamt in Wien beziffert die gegenwärtige Gesamtstickstoffdeposition im Reichraminger Hintergebirge – dem größten geschlossenen Waldgebiet Österreichs, teilweise Nationalpark Kalkalpen –, wo seit 18 Jahren gemessen wird, mit 30-40 kg/ha/Jahr. Nicht berücksichtigt ist Stickstoff in deponiertem Feinstaub.

Dieser Stickstoffeintrag im Wald begünstigt vor allem jene Pflanzenarten, die auch dem Rehwild als Äsung dienen. Von den Stickstoff scheuenden Arten sind eher wenige beim Rehwild begehrt, und ihre Bestände gehen zurück. Viele stehen bereits auf den „Roten Listen“ gefährdeter Pflanzen. Stickstoff muss man überdies immer in Verbindung mit Licht sehen. Heute sorgen Schadstoff-Immissionen für erhebliche Blatt- und Nadelverluste unserer Waldbäume. Damit dringt deutlich mehr Licht zu den Waldböden vor als früher.

Weidenröschen.

Zu den Stickstoff liebenden Pflanzen gehört auch das Weidenröschen, das heute große Sturmflächen besiedelt. Es bietet dem Reh im Sommer Äsung und Deckung gleichermaßen.

Wenn wir glauben, den Rehen im Herbst eine „Mast" bieten zu müssen, weil sie diese, nach unserer Meinung, heute in der Landschaft nicht mehr finden, dann müssen wir ihnen auch die Verluste bieten, die in früheren Jahren der Winter gefordert hat!

Ob Stickstoff dem Reh vielleicht mehr als nur einen quantitativen Zugewinn an Äsungsmasse bringt, müsste noch untersucht werden. Denkbar wäre auch eine höhere Verdaulichkeit und damit verbunden ein schnellerer Stoffwechsel.

Verstärkte Fruktifikation durch Stress

Neben der Stickstoffbelastung hat auch Schwefel die Waldbäume in Bedrängnis gebracht. Vor allem Buche und Eiche zeigen Stressreaktionen und bilden mehr Samen als früher. Durfte man bei der Eiche früher alle vier und manchmal sogar nur alle sechs Jahre mit einer Vollmast rechnen, so liefern heute Buche und Eiche oft mehrere Jahre hintereinander überreiche Mast. Sie liefern, was in den 1970er-Jahren als „Herbstmastsimulation" propagiert wurde (HOFFMANN 1978). Allerdings haben die Rehe durch das Schwarzwild Konkurrenz bekommen. Dennoch finden sie in vielen Jahren im Herbst überreich Nahrung zum Aufbau von Feist. Vor allem dort, wo Schwarzwild fehlt oder nur in mäßiger Dichte vorkommt, findet man oft noch im Frühjahr massenweise Eicheln und Bucheckern auf dem Waldboden. Es sind einfach so viele, dass sie – trotz zahlreicher Mitfresser, wie zum Beispiel Ringeltauben – nicht mehr alle aufgenommen werden können.

Wenn wir heute über die Fütterung des Rehwildes diskutieren, bleibt dieses von der Natur überreich spendierte Kraftfutter meist außer Betrachtung.

Eichelmast.

Der Schwarzwildjäger weiß sehr wohl, dass er in Jahren mit reicher Eichelmast an seinen Kirrungen nichts mehr sieht. Auch Rehe können im Herbst unsichtbar werden, wenn die Eichen oder Buchen fruchten.

Veränderung der Lebensräume

War es früher besser?

Weder die heutigen Wälder noch die Felder sind mit denen von 1900 oder gar 1800 vergleichbar. Gedanken hierzu würden sich nicht lohnen, würde nicht immer wieder behauptet, das Wild hätte früher weit bessere Lebensbedingungen gefunden als heute. Das stimmt so nicht. Soweit Wälder überhaupt schon in nennenswertem Maße vom Menschen genutzt wurden, also keine Urwälder mehr waren, dienten sie als reine Holzquellen für die Eisenverarbeitung und Glasherstellung. Der Bedarf an privatem Heizmaterial war, verglichen mit heute, denkbar gering. In weiten Teilen Europas wuchsen aber auch lichte Weidewälder, in denen Eichen und Buchen dominierten und die primär der Viehhaltung dienten. Ziegen, Schafe, Schweine, Rinder und Pferde wurden einfach in den Wald getrieben. Dieser Wald musste licht sein, um ausreichend Gras, aber auch Stauden und Strauchwerk wachsen zu lassen. Gebietsweise dienten Wälder auch schwerpunktmäßig der Imkerei. Daher wurde ihr Wert auch nicht am Holz gemessen, sondern nach Weideeinheiten und „Zeitler-Wert", also nach dem Wert für die Imker. Für Wild war in diesen Wäldern kaum Platz, was dazu führte, dass sich Schalenwild hauptsächlich in den bäuerlichen

Waldweide.

In vielen Teilen Mitteleuropas, vor allem im Alpenraum, wird auch heute noch Waldweide betrieben, die auf die Waldverjüngung nicht weniger Einfluss nimmt als das Rehwild.

Nie – in der überschaubaren Geschichte –
ging es den Rehen so gut wie heute!

Feldern ernährte und aufhielt. Diese Umstände waren wesentliche Ursachen für die Bauernkriege wie für die Revolution des Jahres 1848, bei der dem Adel in weiten Teilen Europas die Jagdhoheit genommen wurde.

Die Situation in der Agrarlandschaft ist differenzierter zu betrachten. Die durch Jahrhunderte betriebene Dreifelderwirtschaft war für viele heute bedrohte Arten wie Wachtel, Rebhuhn oder auch Feldhase sicher günstig. Rehe mochten dort ein Nischendasein führen, schon weil ihnen überall mit Drahtschlingen nachgestellt wurde. Drahtschlingen waren noch Ende des 19. Jahrhunderts in den meisten der damaligen europäischen Länder durchaus legale Jagdmittel.

Heute ist die Feldlandschaft artenarm geworden. Die Größe der Parzellen hat sich vervielfacht. Arten werden angebaut, die früher überhaupt unbekannt waren. Auf der anderen Seite bieten heute Raps und Wintergetreide allem wiederkäuenden Schalenwild, also auch dem Rehwild, im Winter massenhaft Äsung. Wo Körnermais angebaut wird, liefert dieser den Rehen bis in den Spätherbst unbeschränkt „Kraftfutter“ zur Anlage von Winterreserven. Heute haben wir die kuriose Situation, dass in manchen Revieren im winterlichen Feldrevier mehr hochwertige Rehwildäsung zur Verfügung steht als im Sommer. In Summe ist es wohl richtig zu sagen, dass es den Rehen noch nie so gut ging wie heute!

Ruhe im Wald?

Beklagt wird heute, das Wild finde im Wald keine Ruhe mehr. Aber stimmt das auch? Erinnert sei nur einmal an den Wechsel von der groben, sich mit der Kraft zweier Männer ins dicke Holz fressenden Zugsäge zur Motorsäge. Letztere macht zwar einen Höllenlärm und ihre Benutzer krank, aber wo heute ein Waldarbeiter mit seiner Motorsäge arbeitet (was die Rehe viel weniger stört als uns), arbeiteten früher zwanzig Holzknechte mit ihren Zugsägen.

Nach der Fällung kehrte noch lange keine Ruhe in den Wald ein. Das Holz musste ja auch aus dem Wald gebracht werden. Heute fährt der schwere Holztransporter an einem Tag den Einschlag eines ganzen Monats ab. Früher war die Holzbringung Schwerstarbeit für Menschen und Pferde. Die Stämme mussten vorgerückt werden, um schließlich in (für heutige Verhältnisse) kleinen Mengen auf Pferdegespanne verladen und abgefahren zu werden. Im Gebirge wurde das Holz – quer durch die Wildeinstände – mit Schlitten ins Tal gebracht.

In unseren Erinnerungen war das „Früher" fast immer besser als die Gegenwart. Die Realität schaut oft anders aus – auch bei den Rehen.

Dazu war eine große Zahl an Arbeitern notwendig, welche die Schlitten stundenweit den Berg hinauf zogen oder trugen, mühsam die Stämme luden, um schließlich lebensgefährlich abzufahren. Ruhig ging es da nicht zu.

Dann gab es noch die Wassertrift, bei der das gefällte Holz aus dem Wald geschwemmt wurde. Auch zu dieser Arbeit war viel Personal nötig. Um zu ihren Arbeitsorten zu kommen, mussten die Arbeiter oft lange Fußmärsche in der Dunkelheit bewältigen, oder sie schliefen die Woche über draußen im Wald. Heute machen wir uns Gedanken über Menschen, die auf Forstwegen mit dem Fahrrad unterwegs sind oder joggen.

Es war aber noch viel mehr. Da gab es beispielsweise die Streunutzung. Nadel- und Laubstreu wurde zusammengerecht und von den Bauern als Einstreu im Stall verwendet. Die Folge waren devastierte Waldböden, auf denen kaum Rehwildäsung wuchs, und natürlich brachte diese Nutzung Unruhe in den Wald, denn sie erfolgte zu jeder Jahreszeit, solange kein Schnee lag.

Im Sommer, gerade zur Jungwildzeit, wurde der Grasschnitt in den Kulturen und auf Waldwegen vergeben. Arbeiter, die sich noch einige Ziegen oder Schafe halten konnten, und Kleinbauern holten sich dort Futter für ihre Tiere. Auch das brachte viel Unruhe in die Wälder.

Die moderne Forstwirtschaft mag manchem Jäger suspekt sein, aber sie arbeitet schnell und kommt mit weniger Arbeitskräften aus. Der Prozessor ersetzt locker zehn Menschen. Viele Arbeiten werden heute auch gar nicht mehr ausgeführt, sehr zum Leidwesen derer, die Arbeit suchen. Noch in den 1970er-Jahren beschäftigte bei uns jeder Forstbetrieb sogenannte Kulturfrauen, die beispielsweise die jungen Waldbäume freistellten; sie mähten das die Bäume umgebende Gras ab und beseitigten Himbeeren und Brombeeren. Im Sommer wurde bei uns regelmäßig das Laubholz vergiftet.

In Deutschland, Österreich und der Schweiz entlassen heute viele Forstbetriebe ihre Waldarbeiter vor Weihnachten und stellen sie erst nach Ostern wieder ein. Da herrscht – ganz im Gegensatz zu früher – Ruhe im Wald.

Hektik in der Agrarlandschaft

Über die Veränderung in der Landwirtschaft wurde weiter oben schon gesprochen, auch darüber, dass dem Schalenwild selbst im Winter der Tisch in vielen Feldern reich gedeckt ist. Doch was für die Rehe im Prinzip positiv ist, kann für

Agrarsteppe.

Industrielle Landwirtschaft in Masuren, in der es kaum noch Strukturen gibt. Hier fühlen sich nur noch das Schwarzwild und bedingt das Rotwild wohl. Für Rehe sind das keine Lebensräume mehr.

den Jäger durchaus nachteilig sein. Die Landwirtschaft ist hektisch geworden. Früher ging der Bauer am Spätnachmittag oder am frühen Abend vom Feld in den Stall; danach war Ruhe. Heute kommen die Landwirte vielerorts mit ihren Maschinen, wenn der Jäger bereits draußen sitzt. Sie pflügen, spritzen, güllen, mähen und dreschen bis weit in die Nacht hinein. Die heutige Technik macht es möglich. Für Betrieb sorgen aber auch die Nichtlandwirte. In weiten Teilen Europas sind die Wege im Feld längst asphaltiert. Sie dienen Radfahrern, Reitern, Spaziergängern und Joggern, auch in den Abendstunden. Die Rehe arrangieren sich; der Jäger hat Probleme.

Verlust an Landschaft

In Deutschland wurden noch 2013 täglich 129 Hektar oder 175 Fußballfelder Land versiegelt (UNI-PROTOKOLLE.DE 2014). Das „Naturland" Österreich hatte 2011 bereits einen Versiegelungsgrad von 31,9 % (BUNDESAMT FÜR UMWELT WIEN 2011). In der Schweiz, ebenfalls ein Land, das von vielen Europäern als ein Land der „heilen Natur" begriffen wird, nahm die Bodenversiegelung zwischen 2004 und 2009 um satte 29 % zu (BUNDESAMT FÜR UMWELT BERN 2013). Die Politik akzeptiert nicht nur eine dramatisch wachsende Übervölkerung und die für unsere Wasser- und Luftreserven bedrohliche Versiegelung Europas, sie schürt sogar Ängste vor einem Rückgang der Bevölkerungsdichte!

Trotzdem: Obwohl heute wesentliche Teile Mitteleuropas unter Beton verschwunden sind, wächst – insgesamt – weit mehr Nahrung für die Rehe als vor zwei Jahrhunderten. Jedenfalls haben die Rehe – trotz europaweit kontinuierlich steigender Abschusszahlen – neue Räume erobert und kaum mehr Lücken freigelassen. Wie auch immer: Es fehlt nicht an Nahrung für die Rehe generell, wohl aber gelegentlich an solcher, die von uns toleriert wird und zugänglich ist.

Hegemaßnahmen

Äsungsverbesserung

Mit der Vorgabe, die Schäden an Forstpflanzen zu senken, wurden in der Vergangenheit erhebliche Anstrengungen zur Schaffung zusätzlicher Äsung unternommen. Von Äsungsflächen versprach man sich lange Zeit die Lösung des Wald-Wild-Problems. Die Rehe würden dann, so die Überlegungen, nicht mehr an jungen Waldbäumen naschen, sondern treu und brav nur noch das aufnehmen, was ihnen der treusorgende Heger auf Wildäckern, in Verbissgärten und auf Wiesen anbietet. Natürlich tun Rehe das nicht. Sie verbeißen nach wie vor die Sämlinge und Jungbäume, setzen aber die zusätzlich gebotene Nahrung in erhöhte Nachwuchsraten um!

Im Sommer sind Wildäcker und Wildwiesen – bedingt durch die den Rehen eigene Territorialität – immer nur den in ihrem Bereich wohnenden Rehen zugänglich. Um eine entsprechende Breitenwirkung zu erzielen, müssten wir so viele Äsungsflächen schaffen, dass in jedem Streifgebiet (mehrheitlich weniger als 30 Hektar) ganzjährig eine solche Fläche vorhanden und attraktiv ist. Für die Jagd selbst bleibt uns bei so viel „Landwirtschaft“ nicht mehr viel Zeit!

Die meisten der in Frage kommenden Pflanzen fallen im Winter ohnehin aus, entweder weil sie frostempfindlich sind oder vom Schnee begraben werden.

„Die Verbesserung der Äsungsverhältnisse im Wald ist solange zwecklos, als es nicht gelungen ist, den Wildbestand auf das Maß herabzusetzen, das für den derzeitigen Zustand des Waldes tragbar ist.“

Ulrich Scherping, Schöpfer des Reichsjagdgesetzes, Oberstjägermeister und langjähriger Hauptgeschäftsführer des DJV in Bonn

Wildwiese.

Wiesen im Wald werden von den Rehen gerne angenommen und sind auch landschaftlich eine Bereicherung.

In Ländern mit Pachtsystem muss auch an die sozialen und praktischen Konsequenzen gedacht werden. Denn abgesehen von dem Problem, ausreichend geeignete Flächen in der notwendigen Streuung und Qualität im Wald zu bekommen, wird damit ein „sozialer Keil" in die Jägerschaft getrieben. Leisten kann sich eine derartige Umwandlung nämlich nur eine sehr kleine Schicht von Jagdpächtern. Die Mehrheit der Jäger könnte unter solchen Voraussetzungen allenfalls die Funktion „jagdlicher Dienstboten" übernehmen. Immerhin bedeuten 3 % Äsungsflächen je 100 Hektar Waldanteil bereits 3 Hektar landwirtschaftliche Fläche!

Inzwischen haben Orkane viele mitteleuropäische Reviere mit Äsungsflächen in Hülle und Fülle beglückt. Sie haben einzelne Waldreviere fast völlig in Äsungsflächen umgewandelt, auf denen – zumindest in den ersten Jahren – ungleich mehr rehwildgerechte Äsung heranwächst als auf Wildäckern! Nicht wenige Jäger haben mit diesen Flächen große Probleme.

Flächen, die sinnvoll sind

In vielen Waldrevieren ist die Abschusserfüllung beim Rehwild schwierig geworden, auch und gerade in Revieren mit großen Sturmflächen. Die bieten den Rehen zwar genug Äsung, doch wird gerade das oft zum Problem, weil die Rehe ihre Einstände nicht mehr verlassen müssen. Hier können kleine attraktive Flächen – die vornehmlich der Bejagung dienen – Abhilfe schaffen. Da genügt es mitunter, Abschnitte von begrasten Forstwegen oder Abteilungslinien zu mähen, das Mähgut von der Fläche zu räumen und gelegentlich mit etwas

Phosphor und Kali zu düngen. Beides fördert das Wachstum von Klee und Kräutern. Stickstoff sollten wir vermeiden, weil wir mit ihm vor allem die Obergräser fördern.

Begrünter Forstweg.

Begrünte Erdwege und Abteilungslinien in den Beständen können bei geringem Pflegeaufwand gute Äsungs- und auch Bejagungsflächen sein.

Pflege von Äsungsflächen.

In jedem Revier gibt es Flächen, die der Jäger mit geringem Aufwand für die Jagdausübung nutzen kann.

Manchmal gibt es Holzlagerplätz, die vorübergehend nicht genutzt werden und sich ohne Umbruch und mit denkbar geringem Aufwand einsäen lassen. Hin und wieder stehen auch ehemalige Pflanzgärten zur Verfügung. Bei allen diesen Flächen kommt es nicht auf die Erzielung von Ertrag an, sondern nur auf die Abwechslung und damit Attraktivität für die Rehe. Sie sollen der Abschusserfüllung dienen, tun dies aber nur, wenn wir bewusst und sparsam Gebrauch von ihnen machen. Wer jede Woche an einer solchen Fläche sitzt, wird dort bald kein Rehwild mehr sehen.

Ob sich Äsungsflächen im Feld lohnen und ob sie sinnvoll sind, hängt von der jeweiligen Situation ab. Wo im Herbst schon Raps oder Wintergetreide vorhanden ist, erübrigt sich die Anlage von Wildäckern. Wo die Felder hingegen brachliegen, erleichtern die Flächen die Jagd.

Erfahrungen aus einem Großversuch

Ein Großversuch der Bayerischen Forstlichen Versuchs- und Forschungsanstalt (FVFA) lief von 1982 bis 1989 in drei fränkischen Forstämtern. Geklärt werden sollte dadurch, inwieweit sich Wildverbiss durch Hegemaßnahmen senken lässt und ob derartige Maßnahmen eventuell kostengünstiger sind als die bis dahin notwendigen Waldschutzmaßnahmen.

Die Versuchsanordnung bestand in 5 räumlich getrennten, je etwa 1.000 Hektar großen Revieren.

Zunächst drei reine Waldreviere:

> In Revier 1 wurde 1 % der Holzbodenfläche in Äsungsfläche für Rehwild umgewandelt, aufgeteilt in 60 Parzellen, davon 85 % Wildäcker.
>
> In Revier 2 wurden an 27 Stellen 54 Futterautomaten aufgestellt, die ab Mitte Oktober bis ins Frühjahr hinein beschickt wurden und dem Rehwild eine Futteraufnahme ad libitum ermöglichten.
>
> Revier 3 diente als Vergleichsrevier, in dem keinerlei Maßnahmen durchgeführt wurden.

Zwei Wald-Feld-Mischreviere:

> In Revier 4 wurden 0,6 % der Holzbodenfläche in Äsungsfläche umgewandelt und zusätzlich per Automaten gefüttert.
>
> Revier 5 blieb ohne Äsungsflächen und Fütterung und diente ebenfalls als Vergleichsrevier.

Erhoben wurden die Verbisssituation, die Entwicklung der Rehwildbestände, aber auch die Reaktionen des Rehwildes auf Störungen *(siehe auch die Grafiken auf den Seiten 227 und 228)*. Bei Versuchsbeginn waren ohne Zaun weder Naturverjüngung noch Pflanzung möglich.

Der Abschlussbericht der FVFA wurde viele Jahre unter Verschluss gehalten, weil die Ergebnisse nicht den Erwartungen entsprachen. Schließlich musste er aber doch dem Bayerischen Landtag vorgelegt werden. Einige Kernsätze aus diesem Abschlussbericht seien nachstehend zitiert:

- Die Hegemaßnahmen brachten in den untersuchten Revieren für das Gewicht des einzelnen Rehs keinen nachweisbaren Effekt. Bei Input an zusätzlicher Nahrung kann lediglich eine größere Anzahl von Rehen bei gleichem Gewichtsniveau gehalten werden.
- Rehe reagieren auf Besiedlungsanreize *(Fütterung, Äsungsflächen, natürliches Äsungsangebot; d. Verf.)* sehr rasch mit höherer Dichte und ziehen nicht mehr so weit für die Nahrungsaufnahme. Für das Fütterungsrevier wurde dieser Sachverhalt mit den im Durchschnitt um 10 Hektar kleineren Einstandsgebieten bestätigt.
- Der notwendige und mögliche höhere Abschuss in den Hegerevieren kompensiert nicht die höheren Kosten. Fütterung ist zwar billiger als Äsungsverbesserung, erschwert aber im Gegensatz zu den Äsungsflächen eher die Abschusserfüllung.
- Mehreinnahmen durch den Verkauf einer größeren Anzahl von Rehen in den Hegerevieren decken bei weitem nicht die Kosten der Hege.
- Die Vegetationsentwicklung rechtfertigt die Hegemaßnahmen ebenfalls nicht. Laubholz, insbesondere Eiche, kann nicht ohne Zaun im notwendigen zielgerechten Umfang hochgebracht werden.
- Versuche *(mit telemetrierten Rehen; d. Verf.)* haben gezeigt, dass in Gebieten mit hohem Besucherdruck (Nürnberger Reichswald) Rehe durch den Menschen auf Waldwegen und -straßen und selbst in Beständen als „Pilzsucher“ nicht so gravierend gestört werden, wie häufig angenommen.

Die Abschusszahlen waren in den Versuchsrevieren – bezogen auf die Bonität – vergleichsweise gering. Sie lagen vor Beginn der Versuche – entsprechend den Wildstandsmeldungen der Förster – teilweise nur bei 1,5 Rehen/100 Hektar.

Die Rehe kommen mit Waldbesuchern besser zurecht als wir Jäger!

Während der Versuche wurden sie leicht angehoben, waren aber wohl insgesamt deutlich zu niedrig.

Nach Veröffentlichung des Abschlussberichtes wurden die Hegemaßnahmen eingestellt. Dafür wurde der Abschuss von 1986 bis 1990 kontinuierlich auf 6 Rehe/100 Hektar angehoben. Auf Flächen mit Schwerpunktbejagung waren es bis zu 18 Rehe/100 Hektar. Diese vergleichsweise „harmlose“ Anhebung ließ zunächst die Naturverjüngung aus Kiefer, Tanne, Buche, Eiche und Edellaubhölzer explodieren, und dies auf Standorten, denen man gemeinhin nur Kiefern zutraut. Nach wenigen Jahren konnte der Abschuss, ohne nachteilige Wirkung auf die Verjüngung, auf 3 Rehe/100 Hektar zurückgenommen werden. Allerdings wurden 75 % Geißen und Kitze geschossen und nur 25 % Böcke. Heute, an die drei Jahrzehnte nach den Fütterungsversuchen, werden im Reichswald 4,7 Rehe je 100 Hektar erlegt. Dem „Nur-Jäger“ werden die Zahlen nicht allzu viel sagen, wohl aber jenen Jägern, die auch Waldbesitzer oder Förster sind. Im gesamten Forstbetrieb mit 24.000 Hektar standen 2013 rund 9.000 Hektar in Vorausverjüngung mit Laubholz. Eiche und Buche verjüngten sich außer Zaun. Edellaubhölzer mussten teilweise, Tanne und Douglasie hingegen grundsätzlich geschützt werden.

Nürnberger Reichswald 1986.

So sah es im Nürnberger Reichswald 1986 aus. Selbst die Kiefer hatte Probleme, sich zu verjüngen. Laubholz kam nur hinter Zaun, und Nadelholz musste chemisch geschützt werden.

Nürnberger Reichswald 1996.

Zehn Jahre später: Die Fütterungen wurden eingestellt, der Abschuss erhöht. Auf großer Fläche verjüngt sich selbst die Eiche ohne Zaun. Hier geht es den Rehen gut, sie sind aber auch schwer zu bejagen.

Fütterung

Tradition oder Notwendigkeit?

Die Fütterung hat ihre Tradition in Aufzuchts- und Jagdgattern mit sehr hohen Tierbeständen. Später wurde zunächst vom Adel auch außerhalb der Gatter gefüttert. Ziel waren immer möglichst hohe Wildbestände. Eine größere Verbreitung fand die Fütterung in freier Wildbahn erst so gegen Ende des 19. Jahrhunderts, zunächst wieder in den nach der Revolution neuerlich entstandenen Großrevieren des Adels, dann in denen von Industriellen und letztlich in den Staatsforsten. Ziel dieser Fütterungen war es in erster Linie, das Wild ans eigene Revier zu binden. Geregelt war die Fütterung in jener Zeit nirgends. Eine Fütterungspflicht brachte erstmals das Reichsjagdgesetz.

Die Zielsetzung der Fütterung änderte sich im Laufe der Zeit immer wieder. Anfang des 20. Jahrhundert trat der Tierschutzaspekt in den Vordergrund, womit die Fütterung ganz wesentlich zum damals guten Image der Jagd in der Bevölkerung beitrug. Gefüttert wurden (und werden bis heute) allerdings nur jagdlich interessante Arten. Gleichzeitig zeigten sich die Jäger nur wenig zartfühlend, wenn es um Hundeabrichtung oder „Raubzeugbekämpfung" mit Gift und quälerischen Fallen ging.

Noch in der ersten Hälfte des 20. Jahrhunderts bekam die Fütterung – intern – nochmals eine neu Zielsetzung: stärkere Trophäen! Es waren vor allem die Versuche Vogts im Gatter Schneeberg, die bis heute nachwirken.

Im letzten Drittel des 20. Jahrhunderts wurde die Fütterung vor allem mit dem Argument gefordert und verteidigt, damit Wildschäden zu reduzieren. Zumindest was das Rehwild betrifft, wurde vielfach das Gegenteil bewiesen. Verwiesen sei beispielhaft auf die Versuche von Holzapfl in Franken und jene von Pegel auf der Schwäbischen Alb. Beide haben gezeigt, dass weder die Fütterung als solche noch die großflächige Schaffung „natürlicher" Äsung die Verbissschäden zu senken vermochte. Diese Maßnahmen wurden einfach von den Rehen und der Natur unterlaufen. Sie reagierten mit Zuwanderung, höherem Zuwachs und geringerer Sterblichkeit.

Wir können den Begriff „human", bezogen auf Wildtiere, ebenso wenig anwenden wie unsere Vorstellungen von guten und schlechten Vererbern auf den Menschen.

Was als Tierschutz verstanden wird, kann sich ganz schnell als Tierquälerei darstellen!

Was bewirkt Fütterung?

Rehe haben sich im Laufe von Jahrtausenden auf die Lebensbedingungen der von ihnen bewohnten Räume eingestellt – auch auf die Winter. Sie haben gelernt, auch bei anhaltender Nahrungsknappheit zu überleben, weil sie ihren Organismus angepasst haben. Ein wesentliches Merkmal dieser Anpassung ist die Reduktion ihrer Magenschleimhaut. Dieses sozusagen mit der Natur „akkordierte" Konzept der Überwinterung wird nun von uns durchkreuzt. Es wird durch künstliche Fütterung nicht nur außer Kraft gesetzt, sondern der Organismus des Wildes geschädigt.

Energiereiche Futtermittel verändern teilweise eklatant den Säurespiegel im Pansen, mit der Folge massiver Acidose. Der Übersäuerung steuert das Wild – so es kann – durch Aufnahme von Wasser entgegen, die zu einem erheblichen Teil in Form von Knospen und Trieben aufgenommen werden muss. Fütterung senkt also Verbissschäden nicht, eher fördert sie solche!

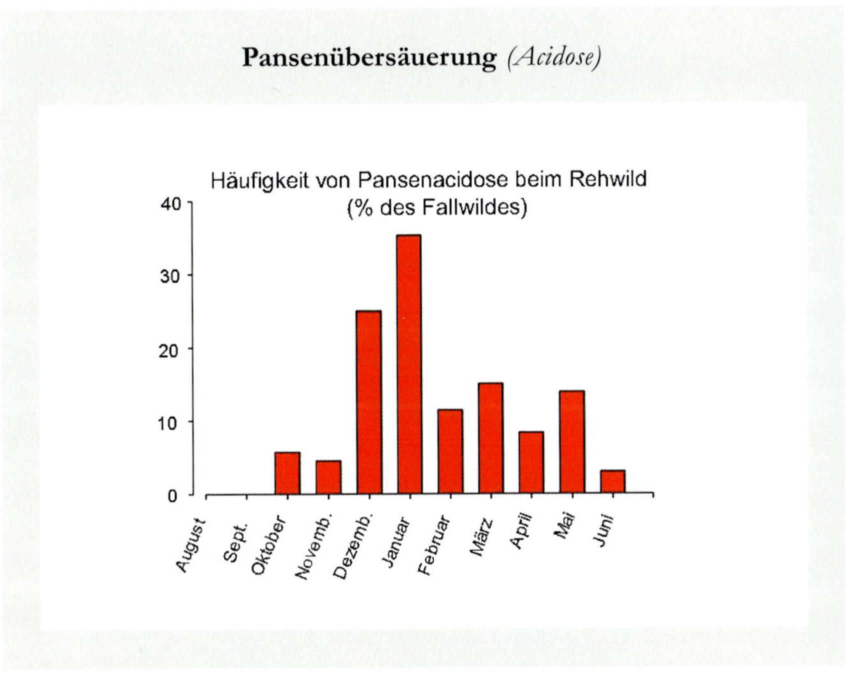

Die Grafik zeigt den Anteil von untersuchten Fallwildrehen mit Acidose. Er ist im Winter als Folge von Fütterung am höchsten. (Daten: FIWI Wien 2015)

Viele dem Rehwild angebotenen Futtermittel sind für Wiederkäuer wenig geeignet und entstammen der Schweinemast.

Das ursprüngliche Ziel der Fütterung, nämlich Wild im eigenen Revier zu halten und fremdes Wild anzuziehen, wird viel zu wenig bedacht. Je „besser" wir füttern, umso mehr Wild ziehen wir an; Wild, das am Ende des Winters wieder verschwindet. Mit den Wintergästen gehen auch die stärksten unserer Jährlinge, während die schwachen bleiben.

Fütterung sorgt auch dafür, dass jene Rehe überleben, die ohne sie Opfer des Winters geworden wären. Fütterungen sind Verteilstationen für Parasiten und Krankheiten aller Art. Fütterungen sind aber auch „Sozialstationen" für Fuchs, Luchs, Wolf und streunende Hunde! Nicht vergessen dürfen wir, dass sie uns jagdlich stark einschränken, denn das Wild steht im Umkreis der Fütterungen und dort können/dürfen wir nicht jagen!

„Mode" oder Vernunft ?

Heute wird auch in Ländern gefüttert, in denen Rehe weite Gebiete ohne Fütterung erst erobert haben, beispielsweise in Schweden. Auch im flachen Dänemark, mit seinen absolut milden Wintern, beginnen die Jäger Rehe zu füttern. Im „Kernland des Fütterns", in Deutschland, ist die Fütterung des Rehwildes in den meisten Bundesländern inzwischen verboten oder stark eingeschränkt. Weder gingen deshalb die Rehwildbestände zurück, noch wurden die Rehe schwächer, noch nahm der Verbiss zu.

Bis in die 1970er-Jahre wurde das Rehwild in den Staatsforsten des deutschen Alpenraumes kaum irgendwo gefüttert. Es folgte eine Zeit intensiver Fütterung und steigender Schäden. Inzwischen haben die Forstbetriebe die Rehwildfütterung wieder eingestellt. Auch bei uns, im alpinen Kärnten, steigt die Zahl jener Revier, die nicht mehr füttern. In unserem überwiegend montanen, teils alpinen Nachbarland Slowenien ist die Rehwildfütterung im ganzen Land verboten. Auf der italienischen Seite, ebenfalls alpin, leben die Rehe auch ohne Fütterung. Gleiches gilt für die Schweizer und die französischen Alpen.

Als Jäger muss ich mir die Frage stellen, was will ich erreichen: autarke Rehe, die sich auch im Winter ohne menschliche Hilfe behaupten, oder vierbeinige Sozialhilfeempfänger, die ihre im Lauf von Jahrtausenden erworbenen Fähigkeiten nach und nach verlieren?

IV.

Verhalten im Jahreslauf

Grundmuster des Verhaltens

Lektion 1: Sich-Drücken

Die erste Methode der Feindvermeidung, welche Rehe lernen, ist das Sich-Drücken. Schon bald nach der Geburt liegen sie ab, eine Eigenschaft, die wir meist nur den Kitzen in ihren ersten Lebenswochen zugestehen. Wir dürfen davon ausgehen, dass der Drückreflex angeboren ist. Kitze liegen auch nicht beliebig ab, vielmehr bevorzugen sie Wiesen, aber auch andere Flächen, mit einem so um 40 Zentimeter hohen Bewuchs. Ist das Gras einer Wiese hoch, schließt es sich über dem Kitz. KURT (1991) fand in der Schweiz nur 17 % der Kitze in Wiesen mit einer Aufwuchshöhe von 20 Zentimeter und weniger. 51 % lagen in Wiesen mit 20 bis 50 Zentimeter hohem Gras. In Wiesen mit noch höherem Bewuchs lagen immerhin 32 % aller Kitze. Der Jäger kann also abschätzen, wo er nach Kitzen bevorzugt suchen muss, um sie vor der Mähmaschine zu retten.

Mit zunehmendem Alter wird das Sich-Drücken immer häufiger durch unbewegliches Verharren im Stehen und durch Flucht abgelöst, trotzdem ist der Drückreflex auch bei erwachsenen Rehen noch vorhanden.

Hierzu ganz kurz ein eigenes Erlebnis, das bezeichnend ist für die Fähigkeit der Rehe, sich unsichtbar zu machen: Ich kam erst am Abend von einer Dienstreise zurück, und für den Abendansitz war es eigentlich schon zu spät. So entschlossen sich meine Frau und ich zu einem kleinen Spaziergang rund um die ans Forsthaus angrenzende Waldabteilung. Als wir oben bei „Müllers Kathrin" aus dem geschlossenen Wald auf die Wiese hinaustraten, äste nicht mehr als zwanzig Meter neben dem Weg ein Rehbock. Er stand spitz, uns abgewendet, wir waren ganz leise gegangen, und der Wind wehte uns entgegen. Einige Minuten mochten wir, den Rehbock beobachtend, verharrt haben, dabei immer wieder einmal unsere Blicke auf die untergehende Sonne richtend. Da war der Bock von einer Sekunde zur anderen verschwunden. Geflüchtet konnte er nicht sein, das hätten wir bemerken müssen; aufgelöst hatte er sich auch nicht. Wir schauten uns verdutzt an, gingen dann aber langsam weiter, bis wir auf gleicher Höhe mit der Stelle waren, auf der eben noch der Bock gestanden hatte. Das Gras der ungemähten Wiese war nicht übermäßig hoch, und ich hätte vorher geschworen, jeden sich drückenden Hasen darin zu finden. Ein Rehbock schien darin unübersehbar – meinten wir. Schritt für Schritt gingen wir, zehn Meter nebeneinander, in die Wiese hinein. Hier musste er irgendwo gestanden haben – nichts! Einige Schritte nach links, einige nach rechts, einige vor und zurück. Ratlos unterhielten wir uns, langsam an unseren Sinnen zweifelnd. Erst als wir

Sich drückendes Reh.
Eine Rehgeiß, völlig unbeweglich kaum zehn Meter neben der Forststraße sitzend, auf der die Wanderer vorbeigehen.

uns wieder dem Weg zuwandten, fuhr kaum fünf Meter hinter uns der Bock aus dem Gras und flüchtete ohne Schrecklaut in den Wald.

Gewiss, erwachsene Rehe reagieren eher ausnahmsweise so, aber dass sie es zuweilen tun, zeigt die Tatsache, dass immer wieder auch erwachsene Rehe Opfer von Mähmaschinen werden.

Dieses sich absolut Flach-Machen ist die angeborene kindliche Reaktion, die bei erwachsenen Rehen eher selten vorkommt. Aber dass Rehe bei einer sich nähernden Gefahr einfach sitzen bleiben, die Gefahr im Auge behalten und abwarten, ist wohl die häufigste Reaktion überhaupt. Meist werden wir sie nicht bewusst erleben, einfach weil wir das Reh nicht sehen. Diese „Gelassenheit" ist für Rehe ungeheuer wichtig. Hätten sie diese nicht, wären sie vor allem in von Menschen stark genutzten Wäldern ständig auf der Flucht, und große Räume wären für sie nicht nutzbar.

Der Jäger erlebt es ja immer wieder, dass ein Reh neben der Forststraße völlig unbeweglich sitzt und ihn beobachtet. Erst wenn er stehenbleibt oder gar einen Schritt in die falsche Richtung setzt, wird das Reh hoch und flüchtig.

Lektion 2: Einfach erstarren

Die erste Variante der Feindvermeidung, die ein Reh beherrscht, ist das Sich-Drücken. Es ist völlig passiv. Motto: Kopf runter, nicht bewegen und warten, was geschieht. Sie wird schon kurz nach der Geburt beherrscht und ist wohl

„Erstarrter" Rehbock.

Licht und Schatten machen den unbeweglich dastehenden Bock fast unsichtbar. Alle seine Sinne sind angespannt. Ein Blitzstart ist jederzeit möglich, und er weiß auch, wohin er flüchten wird, denn er hat sich ausgiebig informiert.

angeboren. Die zweite Variante ist bereits aktiv. Der Kopf bleibt oben. Die Umgebung wird beobachtet, und Flucht wird nicht ausgeschlossen. Die dritte Variante ist die: einfach aus der Bewegung heraus erstarren. Das Reh wird auf eine mögliche Gefahr aufmerksam, ist sich aber nicht sicher. Es bleibt stehen und erstarrt förmlich. Dabei nutzt es nach Möglichkeit vorhandene Tarnung: einen tiefhängenden Ast, einen Jungbaum oder einfach Licht und Schatten. Völlig unbeweglich dastehend, wird es meist nicht entdeckt. Es wartet ab, bis die Störung vorüber ist und entfernt sich dann. Diese Situation haben wir häufig bei Bewegungsjagden, wenn sich ein Treiber oder Hund nähert oder wenn die Schützen ihre Stände aufsuchen. Jedenfalls verschaffen sich Rehe damit notwendige Informationen.

Lektion 3: „Sich-Verdrücken"

Auch das tun Rehe sehr gerne, wenn sie eine Störung frühzeitig orten. Dieses Sich-Verdrücken scheint mir eine gewisse Erfahrung mit der jeweiligen Störung vorauszusetzen. Da ist beispielsweise der einen Hochsitz besteigende Jäger. Das Reh befindet sich in guter Deckung, weiß aber aus Erfahrung, dass es vor

Sich-Verdrücken.
Eine kleine Familie aus Geiß, Schmalreh und Kitz verdrückt sich. Dabei bleibt ausreichend Zeit, um sich zu informieren und eventuell auch die Richtung zu ändern.

diesem Hochsitz in den nächsten Stunden nicht mehr äsen kann. Es verdrückt sich einfach.

Es könnte ja auch flüchten, möglichst schnell möglichst viel Distanz zwischen sich und die Störung bringen. Der Unterschied ist, dass schnelles Flüchten mehr Energie kostet als langsames Verdrücken und dass Gefahren beim Verdrücken viel leichter und sicherer erkannt werden als bei der Flucht, vor allem im unübersichtlichen Gelände.

Beim Verdrücken bleiben Rehe meist zusammen, also das Kitz bei der Geiß, das Schmalreh beim Bock, während sie sich bei der Flucht häufig trennen. Geflüchtet wird auch nur, wenn sich Rehe unmittelbar verfolgt fühlen. Dann kann es in mehrfacher Hinsicht vorteilhaft sein, sich zu trennen. Beispiel: Wenn drei Rehe in unterschiedlicher Richtung flüchten, hat der nachfolgende Jagdhund zunächst ein kleines Orientierungsproblem.

Lektion 4: Die Orientierungsflucht

Ein kleines Beispiel: Eine kleine Dickung am Waldrand. Draußen das Feld, im Wald Altholz mit unterschiedlich hoher Naturverjüngung. Wir suchen uns im Altholz einen etwas erhöhten Stand, schnallen unseren Dackel und warten, was passiert. Der wird die kleine Dickung annehmen und stöbern. Dort gibt er Laut, und gleich darauf flüchtet ein Reh aus der Dickung und in hohen Bogensprüngen 50 oder 100 Meter ins Altholz. Irgendwo vor uns bleibt es zwischen den Jungfichten stocksteif stehen. Dieses Verhalten haben wir oben schon beschrieben. Es erstarrt!

Die hohen Bogensprünge ermöglichen es dem Reh, sich zu orientieren. Es verschafft sich einen Überblick über die Situation im Altholz: Stehen da irgendwo Jäger? Sperrt ein Zaun den weiteren Fluchtweg? Stöbert auch hier ein Hund? Bei einer tiefen Flucht bekäme es diese Informationen nicht.

Es dauert nicht lange, da kommt auf der Fährte des Rehs lautgebend unser Dackel. Sofort wendet das Reh sein Haupt und konzentriert sich auf den Hund. Es könnte auch sofort „Gas geben" und in der bereits eingeschlagen Richtung weiterflüchten. Aber nein, es bleibt stehen, lässt den Dackel auf kaum zwanzig Meter herankommen, wendet und flüchtet in die Dickung zurück. Unser Dackel aber regt sich über die in dicken Wolken über der Verjüngung liegenden Rehwitterung furchtbar auf und gibt immer heftiger Laut (Information für das Reh!). Es dauert geraume Zeit, ehe er begreift, dass das Reh wieder zurück in die Dickung ist und ihm folgt. Das Reh aber hat in der kleinen Dickung mit seiner Witterung neuerlich für Verwirrung gesorgt.

Natürlich läuft es nicht immer exakt so wie hier beschrieben ab, einfach weil in der Natur jede Situation neu und anders ist. Kann auch sein, das Reh flüchtet nicht in die Dickung zurück, sondern setzt seinen ursprünglich eingeschlagenen Weg durchs Altholz mit weiteren Bogensprüngen fort, um irgendwo in einem Stangenholz oder einer Dickung zu verhoffen und auch dort scheinbar erstarrt abzuwarten, was geschieht – um sich zu orientieren. Diese wenigen Verhaltensmuster bestimmen das Leben der Rehe ganz wesentlich.

Orientierungsflucht.

Wir können ja selbst überprüfen, in welcher Haltung wir mehr sehen: Aufrecht stehend oder in Kopfhöhe eines ziehenden Rehs? Bei der Orientierungsflucht verschafft sich das Reh Überblick.

Das Einschätzen von Gefahren

Harmlose Zeitgenossen

An anderen Stellen dieses Buches wird noch auf die Wirkung des Jägers auf das Wild hingewiesen. Darauf etwa, dass wir viele Reize setzen, die sich summieren und von den Rehen erkannt werden, aber auch darauf, dass wir uns auf der Jagd ganz ähnlich bewegen wie etwa der Luchs. Als wir noch oben im Bergwald wohnten – unser Haus lag an einem Südhang auf 1.000 Meter Seehöhe, eine Forststraße endete dort und setzte sich als Wanderweg fort – konnten wir immer wieder beobachten, wie unterschiedlich die ums Haus lebenden Rehe auf Wanderer reagierten. Wenn Menschen die Forststraße heraufkamen, wurden sie von den Rehen erst gesehen, wenn sie sich auf etwa vierzig Meter genähert hatten. Wohl aber wurden sie vorher schon von den Rehen gehört, oder diese bekamen Wind von ihnen. Bei manchen Menschen gingen sie einfach in Deckung und erstarrten, bei anderen flüchteten sie. Dabei waren die ersten Reaktionen meist ziemlich identisch. Hier zunächst die „Grundsituation":

Die Rehe standen vorm Haus. Plötzlich spreizte eines die Spiegelhaare, warf auf und äugte talwärts. Waren es zwei oder drei Rehe, äugten in der Folge alle talwärts. Da sie aber die Störquelle nicht identifizieren konnten, sprangen sie die Böschung hinauf, wo sie sich besser informieren konnten. Dort wurden die Spiegelhaare wieder angelegt. Meist streckte dann die dominante Geiß den Träger flach vor und hob ihn leicht auf und ab; dabei fuhr sie manchmal mit dem Kopf auch ruckartig hoch – dieses Verhalten hat jeder Jäger schon oft beobachtet. In der Folge zogen die Rehe entweder noch ein paar Meter weiter in den Wald hinein, um dort zu erstarren, oder sie erstarrten an Ort und Stelle.

„Du siehst mich nicht."

Ich erinnere mich nicht, dass irgendwann einmal ein Spaziergänger eines unserer unbeweglich in dürftiger Tarnung stehenden Rehe entdeckt hätte. Dazu trug sicher bei, dass die Rehe oberhalb der Böschung standen und der Blick von der Forststraße aus eingeschränkt war.

Wenn sich Rehe, so wie eben beschrieben, verhielten, kamen Menschen meist ziemlich arglos die Straße herauf, also solche, die gar nicht versuchten, unentdeckt zu bleiben, solche, die miteinander redeten und sich völlig ungeniert bewegten. Sie wurden von den Rehen schnell als harmlos eingeschätzt. Schließlich würde kein Feind leichtfertig auf sich aufmerksam machen. Übrigens ist dies eine Methode, die bei der Jagd im Hochgebirge auf Gamswild seit ewigen Zeiten praktiziert wird: Der Jäger nähert sich dem Wild bewusst offen und mimt dabei den Touristen oder Almhalter.

„Gefährliche" Zeitgenossen

Manchmal verhielten sich unsere Rehe auch anders. Dann wurden sie nämlich nach der ersten kurzen Flucht von der Straße über die Böschung in den Wald hinauf nervös. Sie sträubten neuerlich die Spiegelhaare – fast immer ein Zeichen von Nervosität –, und eines der Rehe hob einen Vorderlauf an und drehte sich – je nach vorherigem Stand – bergwärts, um erst noch mäßig, aber rasch schneller werdend hinauf zu verschwinden.

Bei diesem Verhalten durfte man ziemlich sicher sein, dass eine sich „sehr gesittet" benehmende Einzelperson die Forststraße heraufgewandert kam oder eben irgendjemand, den sie nicht richtig einordnen konnten. Vielleicht war es ein Urlaubsgast, der Wildtiere sehen wollte und deshalb betont vorsichtig ging, auch immer wieder einmal stehenblieb, um mit seinem Fernglas nach Vögeln zu schauen. Der Bewegungsablauf und das Verhalten eines Naturfreundes, eines Tierfotografen oder Ornithologen sind dem eines Jägers verdammt ähnlich.

So, und jetzt übertragen wir die beiden geschilderten Situationen in die Jagdpraxis. Wir sitzen am Abend auf dem Hochsitz. Die Sonne sinkt schon hinter den Wald, und es wird langsam spannend. Da hören wir menschliche Stimmen,

Nervosität. Die Geiß bewegt sich betont langsam, zieht den Vorderlauf an und dreht sich weg.

Wann werden wir selbst misstrauisch? Wenn jemand rasch und auffällig an unserem Haus vorbeiläuft oder wenn er sich ganz langsam, sich immer wieder umblickend und stehenbleibend nähert?

helles Lachen; drei Wanderer, die eine Abkürzung genommen haben, kommen daher und gehen nahe an unserem Hochsitz vorbei. Vielleicht sehen sie uns und grüßen auch noch laut. Und was tun wir? Wir ärgern uns und fluchen, weil die drei Wanderer nicht zumindest leise abseits des markierten Weges gehen!

Nun die andere Situation: Ein einzelner Wanderer nimmt die gleiche Abkürzung. Er geht vorsichtig, weicht Hindernissen wie dürren Ästen aus, bleibt immer wieder einmal stehen. Man spürt, dass es ihm höchst unangenehm ist und dass er die Störung so gering wie möglich halten will. Wir freuen uns über diese Störung auch nicht, sind aber froh, dass sich der Wanderer so gesittet benimmt. Tatsächlich aber beunruhigt er das Wild mehr als die lauten und damit gut lokalisierbaren Wanderer.

Das Scheinäsen

Wenn Rehe eine Störung zwar erkannt haben, aber nicht so richtig einordnen können und sich schließlich doch wieder etwas beruhigen, dann gehen sie gerne zum Scheinäsen über.

Beispiel: Wir pirschen vorsichtig am Waldrand entlang; ein Reh steht draußen im Feld und äst. Auch wir sind vorsichtig, aber schließlich erhascht das Reh doch eine unserer Bewegungen. Nun machen wir, was sonst die Rehe machen: Wir erstarren! Das Reh fixiert uns einige Zeit, wird unruhig, stampft vielleicht unwillig mit dem Vorderlauf, zieht vielleicht sogar einige wenige Schritte in unsere Richtung. Schließlich scheint es sich wieder zu beruhigen. Es nimmt, nachdem es uns lange fixiert hat, den Kopf auf den Boden und beginnt – nur scheinbar – zu äsen. Damit will es einen Fehler der „Gegenseite“ provozieren.

Doch immer wieder nimmt es ganz plötzlich das Haupt hoch und fixiert uns neuerlich. Behalten wir die Nerven und rühren uns nicht und haben wir auch etwas Tarnung, zumindest einen brauchbaren Hintergrund, der uns etwas auflöst, beruhigt es sich schnell wieder – aber nur zum Schein! Dieses Spiel kann sich zehnmal und öfter wiederholen. Entweder wir machen doch irgendwann einen Fehler und das Reh springt ab, oder wir haben eine reale Chance, entweder zu schießen oder uns zu verdrücken.

Vergesellschaftung

Böcke sind Einzelgänger

Bei vielen Jägern herrscht der Glaube vor, Rehböcke würden Reviere bevorzugen, in denen auch möglichst viele Geißen leben, vor allem viele Schmalgeißen. Tatsächlich aber spielt das Vorkommen von Geißen überhaupt keine Rolle. Die meisten Böcke erwerben als Zweijährige ihren Sommerwohnraum, den sie bis in den Hochsommer hinein von Artgenossen freizuhalten suchen. Für die Geißen und ihren Nachwuchs interessieren sie sich erst in der Brunft.

Noch nicht territoriale Böcke, also vor allem die Jährlinge und einzelne Zweijährige, führen in der Zeit der Territorialität, so von März bis zur Brunft, ein Nischendasein zwischen den Territorien der erwachsenen Böcke. Besonders schwache Jährlinge werden manchmal auch toleriert und halten sich bei ihren Müttern auf. ELLENBERG (1978) stellte in Stammham fest, dass sich erwachsene Böcke gegenüber den männlichen Nachkommen von Geißen ihres eigenen Territoriums toleranter zeigen als gegenüber solchen aus fremden Familien.

Wenn im Hochsommer die Territorialität hormonbedingt wieder erlischt, fallen die Reviergrenzen der Böcke, und attraktive Äsungsflächen werden auch

Bock und Jährling.

Ein überaus seltenes Bild: Ein erwachsener und ganz sicher territorialer Rehbock, der keinerlei Aggression gegen den vor ihm stehenden Jährling zeigt. Dieser schiebt zwar ein Sechsergeweih, macht aber noch einen absolut kindlichen Eindruck. Möglich, dass es sich um Vater und Sohn handelt.

gemeinsam genutzt. Böcke erscheinen jetzt gern in losem Verbund mit einzelnen Familien oder Sippen. Diese Verträglichkeit bleibt auch im Winter erhalten. Es gibt aber, was die Böcke betrifft, keine festen Regeln. Manche schließen sich anderen Rehen an, manche leben nach wie vor solo, ohne jedoch ihre Territorialität beizubehalten. Gelegentlich ziehen im Herbst und Winter auch zwei oder mehr Böcke miteinander.

Häufig schließt sich dem Bock im Herbst auch ein Schmalreh an. Auch verwaiste Kitze ziehen mit Böcken, und gelegentlich suchen ebenso nicht verwaiste Kitze temporär die Gesellschaft eines Bockes.

Familien und Sippen

Zur Familie gehören die Geiß mit ihren diesjährigen Kitzen und eventuell das weibliche Kitz des Vorjahres. Ellenberg rechnet auch die Böcke zur Familie, eine Auffassung, die ich deshalb nicht teilen mag, weil Geißen in der Brunft mitunter beachtliche Wanderungen unternehmen, um sich mit einem ganz bestimmten anderen Bock zu paaren. Außerdem wissen wir, dass Zwillings- und Drillingskitze häufig mehrere Väter haben.

Gelegentlich vereinen sich zwei oder mehr Familien zur Sippe. Die meisten dieser Rehe sind verwandt. Nicht selten gesellen sich aber auch fremde Rehe zur Familie oder zur Sippe, etwa ein Bock oder eine durch Abschuss oder Unfall „solo" gestellte Geiß oder ein Schmalreh. Im Wald scheint die Neigung, Sippen zu bilden, geringer zu sein als im Feld.

Im Herbst und Winter bilden sich, vor allem in Feldrevieren, aber auch im Wald, größere Sprünge. Auch dabei handelt es sich meist um nahe verwandte Familien. Diese Sprünge sind lockere „Zweckgemeinschaften". Möglich, dass wir am nächsten Tag an derselben Stelle wieder einen Sprung Rehe sehen, aber dieses Mal sind es um einige Tiere mehr oder weniger. Wir vermuten, dass es sich um einen anderen Sprung handelt. Wahrscheinlich ist es aber derselbe Sprung, nur stehen heute einige Rehe dabei, die sich gestern irgendwo anders aufhielten, oder heute halten sich einige irgendwo anders auf.

Auch wenn diese Sprünge keine Rudelgemeinschaften im strengen Sinne sind, so gibt es doch eine gewisse Rangordnung, die auch dann besteht, wenn Familien unter sich bleiben. Es gibt dominante und weniger dominante Geißen, wobei – wie beim Rotwild – das Alter und damit die Lebenserfahrung den Ausschlag zu geben scheinen.

Im Wald und in den meisten gemischten Landschaften leben Rehe überwiegend als Einzelgänger, ein Begriff, der hier etwas irreführend ist, weil er auch kleinste feste Einheiten einschließt, nämlich die Geißen mit ihren Kitzen und Jährlingen. Wird eine Geiß erlegt oder verunglückt sie, bleibt das Schmalreh mitunter allein, weil es keinen Anschluss findet.

Spätsommer- und Herbstgesellschaften

Die Familien halten noch zusammen, aber die Mutter-Kind-Bindungen können sich im Spätsommer schon etwas lockern. Man könnte auch sagen, die Geiß und ihre Kitze „kleben“ nicht mehr allzu fest aneinander. Die Geiß macht sich – menschlich ausgedrückt – keine allzu großen Gedanken mehr um die Kitze, und diese spüren schon ein wenig den Drang nach Selbstständigkeit. Da kann es sein, dass die Geiß noch wiederkäuend im Bestand sitzt, während die Kitze schon auf die Äsungsfläche ziehen. Es kann aber auch genau umgekehrt sein.

Die Kitze ernähren sich schon seit der neuerlichen Brunft ihrer Mütter weitgehend vegetarisch. Zwar versuchen sie immer noch zu saugen, erhaschen dabei aber kaum noch Milch, weil die Geiß immer weniger Milch produziert. Sie entzieht sich rasch, wenn die Kitze am Gesäuge stoßen. Die geringen Milchgaben und das Säugen haben jedoch eine soziale Funktion. Die Geiß und ihre Kitze scheinen sich auch nach Jahren noch zu erkennen (Wimmer 2015).

Der soziale Kontakt zwischen der Geiß und ihren Kitzen ist diesen förderlich, und er dokumentiert sich bis in den Winter hinein durch das Saugen oder eben die Versuche hierzu. Ansonsten sind Rehkitze ausgesprochen frühreif und zeigen sich, wenn sie die Mutter frühzeitig verlieren, als „Einzelkämpfer“. Wie sie einen Winter überstehen, hängt nicht nur von dessen Härte und Länge ab,

An der Mutterbrust.

Rehkitze sind relativ frühreif und im August von der Muttermilch schon weitgehend unabhängig. Dennoch stellt das Saugen einen wichtigen Sozialkontakt dar.

Geiß mit Kitz.

Im September ist der Kontakt zwischen der Geiß und ihren Kitzen noch sehr eng. Daher gelingt es relativ leicht, Familien zu erlegen. Wird versehentlich die Geiß zuerst erlegt, bekommt man mit dem Geißfiep ziemlich sicher auch noch das Kitz.

sondern auch vom Standort eines verwaisten Kitzes, von der bis zum Verlust der Mutter gewonnenen Ortskenntnis und Lebenserfahrung, und schlicht auch von seiner Persönlichkeit. Es gibt Kitze, die ganz gut alleine durch den Winter kommen, und solche, die eindeutig kümmern. So oder so: Wir Jäger wollen jedenfalls die Kitze nicht leichtfertig zu Waisen machen.

Interessant ist in diesem Zusammenhang, was Reimoser und Zandl (1993) über ein im niederösterreichischen Bezirk Scheibbs markiertes Kitz berichten. Dieses wurde nur fünf Monate später – also in seinem ersten Lebensherbst – 17,5 Kilometer vom Markierungsort entfernt erlegt!

Gelegentlich bilden sich zwischen Kitzen und anderen Rehen regelrechte „Freundschaften“. Ein durchaus berührendes Erlebnis hatte ich im Herbst 2013. Am Abend trat vor meinem Hochsitz ein aus sechs Tieren bestehender Sprung Rehe aus: eine Geiß mit drei schwachen Kitzen, ein Jährlingsbock und ein vermutlich zweijähriger Bock. (Es gibt eine Vorgeschichte, die nahelegt, dass es sich bei den beiden Böcken ebenfalls um Kitze dieser Geiß aus den Jahren 2012 und 2011 handelte.) Die Kitze hielten sich ausschließlich bei dem Jährling auf, pflegten Körperkontakt und jagten sich spielerisch und wechselweise. Der vermutlich Zweijährige hielt sich stets in der Nähe der Geiß auf.

Als ich eines der Kitze schoss und dieses schlagartig zusammenbrach, drängten die beiden überlebenden Kitze an den Jährling, und eines zog von diesem erkundend zu dem erlegten Kitz, immer wieder zum Jährling zurückkehrend.

Unsere Gesellschaft hat bis heute nicht gelernt, Tiere als Wesen zu verstehen, die neben Schmerz auch Emotionen entwickeln!

Geiß und Zweijähriger ästen unbeirrt weiter, und der Abstand zwischen den beiden Gruppen vergrößerte sich.

Schließlich gelang es mir, noch ein zweites Kitz zu erlegen, das ebenfalls zusammenbrach. Das dritte Kitz klebte jetzt noch mehr am Jährling. Nach einigen Augenblicken machte es sich auf, Nachschau zu halten, kehrte jedoch auf halbem Weg zum erlegten Geschwisterkitz um. Nun übernahm der Jährling die Nachschau. Leider schwand nun rasant das Licht, und ich konnte nicht weiter beobachten. Nur so viel sah ich noch: Geiß und Zweijähriger ästen weiter draußen, während der Jährling und das dritte Kitz quasi die Totenwacht hielten.

Um nicht zu stören, schlich ich mich davon und kehrte erst nach einer Stunde zurück, um die beiden Kitze zu versorgen. In der Dunkelheit fand ich aber nur das zuerst erlegte. Also war ich am nächsten Morgen noch vor Tagesgrauen zur Stelle. Als es dämmerte, zogen scherzend ein Jährling und ein Kitz an mir vorbei in den Wald – vermutlich die beiden Überlebenden vom Vorabend. Ansonsten war die weite Wiesenfläche leer. Als es halbwegs hell war, ging ich zu meinem Sitz hin und visierte mich ein – ich hatte mir eine Linie gemerkt, auf der das Kitz liegen musste. Als ich noch etwa dreißig Meter vom Kitz entfernt war, stand urplötzlich (woher sie gekommen war, weiß ich nicht) so dreißig bis vierzig Meter neben mir die Geiß. Sie folgte mir und zog, als ich beim Kitz war, im Halbkreis um mich herum. Als ich das Kitz schließlich versorgte, sprang sie nur langsam und in Etappen ab. Was blieb, waren nicht nur Fragen, sondern auch eine lange anhaltende Nachdenklichkeit!

Als irgendwann am Vorabend der Ernst der Lage allen anwesenden Rehen bewusst geworden war, schien es die Geiß zu sein, die jetzt zu ihrem toten Kitz hielt und die ganze Nacht in seiner Nähe blieb. Die wahrscheinlich noch nicht so oft mit dem Tod konfrontiert gewesene Rehjugend – das dritte Kitz und der Jährling – gingen wohl mehr oder weniger zur Tagesordnung über.

Winterrehe

Was ihre Vergesellschaftung betrifft, verhalten sich die Rehe im Winter nicht wesentlich anders als im Herbst. Allerdings gibt es durchaus Unterschiede. Ein Faktor, der das Verhalten ganz wesentlich beeinflusst, ist die Fütterung durch den Jäger. Diese führt immer zu einer Konzentration des Rehwildes und zu einer durch den Menschen bestimmten Raumnutzung. Bei uns im Gebirge (wir füttern nicht!), findet man im Winter kaum Sprünge. Es sind Familien, die

Winterrehe.

Eine „Familie", bestehend aus Geiß und Schmalreh, zu denen sich ein Bock gesellt hat.

zusammenbleiben und sich klimatisch günstige, Ruhe bietende und dennoch ausreichend Nahrung versprechende Standorte suchen. Sie haben kaum Interesse, sich zu vergesellschaften.

Wer einen klimatisch günstigen Kleinstandort nutzen kann, spart primär viel Energie, weil ihm weniger Körperwärme verloren geht. Er muss sich weniger auf Nahrungssuche begeben, womit er noch einmal Energie spart. Wer weniger Nahrung aufnimmt, benötigt weniger Energie zur Verdauung.

Wer nicht gestört wird, muss weniger einer potentiellen Gefahr ausweichen oder gar flüchten. Damit spart er noch einmal ziemlich viel Energie, die er nicht aufnehmen muss. Ruhe bedeutet aber ganz generell Lebensqualität und einen gewissen Komfort. Es bleibt Zeit zur Ruhe und zum Wiederkäuen, aber auch für Sicherheit.

Günstiges Klima und Ruhe ermöglichen es dem Reh, mit weniger Nahrung auszukommen. Manchmal genügen Flechten (Lichen). In den Hochlagen der Gebirge, also in der Kampfzone des Waldes und darüber, finden Flechten an Ästen freistehender Bäume ausgezeichnete Wachstumsbedingungen und bieten den Rehen während winterlicher Schlechtwetterperioden für Tage ausreichend Energie. So können Rehe ihren Grundbedarf sichern, ohne im Schnee energieaufwändig ziehen zu müssen. Sie sitzen einzeln oder zu zweit unter Fichten oder Tannen, deren Äste der Schnee zeltförmig nach unten drückt. Wenn sie sich zu Gemeinschaften zusammenschließen, ist das kaum mehr möglich.

Es geht nicht darum, Rehe im Winter mit zusätzlicher Nahrung zu versorgen, sondern darum, ihnen ein Leben zu ermöglichen, das sie ohne solche Hilfen auskommen lässt.

In den weiten Feldrevieren des Flachlandes bilden Rehe im Winter teilweise große Sprünge. Die Weite der Flächen garantiert Ruhe, und die Zahl der Tiere ermöglicht, dass Gefahren frühzeitig entdeckt werden. Die großen Feldflächen bieten mit Wintersaaten (Raps und Wintergetreide) zudem reiche Äsung.

Eines zeichnet im Winter – unabhängig vom Standort – alle Rehe aus, nämlich eine geringere Nahrungsaufnahme. Dies ist auch dann der Fall, wenn üppig gefüttert wird (Ellenberg 1978). Die Überlegung liegt nahe, dass im Hochwinter Böcke wie Geißen einen besonders hohen Energiebedarf hätten, die Böcke des Geweihaufbaues wegen und die Geißen zur Entwicklung ihrer Föten. Beides ist nicht der Fall, eher das Gegenteil! Der Energiebedarf kann aber gerade durch Fütterung erheblich steigen, einmal weil beim Aufsuchen der Fütterungen (zumindest bei Schnee) unter Umständen mehr Energie verbrannt als aufgenommen wird und weil zweitens die fast unvermeidlichen Rangeleien an den Fütterungen auch nicht ohne Energieverlust stattfinden.

Raumnutzung

Jahresstreifgebiete *(Home range)*

Rehe bewegen sich im Laufe des Jahres in relativ kleinen Räumen, die bei uns kaum größer als 30 Hektar waren, vielfach jedoch kleiner. Hierzu gibt es zahlreiche Untersuchungen, die auch zu unterschiedlichen Ergebnissen kommen, je nachdem, wo die Untersuchungen stattfanden. Letztlich hängt die Größe von der Struktur und Qualität des Lebensraumes ab.

Größere Jahresstreifgebiete leisten sich die Rehe gelegentlich im Hochgebirge, wo ein Teil von ihnen vor Einbruch des Winters aus den Hoch- in die Tallagen wandert. In solchen Fällen sind Sommer- und Winterlebensräume voneinander getrennt, und der Raum dazwischen wird nur kurz – während der „Übersiedlung“ – genutzt. So entstehen dann relativ große Jahresstreifgebiete.

Es ziehen jedoch, wie weiter oben schon gesagt, keineswegs alle Rehe im Winter talwärts. Manche – besonders die sonnseitig lebenden – bleiben auch im

Rehe im Hochwinter, Nationalpark Hohe Tauern.

Das Bild wurde im Januar in einer Höhe von rund 2.600 Metern aufgenommen. Auf der diagonal durchs Bild laufenden Kante, auf der der Wind den Schnee abgeweht hat, stehen und sitzen Rehe (siehe Ausschnitt).

Winter oben. Die Sonne heizt den steilen Hang stärker auf als das oft schattige Tal, und auch der Nebel liegt eher unten als oben. Einige Rehe ziehen sogar noch weiter hinauf, in die Lagen oberhalb der Waldgrenze. Was uns zunächst unsinnig erscheint, kann durchaus Sinn machen. In steilen, baumlosen Hochlagen rutscht der Schnee immer wieder ab, und der Wind bläst die Geländerippen frei. Wenn dann noch einzelne tiefastige Tannen oder Fichten vorhanden sind, die den Rehen bei extremen Wetterlagen Schutz bieten, überwintern Rehe selbst in Höhen bis 2.600 Meter (Hafner 1973).

Revierverhalten im Sommer

Dass die Gebietsnutzung der Rehe jahreszeitlich schwankt, wurde bereits gesagt. Sie hängt auch nicht ausschließlich von der Äsung ab. Der Bock duldet in seinem Sommerwohnraum keine anderen Böcke. Hat er – meist als Zweijähriger – einen Sommer-Wohnraum erworben, hält er in der Regel lebenslänglich an diesem fest. Ob darin viele oder nur wenige Geißen leben, spielt bei seiner Wahl keine Rolle. Die Annahme, das Vorhandensein vieler Schmalrehe würde Böcke anziehen, entbehrt jeglicher Grundlage. Schmalrehe und Geißen interessieren einen Bock erst, wenn sie zum Eisprung gelangen.

Manche Sommerwohnräume der Böcke sind nur wenige Hektar groß. Zwar kann es durchaus sein, dass der Eigentümer ihn aus irgendwelchen Ereignissen heraus kurz verlässt, im Prinzip hält er sich aber bis zum Erlöschen seiner hormonbedingten Territorialität nur in ihm auf. In der Literatur finden sich zur Größe solcher Sommerwohnräume unterschiedliche Angaben. Wir müssen aber nicht nach Telemetriestudien suchen, um uns ein Bild zu machen. Unterstellen wir eine Frühjahrs-Rehwilddichte von 40 Stück/100 Hektar, und das ist selbst im Gebirge eine ziemlich normale Dichte (*siehe* WOTSCHIKOWSKY *1996*), dann können wir mit einem maximalen Zuwachs von einem Drittel rechnen. Das wären rund 13 Rehe. Davon kann grob die Hälfte männlich sein, mehr eher nicht, also 6,5 Rehe. Bei einer Verteilung der Sterblichkeit, wie wir sie durch die Wildmarkenforschung kennen und wie sie in der Grafik auf Seite 182 deutlich wird, wären das auf 100 Hektar 0,53 Böcke fünfjährig oder älter! Diese „Rechnung“ funktioniert aber auch nur dann, wenn die natürliche Sterblichkeit keine erhöhten Ansprüche stellt. Nun werden nicht wenige Leser eine Frühjahrs-Wilddichte von 40 Rehen/100 Hektar als völlig unrealistisch betrachten. Nehmen wir jedoch eine Dichte von 10 Rehen/100 Hektar und wieder einen Zuwachs von einem Drittel, entspräche dies einem Abschuss von maximal 1,65 männlichen Rehen. Davon 8% Böcke fünfjährig oder älter würde bedeuten, dass wir auf 1.000 Hektar jährlich maximal 1,3 „alte“ Böcke erlegen könnten! Diese beiden Vergleiche zeigen, wie wenig durchdacht einerseits unsere Vorstellung über die Rehwilddichte und andererseits unsere Abschusswünsche sind!

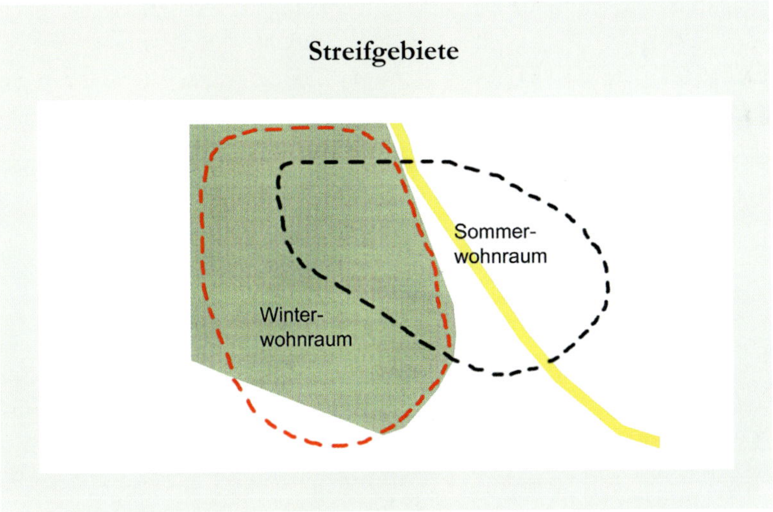

Sommer- und Winterlebensräume der Rehe können deckungsgleich sein oder nur überlappen. Sie können, vor allem im Gebirge, auch völlig getrennt sein. Die Gesamtfläche, die ein Reh im Laufe des Jahres nutzt, wird „Jahresstreifgebiet“ genannt.

Unsere Rehe in Bad Bleiberg, zu denen wir auch im Sommer direkten Kontakt hatten, begnügten sich teilweise mit wesentlich kleineren Sommerwohnräumen als von den meisten Wissenschaftlern angegeben, jedenfalls soweit, als wir das ohne Telemetrie, also nur durch Sichtbeobachtung feststellen konnten. Ich will nicht ausschließen, dass sie gelegentlich einen kurzen Ausflug unternahmen, der uns entging.

Die Territorialität wird im Hochsommer – kurz vor bis kurz nach der Brunft – wieder aufgegeben. Daher sehen wir in der Brunft manchmal Böcke, die wir zuvor nicht gesehen haben. Sie können jetzt relativ unbehelligt fremde Wohnbezirke aufsuchen.

Bei Geißen ist die Territorialität nur gering ausgebildet. Wir können sie hochträchtig gemeinsam äsen sehen, und in manchen Wiesen liegen fünf und mehr Kitze. Allerdings bringen trächtige Rehgeißen kurz vor dem Setzen ihre vorjährigen Kitze auf Distanz. Das ist auch eine sehr „vernünftige" Handlung, denn alleine fällt eine Geiß Feinden weniger auf als in Gesellschaft.

Ob Rehe ihre Sommerwohnräume im Herbst oder Winter wirklich verlassen, hängt schlicht vom Äsungsangebot ab. Im Gebirge sind Verschiebungen und damit große Jahresstreifgebiete häufiger als im Flachland.

Erwachsene Rehböcke haben kein Interesse daran, ihre Reviere unnötig auszuweiten. Große Reviere bedeuten Stress, weil sie ständig überwacht und markiert werden müssen. Wer mit einem kleinen Revier zurechtkommt, hat mehr Zeit für die Nahrungsaufnahme und Ruhe. Weder eignen sich Böcke in unmittelbarer Nachbarschaft frei werdende Wohnräume an, noch geben sie ihre Sommerwohnräume auf, um andere in Besitz zu nehmen.

Mit aller Konsequenz!

Böcke verteidigen ihre Sommerreviere, und es kommt vor allem im Frühjahr während der Einstandskämpfe zu Auseinandersetzungen, bei denen ein Beteiligter meist sehr schnell die Flucht ergreift. Solch harte Duelle sind jedoch äußerst selten.

„Notunterkünfte“

Jährlinge sind, solange die erwachsenen Böcke ihr Territorialverhalten zeigen, auf Duldung angewiesen. Die schwächsten von ihnen, die noch an den Müttern kleben, werden von den erwachsenen Böcken zumindest teilweise toleriert *(siehe Foto auf Seite 109)*. Die Mehrzahl der Jährlinge muss sich Nischen zwischen den Wohnräumen der Böcke suchen, was in dichtbesiedelten Revieren oft schwierig ist. Bei uns im Gießwald bildeten sie teilweise regelrechte Kommunen. Deren Bildung erfolgte meist erst im Laufe des Frühsommers, nämlich dann, wenn ein erwachsener Bock erlegt wurde. Diese Kommunen begnügten sich oft mit wenigen Hektar Fläche, vor allem, was den Waldanteil betraf.

Das Luftbild unten zeigt den Einstand einer solchen Jährlings-Kommune im Gießwald. Er lag direkt auf der damaligen Reviergrenze, die durch den Bach gebildet wurde. Dahinter lag der nachbarliche Wald und davor, auf unserer Seite, ein ganz schmaler Fichtenstreifen und die große, bis zu den beiden Bauernhöfen reichende Wiesenfläche. Vor allem in unserem kleinen Fichtenstreifen und in seiner nächsten Umgebung wohnten in manchen Jahren bis zu sechs Jährlingsböcke und Schmalrehe. Die Wiesen wurden damals noch in Etappen gemäht, sodass die bescheidene Fläche dennoch immer ausreichend frische Äsung bot. Ausflüge in die Wohnräume der benachbarten Böcke waren daher nicht notwendig.

Interessant war, dass die jeweils neben der Kommune wohnenden Altböcke den Feldweg als Grenze akzeptierten. Das fiel ihnen wohl schon deshalb leicht, weil auf dem Weg im Sommer allabendlich Jogger liefen und überdies der Sohn des Bauern den Weg als Mofa-Rennstrecke nutzte. Ältere Böcke mögen solche Störungen nicht. Die Jährlinge nahmen das alles nicht weiter krumm. Nur wenn eine Störung zu aufdringlich wurde, etwa wenn der Bauer in den Wiesen den E-Zaun vorrückte, verschwanden sie für kurze Zeit in ihrem Fichtenstreifen.

Jährlingsecke im Revier Gießwald.

Hier standen zwischen Mai und August bis zu zehn Jährlingsböcke und Schmalrehe, dabei war der von ihnen bewohnte Fichtenstreifen nicht viel größer als zwei Hektar. Aber Sommeräsung gab es in Fülle und Ruhe vor alten Böcken dazu.

Wer wandert?

Grundsätzlich: Erwachsene Rehe zeigen wenig Neigung zu wandern. Das tun fast ausschließlich die Jährlinge, und bei ihnen vor allem die männlichen. Finden sie im Geburtsrevier keine Nische, müssen sie eine solche außerhalb suchen. Weibliche Jährlinge lassen sich eher in der Nähe ihrer Mütter nieder; sie unterliegen auch nicht einem so hohen Druck durch erwachsene Artgenossen wie ihre Brüder. Bei den männlichen Jährlingen sind es vor allem die stark entwickelten, weil diese von den erwachsenen Böcken als Konkurrenten wahrgenommen werden und weil sie vereinzelt schon etwas provozieren. Schwach entwickelte Jährlinge werden hingegen häufig ignoriert. Nach der Brunft haben sie ohnehin keine Probleme mehr, weil dann die Territorialität der erwachsenen Böcke erloschen ist.

STRANDGAARD markierte auf Kalø alljährlich einen erheblichen Teil der Kitze. Außerdem fing er jeden Winter Rehe in Kastenfallen und markierte diese mit Kunststoffhalsbändern, auf denen weithin sichtbare Nummernblättchen angebracht waren. Auf diese Weise wurden in den Jahren von 1966 bis 1968 auf Kalø 97% der Rehe gefangen und markiert. Alle gefangenen Rehe wurden zudem gewogen. Jährlinge, die im Frühjahr und Frühsommer vertrieben wurden, hatten als Halbjährige (Herbstkitze) durchschnittlich ein Lebendgewicht von 18,5 Kilogramm. Das entspricht aufgebrochen grob 12,5 Kilo. Schwache (kindlich wirkende) Jährlinge durften im Revier bleiben. Sie wurden lediglich in Nischen abgedrängt, in denen sie von den erwachsenen Böcken weitgehend toleriert wurden. Ihr Durchschnittsgewicht betrug als Halbjährige (Herbstkitze) nur 16,7 Kilogramm. Ein Jahr später wurden sie als nunmehr Zweijährige von den älteren Böcken ebenfalls ernstgenommen und – wenn keine Wohnräume frei waren – verjagt.

Wie weit Jährlinge wandern, ist individuell ganz verschieden. Es gibt ausgesprochene Weitwanderer und solche, die in der nächsten Nische hängenbleiben. Es gibt Rehe, die zwar weit wandern, dann aber doch wieder in die Nähe ihres Geburtsortes zurückkehren. Es ist naheliegend, dass Jährlinge bei hoher Dichte weiter wandern als bei geringer Dichte. Bisherige Untersuchungen zeigen aber, dass weder der Anteil abwandernder Jungtiere noch die Wanderentfernung in Abhängigkeit von der Siedlungsdichte steht (GAILLARD u.a. 2008). Heute finden viele Jährlinge im Mais ihren Sommereinstand. Wenn die erwachsenen und bis dahin ihre Reviere verteidigenden Böcke im Hochsommer ihre Territorialität aufgeben, haben die Jährlinge ohnehin keine Probleme mehr.

Starke Jährlinge müssen in der Regel zuerst weichen, ausgesprochen schwache dürfen bleiben!

Jährlingsbock.

Jährlinge wandern nicht aus Prinzip, sondern meist nur dann, wenn sie von den erwachsenen Böcken vertrieben werden. Die meisten führen bis nach der Brunft ein Nischendasein.

Die Rehwilddichten in den Nachbarrevieren des Gießwaldes waren damals enorm. In den meisten von ihnen war der Waldanteil eher gering, und außerhalb des Waldes gab es nur Grünland, ohne deckende Halmfrucht. Da manche Nachbarn kaum Jährlingsböcke schossen, drückten diese im Sommer permanent zu uns. Wir mochten diese gar nicht, denn immerhin sollten wir ja – vom eigenen Bestand ausgehend (!) – 50 % unseres Bockabschusses mit Jährlingen erfüllen. Bei dem permanenten Zustrom von Emigranten mussten wir folglich aber noch weit mehr Jährlinge schießen. Um eine ausgewogene Altersstruktur (aus unserer menschlichen Sicht) zu erreichen, hätten wir eigentlich fast nur Jährlinge erlegen dürfen. Das taten wir selbstverständlich nicht. Denn die im Frühsommer bei uns Nischen besiedelnden Jährlinge verflüchtigten sich im Laufe des Herbstes und des Winters wieder.

Wie weit wandern Rehe?

Die Mehrheit der Jährlinge findet in der Nähe ihres Geburtsortes eine Nische und später als Zweijährige ein eigenes Sommerrevier, das sie verteidigen und an dem sie meist lebenslänglich festhalten. Es ist eher eine Minderheit, die sich wirklich weit vom Geburtsort entfernt niederlässt. In Niederösterreich wurden rund 70 % der markierten Rehe innerhalb eines Kilometers vom Markierungsort gefunden oder erlegt. Rund ein Drittel der zurückgemeldeten Tiere starb im ersten Lebensjahr. Am weitesten wanderten eine Rehgeiß, die Luftlinie 64 Kilometer vom Markierungsort entfernt ums Leben kam, und ein Bock, der es immerhin auf 43 Kilometer brachte (Reimoser und Zandl 1993).

Auch Ellenberg (1978) ging dieser Frage nach. Er schreibt:

> In neu besiedelten Biotopen findet man – und das bedarf noch einer Klärung – von vorneherein meist Rehe guter Qualität: Schon Strandgaard konnte zeigen, dass es vorwiegend die besser entwickelten Jährlinge sind, die auswandern. Die besten Jährlinge, die im Mai schon physisch und psychisch in der Lage waren, gegenüber älteren Böcken territoriale Ansprüche anzumelden, wurden von den herausgeforderten Territorieninhabern jedes Mal eindeutig besiegt. Sie gaben aber nicht auf und ließen sich quasi von jedem älteren Bock einzeln bestätigen, dass er ihnen überlegen war. Bis sie schließlich im Juni innerhalb des Gatters einen Platz fanden, der nicht (mehr?) verteidigt wurde (das Einschlafen der territorialen Verhaltensweise im Juni mag hier mitgespielt haben). An dieser Stelle versuchten sie dann als zweijährige Böcke, selbst ein Territorium zu etablieren, und hatten damit fast immer Erfolg – falls die Gegend nicht zu dicht besiedelt war. Wo also durch totale Besetzung eines Gebietes mit älteren Böcken kein Platz ist für gute Jährlinge, müssen diese auswandern.

Wer starke Jährlinge und Zweijährige im Revier halten will, der muss ihnen Platz schaffen. Er darf mit der Erlegung älterer Böcke nicht warten!

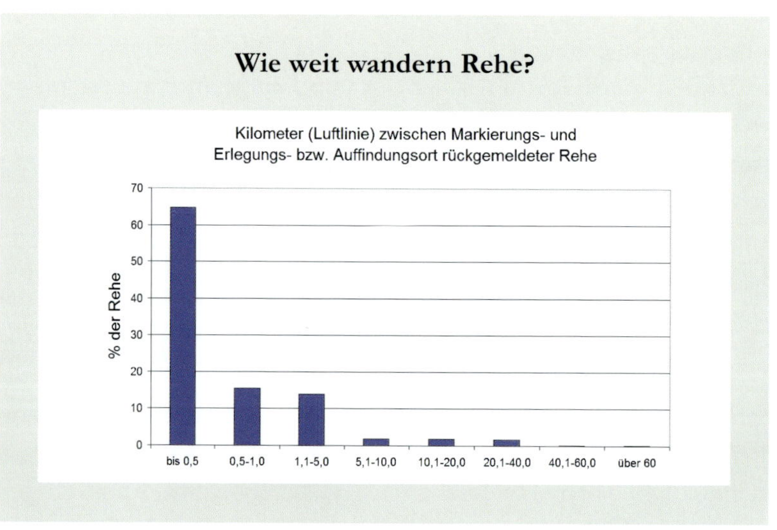

Die meisten in Niederösterreich markierten Rehe blieben in der Nähe ihres Geburtsortes. Einige entfernten sich aber auch bis zu 64 Kilometer Luftlinie. (Grafik: Reimoser und Zandl 1993, bearbeitet)

V.

Erfassung von Rehwildbeständen

Kann man Rehe zählen?

… ja, aber man weiß dann nicht, wie viele es sind!

Obwohl seit Jahrzehnten Wissenschaft wie Praxis zeigen, dass Rehwild in freier Wildbahn nicht zählbar ist und der gezählte Bestand vom tatsächlichen oft um mehrere hundert Prozent abweichen kann, wird in Teilen Europas immer noch an der Rehwildzählung festgehalten. Das führt dazu, dass der Abschussplan reine Wunschvorstellungen spiegelt. Will man mehr schießen, „zählt" man mehr. Will man weniger schießen, sieht man nichts. Nimmt man seine Zählaufgabe jedoch ernst und glaubt an die erhobenen Zahlen, wird der Abschuss kaum dem tatsächlich vorhandenen Bestand entsprechen.

Glaube versetzt Berge

Es ist erstaunlich, mit welcher Zähigkeit sich unter den Jägern der Glaube hält, Rehe seien zählbar. Der Vorwurf der Unbelehrbarkeit (und vor allem jener der Inkonsequenz!) trifft aber in erster Linie den Gesetzgeber – nicht die Jäger. Jahrzehnte hindurch wurde in vielen Ländern eine genaue Bestandeserfassung des Rehwildes gefordert. Schlimmer noch: Die Jagdbehörden verlangten von den Jägern zusätzlich die Aufschlüsselung des „gezählten" Bestandes in Geschlechts-, Alters- und Güteklassen und ein Orakel darüber, wie viele Kitze im laufenden Jahr das Licht der Welt erblicken und wie viele von ihnen bis zur Jagdzeit im Herbst überleben.

Der Gesetzgeber tat so, als liefen die Rehe von Geburt an mit einer unverlierbaren Lauschermarke mit sichtbarer Nummer und Karteikarte herum und würden sich regelmäßig zum Appell einfinden. Allerdings begann im Süden Deutschlands bereits in den 1970er-Jahren ein Umdenkprozess, der schließlich auch den Norden infizierte. Baden-Württemberg hat als erstes deutsches Bundesland auf jede Bestandeserhebung und Klassifizierung beim Rehwild verzichtet. Dem Rehwild tat dies keinen Abbruch. Weder wurden die Rehe weniger, noch ihre Geweihe kleiner oder größer.

> *„Auch bei uns in der Bundesrepublik dürfte der tatsächliche Rehwildbestand im großen Durchschnitt mindestens doppelt so hoch sein wie die Angaben der Revierinhaber, die ja allen Bestandesangaben auch amtlicher Art zugrundeliegen."*
>
> Alfred Hubertus Neuhaus,
> ehemals DJV-Vizepräsident

Albino-Reh.

Besonders beim weiblichen Rehwild sind wir kaum in der Lage, Tiere ohne sichtbare „Marken“ mit Sicherheit zu erkennen. Albinos und Schwärzlinge sind hingegen leicht erkennbar und geben uns hervorragende Informationen über ihr Verhalten.

Jagd und Politik

Es war das 1934 von den Deutschen in Kraft gesetzte „Reichsjagdgesetz“, das erstmals eine zahlenmäßige Erfassung der Schalenwildbestände und somit auch des Rehwildes vorsah. Mit dem Überfall des Deutschen Reiches auf Polen und zahlreiche andere Staaten Ost- und Südosteuropas trat dieses Gesetz auch in den überfallenen Ländern in Kraft. Die Grundpfeiler des von den Nationalsozialisten geschaffenen Gesetzes waren neben der zahlenmäßigen Erfassung der Wildbestände der Abschussplan, die Einteilung von Wildtieren in Klassen (ganz im Sinne der politischen Rassenlehre), die Trophäenschau mit Vergabe von Punkten und die Fütterungspflicht. Nach dem Zusammenbruch der Terrorherrschaft im Mai 1945 wurden die wichtigsten Bestimmungen des Reichsjagdgesetzes von vielen Ländern übernommen.

Die wesentliche Frage ist nun, ob die Vorgaben des Reichsjagdgesetzes – hier die Rehwildzählung – überhaupt erfüllt werden können? Fakt ist, dass die Rehwildabschüsse seit weit mehr als hundert Jahren europaweit steigen und dass es dem Rehwild seit Kriegsende gelungen ist, weite Gebiete als Lebensräume zu erobern, in denen es vorher nicht vorkam. Das wäre nicht möglich gewesen, hätten die Jäger und die anderen Sterblichkeitsfaktoren zumindest den Zuwachs an Rehen genutzt!

Wenn der Zuwachs – großflächig – genutzt wird, ist ein weiteres Ansteigen der Rehwildstrecken nicht möglich!

Die Schwierigkeit einer zahlenmäßigen Erfassung der Rehbestände zeigt nicht nur die Praxis, auch die Wissenschaft hat sich schon sehr früh intensiv damit befasst. Die ersten, auch dem Jäger zugänglichen Ergebnisse lieferten ANDERSEN und STRANDGAARD (1956) aus dem ostjütländischen Forschungsgebiet Gut Kalø.

An anderer Stelle dieses Buches wurde bereits auf Kalø hingewiesen. Dort wurden ab 1955 jeden Winter Rehe gefangen und markiert. Ab 1966 erfolgte die Markierung mit Lederhalsbändern, die beidseitig reflektierende Nummernschildchen trugen. Auf diese Weise konnten die Rehe auch bei Nacht aus Entfernungen bis zu dreihundert Metern identifiziert werden. Zwischen 1966 und 1968 wurden alljährlich nahezu alle Rehe (97 %, und zweimal 93 %) gefangen, gewogen und wieder freigelassen. In der Zeit vom 1. Januar bis 15. März wurde täglich, sowohl am Tage als auch in der Nacht, intensiv gezählt. Es gelang jedoch selbst bei diesem Aufwand nie, mehr als die Hälfte aller vorhandenen Rehe an einem Tage zu sehen. Das deckt sich mit den Ergebnissen Ellenbergs in Stammham.

Nur tote Rehe sind zählbar

Eigentlich stimmt auch das nicht, denn zählen können wir nur jene toten Rehe, die wir auch finden! Die meisten Jäger zählen und notieren sich die Sprünge. Doch scheinbar stabile Sprünge erwiesen sich als höchst instabil, selbst wenn sie der Zahl ihrer Individuen nach annähernd konstant blieben. In Kalø stellte man in den Sprüngen deutlich mehr Nummern fest als gleichzeitig anwesende Rehe. Das heißt: Betrug die Stärke eines solchen Sprunges regelmäßig zehn Rehe, so wurden in ihm im Ablauf einer Woche bis zu fünfzehn verschiedene „Nummern" beobachtet. Das beweist, dass die soziale Bindung bei den Rehen nicht sehr hoch sein kann. Rudel stellen beim Reh nicht so stabile Einheiten dar, wie dies etwa beim Rotwild der Fall ist. Es sind lose Zweckgemeinschaften, die vor allem Äsungsflächen gemeinsam nutzen. Es sind Kleinfamilien, die sich begegnen und wieder trennen.

Für die Praxis heißt das: Die Geiß mit den beiden Kitzen (uns vermeintlich genau und persönlich bekannt!), die wir heute sehen, muss noch lange nicht die sein, die wir gestern sahen; auch wenn beide gestern wie heute genau auf derselben Wiese äsen.

Feldrehe.
Selbst in den Feldrevieren lassen sich Rehe nicht zählen, und schon gar nicht lassen sich die einzelnen Geschlechts- und Altersklassen feststellen.

Zu den gleichen Ergebnissen kam ELLENBERG (1978) im Rehgatter Stammham, wo alle Rehe „inventarisiert" und mit Nummern versehen waren. Ellenberg differenzierte bei der Beobachtbarkeit nach Jahreszeit und nach Klassen. Im Beobachtungszeitraum März bis August ließen sich die Böcke gut doppelt so häufig beobachten wie die weiblichen Tiere. Das scheint irgendwie logisch, denn im Frühjahr – man sieht allgemein viel Wild – fallen uns die Böcke am meisten auf. Reviermarkierung und Einstandskämpfe machen sie sichtbar. Im Gegensatz zu ihnen bemühen sich die Geißen, möglichst wenig aufzufallen. Sie suchen als werdende Mütter Ruhe, ziehen sich in ihre Kinderstuben zurück und vermeiden auch nach der Geburt, wie alle Tiermütter, auffälliges Benehmen.

Die Jährlinge zeigen sich zunächst besonders häufig. Sobald sie aber ihre Nischen bezogen haben, sind sie bemüht, nicht mehr aufzufallen. Für die Jagdpraxis bedeutet dies, beim Abschuss nicht lange zu zögern.

Jahreszeitliche Unterschiede

Große Unterschiede in der Beobachtbarkeit gibt es bei uns im September, manchmal noch im Oktober, wenn das weibliche Wild und die Kitze bejagt werden dürfen. Sind im Revier Eichen und/oder Buchen vorhanden, die reiche Mast abwerfen, macht sich nicht nur das Rehwild rar. Es hat es dann einfach nicht mehr notwendig zu ziehen, weil es fast überall üppige Nahrung findet. In

Was viele Jäger einfach nicht wahrhaben wollen, ist die Tatsache, dass die Sichtbarkeit der Rehe relativ wenig mit dem tatsächlich vorhandenen Bestand zu tun hat.

manchen Revieren steht auch noch der Mais auf den Feldern, und in ihm haben die Rehe nicht nur ihren Einstand, sondern auch reiche Nahrung. In den großen Nadelholzrevieren hingegen ist die Situation völlig anders. Dort sind die Rehe im September mehrheitlich gut sicht- und bejagbar.

Mit den ersten Nachtfrösten ändert sich die Situation in fast allen Revieren; die Rehe sind nach langen, kalten Nächten am Vormittag und oft auch am frühen Nachmittag zur Nahrungssuche unterwegs. Der Jäger sieht sie aber auch besser, weil der Frost die Vegetation verändert hat. Überall ist das Laub am Boden. Wind und Regen, im Gebirge der erste Schnee, haben die Vegetation niedergedrückt. Vielerorts machen jetzt Raps und Wintergetreide die Felder wieder attraktiv. Die Rehe sind plötzlich wieder da, stehen fast wie im März draußen auf der Saat und auf Kulturflächen. Natürlich waren sie auch vorher schon da, nur sahen wir sie nicht.

Der Jäger erlebt draußen immer wieder große Schwankungen bei der Beobachtbarkeit seiner Rehe. Dennoch verneinen viele von uns selbstsicher das Vorhandensein einer wesentlichen Dunkelziffer.

Erfahrungen aus Großversuchen

Beispiel Oberfeldzaun

Es gibt unzählige Beispiele, die zeigen, dass man frei lebende Rehe nicht zählen kann. Einige wenige sollen nachstehend angeführt werden. Zu ihnen gehört auch der „Oberfeldzaun“ im Forstamt Münsingen auf der Schwäbischen Alb. Es handelt sich um einen rund 150 Hektar großen Wald, der aus einer Erstaufforstung (Aufforstung von Grenzertragsböden) hervorging. Wie fast immer und überall erfolgte die Erstaufforstung mit Fichte. Die regionale Naturwaldgesellschaft war hingegen der kontinental-montane Buchenwald. In den 1980er-Jahren sollten die inzwischen im Altholzalter stehenden Fichtenbestände in standortgerechte Betriebszieltypen mit einem reichen Buchenanteil umgewandelt werden. Versucht wurde dieser Umbau zunächst mit Hilfe einer Vielzahl von Kleinzäunen (4 Stück/Hektar), die nur schwer rehwildfrei zu halten waren.

Reh im Bach.

In geschlossenen Wäldern leben viele Rehe im Verborgenen und werden selten oder gar nie gesehen.

Eine Umwandlung ohne Zaunschutz ließ die hohe Rehwilddichte nicht zu, obwohl (Staatswald) schon immer stark gejagt wurde. Von 1976 bis 1985 betrug der jährliche Abschuss im Mittel 16 Rehe/100 Hektar.

Obwohl die Abschüsse problemlos erreicht wurden und auch nicht zurückgingen, wurde sofort der Vorwurf der Ausrottung laut. Argumentiert wurde, im Staatswald würden nur noch aus den Nachbarrevieren zuwandernde Rehe geschossen. Diese Vorwürfe bewogen die Landesforstverwaltung 1986, die Kleinzäume durch einen das gesamte Waldgebiet umfassenden Großzaun zu ersetzen (Zaunlänge danach 7 Kilometer statt vorher 48 Kilometer). Damit keine im Herbst aus den Feldrevieren zuwandernden Rehe mit eingezäunt wurden, ließ die Forstverwaltung den Zaun im Sommer errichten. In dieser Zeit sollten die Rehe, nach Meinung der privaten Jäger, in den Misch- oder Feldrevieren außerhalb des Staatswaldes stehen.

Trotz des bereits vor dem Bau des Außenzauns volle neun Jahre durchgeführten, als „Ausrottung" bezeichneten Abschusses (16 Rehe/100 Hektar) konnten im ersten Jahr des Großzaunes 38,4 Rehe/100 Hektar und im Jahr darauf nochmals 7,3 Rehe/100 Hektar, zusammen also 45,7 Rehe/100 Hektar erlegt werden (FORSTAMT MÜNSINGEN 1988, mündlich). Ausgerottet wurden die Rehe damit immer noch nicht, und das war ja auch nicht die Absicht. Es ging nur darum, den Wildbestand in etwa auf das Maß abzusenken, das Jahre hindurch von den Jagdverbänden und namhaften Wissenschaftlern, beispielsweise UECKERMANN (1957), als tragbar genannt wurde.

Mehr als ein Vierteljahrhundert später wurden im Zaun jährlich immer noch 10 bis 13 Rehe/100 Hektar geschossen! (*An dieser Stelle erscheint mir ein Hinweis ganz wichtig: Die Rehwilddichten in Europas Revieren sind zwangsläufig völlig unterschiedlich und von vielen Faktoren abhängig. Wenn also in diesem Buch immer wieder Zahlen zur Bestandesdichte genannt werden, so geschieht dies nicht in der Absicht, sie für allgemein gültig zu erklären!)*

Was die Befürchtung betrifft, Rehwildbestände würden, wenn sie gar nicht oder nicht „strukturgerecht" bejagt werden, „explodieren", darf ich noch ein paar Beispiele aus meiner Praxis als Berufsjäger entgegenstellen.

Beispiel Forstverwaltung Isny

Ein ganz typisches Beispiel war die Adelegg, das 2.748 Hektar große Revier einer privaten Forstverwaltung im Allgäu. Lage voralpin, Nagelfluh in einer Seehöhe von 700 bis 1.100 Meter. Der westlich gelegene Bodensee sorgte für Jahresniederschläge zwischen 1.800 und 2.000 Millimeter, von denen ein erheblicher Teil als Schnee fiel. In extremen Jahren hatten wir eine geschlossene Schneedecke von Ende Oktober bis April, in Schattlagen bis Mai.

Diese oft lange andauernden Winter waren für die Forstverwaltung Anlass, den Rehwildabschuss niedrig zu halten. Argumentiert wurde immer mit den hohen Winterverlusten. Außerdem galt das jagdliche Interesse Jahrzehnte hindurch bevorzugt dem Rotwild. So betrug der Rehwildabschuss im langjährigen Mittel 1 Reh/100 Hektar. Alljährlich wurde dem – sicher weit unterschätzten – Grundbestand der „amtliche Zuwachs" zugeschlagen, zur Vorsicht noch etwas Mortalität eingerechnet und der dann verbleibende Zuwachs als Abschussquote eingesetzt. Diese Vorgehensweise entsprach damals den Gepflogenheiten der meisten Gebirgs- und Vorgebirgsreviere in Süddeutschland und in Österreich.

In den Jahren von 1970 bis 1974 steigerte ich den Abschuss kontinuierlich auf 6,7 Rehe je 100 Hektar, was aus heutiger Sicht für dortige Verhältnisse eher wenig erscheint. Dabei machte es keine Mühe, den Abschuss zu erfüllen, obwohl es damals in den Hängen kaum mit dem Auto befahrbare Wege gab und ein Großteil des Reviers Vorgebirge mit zahlreichen steilen, nur schwer zugänglichen Schluchten war.

Von unseren Förstern und den Jägern der angrenzenden Reviere wurde sofort die Ausrottung der Rehe befürchtet, was selbstverständlich nicht der Fall war. Dafür brach die vorher hohe Rate des Winterfallwildes zusammen, und die Geißen brachten mehr und stärkere Kitze zur Welt. Gab es vorher einen erheblichen Anteil überhaupt nicht führender Geißen, sah man nun hauptsächlich Zwillingskitze und gelegentlich auch Drillinge.

Wir hatten damals den Vorteil, im Rahmen eines Forschungsprojektes zu jagen und genossen das notwendige Maß an Freiheit seitens der ansonsten noch recht restriktiven Jagdbehörde. Damit war Nachbarrevieren und lokalen Jagdfunktionären der Einfluss auf unseren Abschussplan genommen. Die Behauptungen, wir schössen längst nur noch Rehe der Nachbarreviere, waren relativ leicht zu widerlegen, denn auch diese schossen fortan mehr.

Inzwischen sind fast fünfzig Jahre vergangen, und in jenem wie in nahezu allen Nachbarrevieren werden heute alljährlich weit mehr Rehe geschossen als damals.

Beispiel Kempter Wald

Nicht ganz so krass, aber doch in der Tendenz ähnlich waren die Verhältnisse im benachbarten Staatsjagdrevier Kempter Wald des Bayerischen Forstamtes Betzigau, später Kempten, in dem ich anschließend als Berufsjäger arbeitete.

In der rund 1.800 Hektar großen Staatsjagd wurden in den letzten Jahren vor meiner Dienstzeit durchschnittlich 30 Rehe erlegt – Fallwild mit eingerechnet. Zwar nicht offiziell, aber in der Konsequenz war das Ziel der Abschussplanung, für jeden Bediensteten den Abschuss eines „guten" und eines „geringen" Bockes sowie eines weiblichen Stückes für die Küche zu sichern. Zusätzlich musste immer noch der eine oder andere Bock für US-Amerikaner (Besatzungsmacht) und Direktionsangehörige eingeplant werden. 30 Rehe auf 1.800 Hektar (1,66 Stück/100 Hektar) entsprachen nicht nur dem langjährigen Mittel, es war auch das damals in Staatsjagden übliche Maß.

Da ich meinen Dienst im Mai antrat, hatte ich im laufenden Jagdjahr keinen Einfluss mehr auf die Abschussplanung. Doch schon im nächsten Jahr schoss ich – rein rechnerisch – fast den gesamten Grundbestand tot, nämlich 73 Stück Rehwild. Damit brach aber der Rehwildbestand nicht zusammen, vielmehr konnte ich den Abschuss 1976 mühelos auf 129 Rehe steigern.

Damit hätte – unterstellt man, dass die früheren „Zählungen" wenigstens auf ± 50% genau gewesen wären – nicht nur in meinem Revier kein Reh mehr leben dürfen, sondern auch nicht in den direkt angrenzenden Revieren. Nicht genug, gegen den erbitterten Widerstand der verantwortlichen Förster willigte die Forstamtsleitung im Jahre 1977 zähneknirschend sogar auf einen Abschuss von 164 Rehen ein. Auch dieser Abschuss war problemlos zu erfüllen.

In der Folge wurde der politische Druck so groß, dass der Abschuss 1978 auf 141 Rehe zurückgenommen wurde. 1979 (nachdem klar war, dass kein Berufsjäger mehr zur Verfügung stehen würde und die eigenen Beamten den Abschuss blockierten) waren es nur noch 98 Rehe.

Heute schießen auch dort alle Revierinhaber ringsum mehr Rehe als vor vierzig Jahren. In der Staatsjagd Kempter Wald selbst wurden bereits 1991/92

Es ist nicht überheblich und sicher legitim anzunehmen, dass die Fähigkeit, Rehe zu „zählen" oder zumindest auf ± 100 % Ungenauigkeit hin zu erfassen, genauso ungleich ausgebildet ist, wie jene, sie zu erlegen!

wieder 138 Rehe erlegt; Berufsjäger war dazu keiner notwendig. Wohl aber hatte es einen Generationswechsel bei den forstlichen Revierleitern gegeben (FORSTAMT KEMPTEN 1994, mündlich).

Beispiel Sulzschneider Forst

Wie es sich auswirkt, wenn nicht mehr die Zählung der Rehe als Grundlage zur Erstellung des Abschussplanes dient, sondern der Zustand der Vegetation, zeigt die Entwicklung der Rehwildstrecken im benachbarten Forstamt Sulzschneid, heute Sonthofen. Bis Mitte der 1980er-Jahre resultierten die Abschüsse aus den alljährlich im Frühjahr durchgeführten Rehwildzählungen; später orientierten sich die Abschusspläne am Zustand der Waldverjüngung. Der Abschuss vervielfachte sich daraufhin und blieb bis heute – rund dreißig Jahre später – hoch. Die Jagd hatte also – solange die Rehe gezählt wurden – keinerlei Einfluss auf die Höhe des Wildbestandes und wäre völlig entbehrlich gewesen!

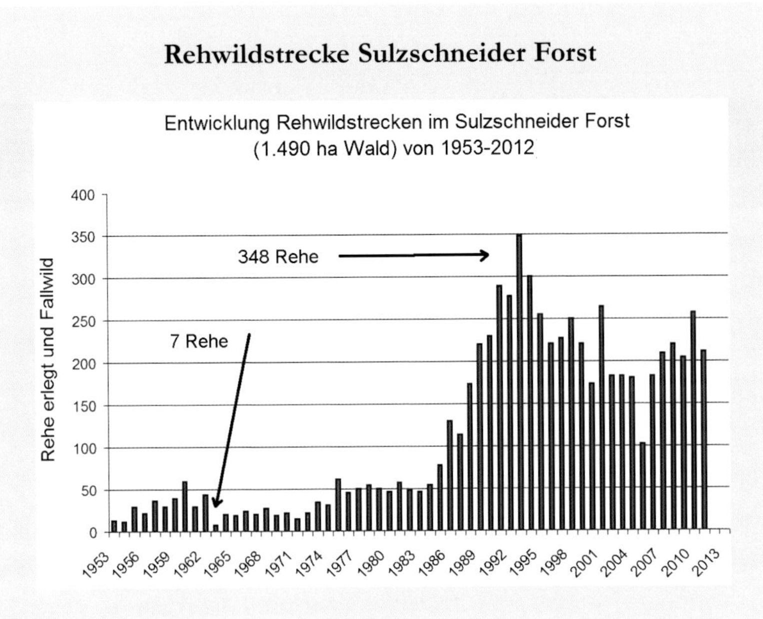

Der niedrigste Abschuss, basierend auf den Zählergebnissen, betrug 7 Rehe (!), der höchste, basierend auf dem Vegetationszustand, betrug 348 Rehe. (Daten: FORSTAMT FÜSSEN und ALF KEMPTEN)

Airport Zürich.
Der Flughafen liegt mitten in bebautem Gebiet; ein paar kleine Waldstücke befinden sich rechts und links der Landebahn. Das Gelände ist relativ übersichtlich. Obwohl nur 42 Rehe gezählt wurden, konnten 215 Rehe erlegt werden.
(Daten: Prof. Dr. Fred Kurt)

Beispiel Airport Zürich

Ein noch drastischeres Beispiel dafür, wie schwer es ist, Rehe zu zählen, lieferte Kurt (1987) bei einem Symposium in Wien. Er berichtete über den absolut sicher umzäunten Flughafen Zürich. Der Ein- oder Auswechsel von Rehwild war nicht möglich. Das Gelände war nur in Randbereichen gering bewaldet und wurde von einem eigenen Wildhüter betreut. Mit der bevorstehenden Einführung eines neuen Flugzeugtyps, bei dem die Triebwerke unter den Tragflächen hingen, bestand die Gefahr, dass Rehe von den Turbinen angesaugt werden. Daher sollte aus Sicherheitsgründen sämtliches Rehwild auf dem Flughafengelände erlegt werden.

Natürlich glaubte man damals – wie überall – genau zu wissen, wie viele Rehe man hatte; sie wurden ja regelmäßig gezählt. Das Flughafengelände war zudem – verglichen mit Revieren der freien Landschaft – übersichtlich. Jedenfalls wurde von exakt 42 auf dem Gelände lebenden Rehen ausgegangen. Erlegt wurden dann 215 Rehe!

Rehe werden unternutzt

Heute sind sich wohl die meisten Wildbiologen darüber einig, dass die Rehwildbestände ganz allgemein bei weitem unterschätzt werden. Mutige Jäger und Jagdfunktionäre gab es aber auch früher schon. Der früh verstorbene Landesjägermeister der Steiermark, Graf Kottulinsky, wies bereits 1979 darauf hin, dass man in der Steiermark den Rehwildabschuss innerhalb von zehn Jahren von 27.000 auf 56.000 Rehe gesteigert habe, ohne den Bestand zu gefährden.

Wohl ist davon auszugehen, dass viele dieser Rehe nur auf dem Papier starben. Allerdings war dies sicher bereits auch vor der Erhöhung des Abschusses so. Inzwischen sind die steirischen Abschussquoten neuerlich gewaltig angestiegen.

In weiten Teilen Europas wird heute deutlich mehr Rehwild geschossen, als in den 1970er-Jahren als Bestand angenommen wurde. Das ist nur möglich, weil die Bestände bereits früher weit höher waren als angenommen. Ein Umdenkprozess ist längst im Gange. In ihm liegt die einzige Chance, den Jägern längerfristig das Recht an der Abschussplanung (mit und ohne Papier) zu erhalten. An dieser Stelle soll daran erinnert werden, dass in den Niederlanden das Rehwild nicht mehr zu den jagdbaren Arten gehört. Zwar wird es nach wie vor bejagt, doch erfolgen die Freigaben nach Gutdünken der Naturschutzbehörden.

Langfristig wird die Jagd – so wie wir sie heute verstehen – nur überleben, wenn sie etwas bewirkt. Die entscheidende Frage, die auch in der Öffentlichkeit zunehmend verstanden wird, ist die, ob wir willens und in der Lage sind so zu jagen, dass die Rehe nicht ihren eigenen Lebensraum entwerten.

Zähl- und Schätzmethoden

Individuen zählen

Dass wir Rehe – also die Individuen – nicht zählen können und warum wir es nicht können, wurde bereits dargelegt. Gleichwohl wird das in Teilen Europas immer noch verlangt. Ganz absurd wird es dann, wenn ein scheinbar gezählter Bestand auch noch halbwegs korrekt nach Geschlecht, Alter und Klassen aufgeschlüsselt werden soll.

Die Zählung von Individuen erfolgte bei uns im Gebirge (andernorts aber selbst im Flachland) an den Fütterungen. Die Ergebnisse waren durchwegs völlig unbrauchbar:

- weil selbst bei Tiefschnee längst nicht alle Rehe zur Fütterung kommen;
- weil Rehe zu ganz unterschiedlichen Zeiten zur Fütterung kommen, da sie fast immer zusätzlich natürliches Futter aufnehmen;
- weil die Futteraufnahme und der Besuch der Fütterung stark von Temperatur, Wind und Niederschlägen abhängt;

Der Versuch, Rehe an den Fütterungen zu zählen, ist ganz und gar untauglich. Rehe kommen weder gemeinsam noch regelmäßig zur Fütterung. Und wir können die einzelnen Rehe auch nicht zuverlässig wiedererkennen.

- weil die Annahme der Fütterung stark von Störungen beeinflusst wird;
- weil die wenigsten Rehe individuell erkannt werden können.

Fährten zählen

Eine Methode, derer sich hauptsächlich Wildbiologen bedienen, ist die Fährtenzählung. Die Methode setzt grundsätzlich „brauchbare" Schneeverhältnisse voraus. Die Zählstrecke muss mehrere Kilometer lang und über Jahre fix sein. Da auch die Fährtenzählung keine exakten Daten liefert, kann sie nur einen Trend deutlich machen. Die auf einzelnen Strecken gewonnenen Ergebnisse sind nicht mehr vergleichbar, wenn sich wesentliche Parameter des Lebensraumes ändern.

Reimoser (2010) fordert, die als Zählstrecken dienenden Streifen müssten im Gelände gut erkennbar und zehn Meter breit sein. Aufgenommen werden von ihm nur Fährten, die diesen Streifen ganz überqueren. Allerdings darf die Fährtendichte, gerade beim Rehwild, nicht zu hoch sein, um die einzelnen Fährten auch eindeutig zu erkennen.

Die Wahl des Zähltages ist zumindest in eher schneearmen Gebieten problematisch. Reimoser empfiehlt, frühestens 24 Stunden nach Ende des Schneefalls zu zählen, wenn möglich aber erst 2 bis 4 Tage später. In der Praxis folgt aber einem Schneefall nach zwei oder drei Tagen bereits wieder Regen, und in manchen Wintern mangelt es überhaupt an Schnee. Die Ergebnisse verlieren mit steigender Schneehöhe an Wert. Tiefer Schnee macht die Zählung unbrauchbar. Selbst die Schneequalität, nass oder trocken, nimmt Einfluss.

Da Rehe – je nach Struktur des Lebensraumes – oft nur sehr kleine Räume nutzen, muss die Dichte der Zählstreifen deutlich höher sein als für die Erfassung von Rot- oder Schwarzwild.

Selbst wenn das Zählergebnis nur 20 % von der Wirklichkeit abweicht, ist es als Grundlage einer Zuwachsberechnung unbrauchbar!

Mittels Scheinwerfern zählen

In einigen Kantonen der Schweiz, aber auch in Teilen Italiens werden Rehe mittels Scheinwerfertaxation gezählt. Diese Methode ist nur im offenen Gelände möglich und bringt auch unter günstigsten Bedingungen kaum brauchbare Ergebnisse. Sie setzt nämlich voraus, dass sich die Rehe wie zum Appell in freiem, gut einsehbarem Gelände versammeln. Genau das tun sie nicht. Unter günstigsten Bedingungen lässt sich über die Jahre hinweg ein Trend der Zu- oder Abnahme der Beobachtbarkeit feststellen. Häufig ändern sich aber die Zählbedingungen im Laufe der Jahre so stark, dass auch der Trend verfälscht wird.

Hochrechnung über den Futterverbrauch

Wir haben in den 1970er-Jahren, nachdem Wildzählungen an den Fütterungen völlig unbrauchbare Ergebnisse brachten, versucht, den Rehwildbestand über den Futterverbrauch zu bestimmen. Die Probleme waren:

- Die von Wissenschaftlern gemachten Angaben über den Tagesverbrauch an Futter differierten nicht nur, sondern wurden fast ausschließlich im Gehege ermittelt.
- Rehe sind Individualisten und nehmen auch im Hochwinter ganz unterschiedliche Futtermengen auf, auch im Vergleich der Tage.
- Schneehöhe und Schneekonsistenz spielen ebenso eine Rolle wie Sonnenscheindauer oder Störfaktoren.
- Die Art des Futters nimmt Einfluss auf die Annahme der Fütterung.
- Es besuchen selbst im alpinen Raum lange nicht alle Rehe Fütterungen.
- Manchmal stehen drei Rehe an der Fütterung (zum Beispiel Geiß und zwei Kitze), aber nur eines nutzt die Fütterung (die Geiß), während die beiden anderen Rehe (Kitze) zuschauen.
- Manche Rehe sind ausgesprochen streitsüchtig und machen so lange Ärger, bis sie die Fütterung für sich alleine haben.

Wir gingen bei uns in der Adelegg schon nach einem Winter davon aus, dass die tatsächliche Wilddichte mindestens um das Dreifache höher sein musste, als der Futterverbrauch vermuten ließ.

Um zu erfahren, ob die Rehwilddichte forstlich oder wildbiologisch tragbar ist, genügt es, die Vegetation (forstlich) und die Kondition der Rehe (wildbiologisch) anzuschauen!

Losung zählen

Kaum von Praktikern, wohl aber von Wildbiologen wurde und wird versucht, Rehwildbestände über die Losungszählung zu erfassen. Hierbei handelt es sich um ein sehr aufwändiges Verfahren, mit dem Rehwildbestände angeschätzt werden sollen. Gezählt wird die vom Rehwild ausgeschiedene Losung, wobei davon ausgegangen wird, dass Rehwild pro Tag zwanzig Mal Losung absetzt. Erfasst wird die Losung auf in der Regel 50 Meter langen Traktlinien. Diese müssen zunächst frei von Losung sein. Danach wird die 1 Meter links und 1 Meter rechts der Traktlinie frisch abgesetzte Losung notiert. 7 einzelne Losungsbeeren werden als eine Losung gewertet und die Ergebnisse mittels einer Formel hochgerechnet. Obwohl diese Methode in der Wildbiologie Anwendung findet, ist sie für den Jäger nicht praktikabel und führt zu sehr unterschiedlichen Ergebnissen (Dachs 2011).

> *Als Grundlage zur Errechnung künftiger Bestandesentwicklung ist das Losungszählen völlig unbrauchbar, da die gefundene Losung nichts über Geschlechts- und Altersstruktur aussagt.*

Zähltreiben, ein Weg zur Bestandeserfassung?

Es ist durchaus wichtig, zu sagen, wie man Rehe *nicht* zahlenmäßig erfassen kann. Interessanter ist freilich, wie man sie tatsächlich erfassen kann. Hier soll ein Verfahren vorgestellt werden, mit dem bei geeigneten Revierverhältnissen Rehwildbestände auf begrenzter Fläche grob ermittelt werden können – das Zähltreiben. Bereits 1979 wurde diese Methode durch von Berg empfohlen.

Zähltreiben sind ein Verfahren, bei dem momentane Rehwildbestände in einem kleineren Gebiet (maximal 200 Hektar) zumindest grob erfasst werden können, vorausgesetzt, das Gelände ist gut begehbar. In der Regel liegen dabei die Zählergebnisse weit über der zuvor geschätzten Bestandeshöhe. Da der Personalaufwand für Zähltreiben sehr hoch ist, wird ihre Anwendung immer auf Ausnahmen beschränkt bleiben.

Das Prinzip ist einfach. In dem Waldstück, in dem gezählt werden soll, muss für die Treiber Sichtkontakt bestehen, ist dies nicht der Fall, ist das Unternehmen zweifelhaft. Das Waldstück wird mit Treibern auf Sicht umstellt. Die auf der schmälsten Seite postierten Treiber setzen sich in gerader Linie langsam ins Treiben hinein in Bewegung. Die auf den beiden Seiten postierten Treiber reihen sich nach und nach in die sich vorwärts bewegende Front ein. Der

Zähltreiben.

Zähltreiben sind sehr personalaufwändig. Auch sie liefern keine absoluten Ergebnisse, weil trotz der hohen Treiberdichte nicht immer alle Rehe flüchten. Sie sind aber jeder anderen Methode der Bestandeserfassung überlegen.

Abstand zwischen den Treibern wird dadurch immer geringer oder erweitert sich zumindest nicht, wenn die Fläche breiter wird. Die außen postierten Treiber notieren jedes Reh, das bei ihnen aus dem Treiben flüchtet (nur auf einer vorher angesagten Seite). Die Fronttreiber zählen nur jene Rehe, die zwischen ihnen hindurch nach hinten ausbrechen.

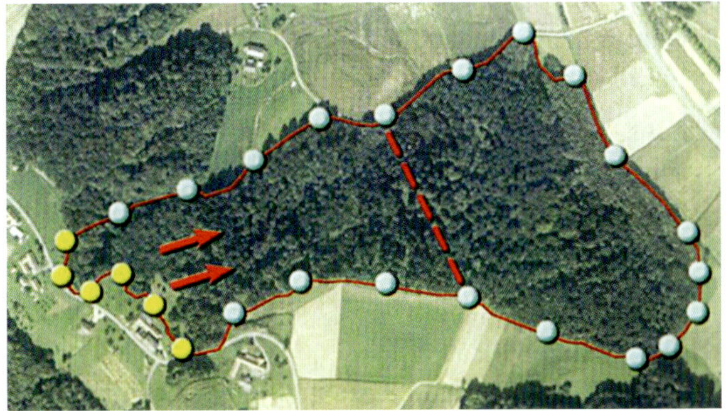

Schematische Darstellung eines Zähltreibens.

Begonnen wird an der Schmalseite. Die „Fronttreiber" (gelb) rücken gleichmäßig vor, und die Flügeltreiber (grau) reihen sich ein.

Beispiel Hallerburger Holz

Deselaers (1997) berichtet über Zähltreiben im Forstamt Saupark, an denen 87 Treiber teilnahmen. Getrieben wurden zwei kleine, jeweils isoliert in der Feldflur liegende Waldflächen, das Hallerburger Holz mit 140 Hektar und Stunden/Horn mit 60 Hektar. Um diese Waldflächen liegen 960 Hektar Feldfluren und weitere 40 Hektar isolierte Waldparzellen.

Die Schätzungen der dort tätigen Förster und Berufsjäger (Lehrrevier) lagen bei 30 bis 60 Rehen (15 bis 20 Stück/100 Hektar. Erlegt wurden in den fünf Jahren vor dem Zähltreiben jedoch jährlich 50 Rehe, Fallwild eingeschlossen. Registriert wurden beim Zähltreiben 150 Rehe. Das waren fünfmal mehr als vorher minimal geschätzt wurden und immer noch knapp zweieinhalbmal so viel, wie maximal geschätzt wurde (Forstamt Saupark 1988, mündlich)!

Das zentrale Problem von Zähltreiben ist immer die Mobilisierung einer ausreichend großen Zahl geeigneter Leute.

Beispiel Kalø

Was bei üblichen Treiben an Rehwild gesehen – besser gesagt: nicht gesehen (!) – wird, beschrieb Gossow (1976):

> Die Wildforschungsstation Kalø markierte in einem isolierten Waldstück von 165 Hektar 38 Rehe mit Halsbändern. Später wurde eine „Zähldrückjagd" mit Treibern und Hunden veranstaltet. Dabei kamen im Laufe mehrerer Stunden insgesamt 11 Rehe in Anblick, davon waren nur 4 markiert. Das heißt, von den 38 markierten Rehen hatten sich – trotz jagender Hunde (!) – 34 erfolgreich gedrückt…

Von 38 markierten Rehen wurden bei der Zähldrückjagd nur 4 gesehen, sowie 7 Rehe ohne Markierung. In der jagdlichen Praxis entsteht dabei der Eindruck, es seien nur ganz wenig Rehe da. Tatsächlich war das Gegenteil der Fall. (Daten: Andersen, Grafik aus Hespeler 1988)

Beispiel Kassel

Die Forstabteilung am Regierungspräsidium Kassel ließ in den Jahren 1986 bis 1988 an mehreren nordhessischen Forstämtern Zähltreiben durchführen *(siehe Grafik unten)*. Dabei zeigten sich auch jahreszeitlich erhebliche Unterschiede in der Rehwilddichte. So ließ das Forstamt Rotenburg Flächen zwischen 93 Hektar und 118 Hektar jeweils im Sommer (5. Juli) und im Herbst (9. November) von minimal 160 Personen treiben. Flächen wurden so ausgesucht, dass sie nach Lage, Oberflächenstruktur, Verteilung und Holzbodenfläche, Nichtholzbodenfläche sowie Baumarten und Altersklassen möglichst repräsentativ für das jeweilige Revier waren.

Bei der Novemberzählung wurden im Revier Lüdersdorf etwa doppelt so viele Rehe (42 Rehe/100 Hektar) gezählt wie im Juli (20 Rehe/100 Hektar). Da im Herbst bereits ein Teil des Abschusses erfüllt war, hätten es eigentlich weniger Rehe sein müssen als im Sommer. Ob sich Anfang Juli ein Teil der Kitze einfach überlaufen ließ oder ob zu dieser Zeit einfach viele Rehe im Feld gelebt hatten, lässt sich nicht sagen. Die getriebenen Flächen lagen in drei verschiedenen Forstrevieren.

Interessant: Das Revier Lüdersdorf war (jedenfalls auf der getriebenen Fläche) mit rund 42 Rehen/100 Hektar das rehwildreichste dieses Forstamtes,

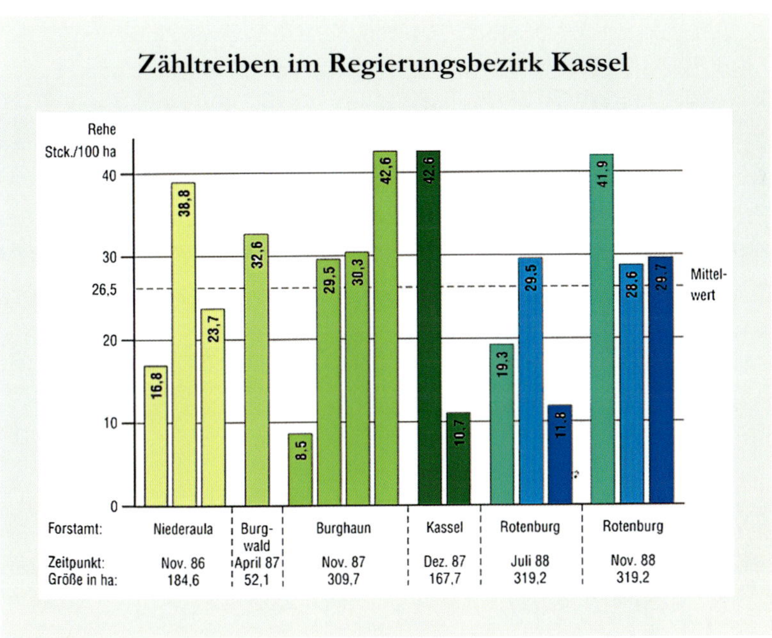

Die obenstehenden Daten wurden ausschließlich in staatlichen Revieren mit einer einheitlichen jagdpolitischen Zielsetzung erhoben.
(Daten: OLISCHLÄGER 1988)

und dies, obwohl angrenzende Jäger behaupteten, dort sei alles totgeschossen worden.

Noch drastischer fiel das Ergebnis im Revier Heinebach aus. Dort liefen im November 30 und im Juli nur 12 Rehe je 100 Hektar durch die Treiber.

Ganz anders war die Situation im Revier Sterkelshausen; dort brachten Sommer- und Herbstzählung nahezu das gleiche Ergebnis.

Auch die Zähltreiben im Forstamt Burghaun zeigten, dass die Rehwilddichten innerhalb eines Forstamtes oder einer Hegegemeinschaft ganz erheblich schwanken können. Getrieben wurden im November 1987 insgesamt vier Flächen mit zusammen 309,7 Hektar. Der niedrigste Wert lag bei 8,5 Rehe/100 Hektar, der höchste bei 42,6 Rehe/100 Hektar, also fünfmal mehr!

Ähnlich waren auch die Ergebnisse am Forstamt Kassel. Dort waren es minimal 10,7 Rehe/100 Hektar und maximal 42,6 Rehe/100 Hektar.

Die Ergebnisse zeigen, wie unterschiedlich die Siedlungsdichte der Rehe innerhalb von geschlossenen Waldgebieten sein kann und wie unsinnig es ist, Abschussquoten festzulegen!

Die Rehwilddichten hängen von zahlreichen Faktoren ab und können daher auch auf vergleichsweise kleinem Raum erheblich variieren. Da spielt die Feldnähe ebenso eine Rolle, wie die Waldstruktur, die Altersklassen- und Baumartenverteilung und der Nadelholzanteil. Selbstverständlich nehmen auch die Konkurrenten im Lebensraum (Rot-, Dam-, Muffelwild) Einfluss. Das zeigt aber einmal mehr, wie unsinnig es ist, auf großer Fläche bestimmte einheitliche Abschussquoten anzustreben.

Ebensowenig lassen sich „tragbare" Rehwilddichten benennen. Was tragbar ist, sagen die örtlichen Verhältnisse, und die können schon auf lächerlichen 50 Hektar Waldfläche ganz unterschiedlich sein. Es kommt aber der Realität sicher sehr nahe, wenn wir feststellen, dass die Rehwilddichte meist unterschätzt wird und dass Rehdichten unter 20 Stück je 100 Hektar Waldfläche sehr selten sind. Um es nicht mehr werden zu lassen, müssten dann rund 7 Stück je 100 Hektar Waldfläche jährlich erlegt werden!

Vermutete und tatsächliche Wilddichten

Was niemand für möglich gehalten hätte

Hartig empfahl 1832 in seinem „Lehrbuch für Jäger und die es werden wollen" für Laubholzreviere eine Rehwilddichte von 3,2 Stück/100 Hektar und für Nadelholzreviere von 2,4 Stück/100 Hektar. Heute wissen wir, dass solche Zahlen völlig an der Realität vorbeigehen. Schon die Angabe von Kommastellen ist absurd. Gleichwohl wurde auch noch in der zweiten Hälfte des vergangenen Jahrhunderts in manchen europäischen Ländern so gerechnet.

Als ich meine Laufbahn als Berufsjäger begann, schossen wir im bayerischen Hochgebirge auf 1.600 Hektar (Seehöhe 614 bis 1.782 Meter) in Summe 3 Rehe – 2 Böcke und 1 Schmalreh! Mehr war nach damaliger Anschauung, der hohen Winterverluste wegen, nicht zu verantworten.

Heute wissen wir, dass die Rehwilddichte im extremen Hochgebirge unter Umständen sogar höher sein kann als im Flachland. WOTSCHIKOWSKY, der das Rehwildprojekt Hahnebaum in Südtirol leitete, ermittelte dort in Höhen von 1.400 bis 2.200 Meter Dichten um die 30 Rehe/100 Hektar.

Revier Hahnebaum in Südtirol.

Die schwarze Linie markiert die Reviergrenze und den Zaunverlauf. Dort gab es in einer Seehöhe von 1.400 bis 2.200 Meter Seehöhe eine Rehwilddichte um die 30 Rehe je 100 Hektar.

Beispiel Revier Borgerhau

Die Wildforschungsstelle des Landes Baden-Württemberg ermittelte unter anderem in einer Langzeitstudie auch die Rehwilddichte im Revier Borgerhau. Dabei handelt es sich um ein Mittelgebirgsrevier in der Schwäbischen Alb, in einer Seehöhe von etwa 650 Meter. Zu Untersuchungsbeginn im Jahr 1990 betrug die Frühjahrsdichte 81 Rehe je 100 Hektar Wald. Die Herbstdichte (1. September) betrug 108 Rehe je 100 Hektar. Nach sechsjährigem Reduktionsabschuss (!) wurde in der zweiten Versuchsperiode die Winterfütterung eingestellt. Daraufhin sank die Frühjahrs-Wilddichte bis zum letzten Versuchsjahr auf 41 Rehe/100 Hektar und die Herbst-Wilddichte auf 64 Rehe/100 Hektar.

Für den Jäger besonders interessant ist der je nach Frühjahrswilddichte unterschiedliche Zuwachs bis zum Herbst. In der ersten Versuchsphase, als noch gefüttert wurde und der Rehwildbestand im Frühjahr noch 81 Rehe/100 Hektar betrug, waren im September um 33,33 % mehr Rehe vorhanden. Nach Einstellung der Fütterung und Absenkung des Rehwildbestandes auf „nur" noch 41 Rehe/100 Hektar Wald waren es im September um 56 % mehr Rehe (PEGEL 1998)!

Uns Jäger sollten solche Zahlen nachdenklich stimmen und nach dem Sinn unseres Jagens fragen lassen. Was wollen wir sein: Jäger, die ernten was nachwächst oder Fallwildproduzenten?

Die Vegetation als Weiser

Wanderer und Radfahrer verbeißen nicht …

Heute wird in einer ganzen Reihe mitteleuropäischer Länder in regelmäßigen Abständen, meist alle drei Jahre, der Verbisszustand erhoben. Grundgedanke ist der, dass Schalenwild nicht zählbar ist und festgelegte Wilddichten auch keinen Sinn machen. Vielmehr ist die Akzeptanz einer (zahlenmäßig unbekannten) Wilddichte weitgehend von der örtlichen Situation abhängig.

Letztlich ist es ja auch ziemlich egal, wie viele Rehe irgendwo leben, sofern es nicht so viele sind, dass sie kümmern oder ihren Lebensraum entwerten. Was die Kondition der Rehe betrifft, so wird später im Kapitel „Starke und schwache Rehe" einiges gesagt *(siehe Seite 187ff)*. Was den Einfluss der Rehe auf die

Hasenlattich.

Der Hasenlattich ist eine Schattpflanze, die selten in großer Zahl auftritt. Gerade deshalb fehlt er bei hohen Rehwildbeständen.

Vegetation betrifft, kann neben den Hauptbaumarten eine ganze Reihe von Weiserpflanzen zur Beurteilung herangezogen werden. Eine davon ist das Schmalblättrige Weidenröschen, eine andere der Hasenlattich. Alle Weiserpflanzen haben allerdings nicht nur mit den Rehen „zu kämpfen", sondern auch mit den übrigen Standortbedingungen. So findet man das Weidenröschen manchmal auch dort, wo weit überhöhte Rehwildbestände selbst den Hauptbaumarten arg zusetzen, ebenso kann es fehlen, wo sich die Hauptbaumarten ohne Schutz verjüngen.

Wenn in einem Revier mehr Rehe geschossen werden als in den Nachbarrevieren, dann wird immer mit dem Vakuumeffekt argumentiert. Es wird unterstellt, dass ein höherer Abschuss nur erfüllt werden kann, wenn ständig Rehe aus Nachbarrevieren zuziehen. Drei Dinge müssen hier überlegt werden:

- Wenn in einem Revier besonders intensiv gejagt wird, werden eher Rehe verdrängt als angelockt.
- Rehe, die einen festen Wohnraum haben, wechseln diesen nicht, nur weil es irgendwo anders ständig schießt.
- Wenn ich als Jäger befürchte, dass meine Rehe abwandern, dann kann die Rehwilddichte meines eigenen Reviers nicht eben gering sein …

Wenn wir darüber klagen, dass der Nachbar „unsere" Rehe schießt, müssen wir zwangsweise mehr Rehe haben, als unser Revier tragen kann!

Brauchen Rehe einen Abschussplan?

Angst vor der Ausrottung

Wie schnell das Wort „Ausrottung" benutzt wird und was andererseits langfristig machbar ist, zeigt das Beispiel Forstamt Schrozberg in Nord-Württemberg. Dort beklagte sich bereits 1955 ein Jagdpächter, weil es ihm – so seine Begründung – aufgrund der hohen Abschussfestsetzung nicht gelungen sei, in der von ihm gepachteten Staatsjagd auch nur einen einzigen Rehbock zu erlegen. Der festgesetzte Abschuss in der damals 117 Hektar großen Staatsjagd betrug 30 Rehe = 25,6/100 Hektar – dies wohlgemerkt schon 1955! Der Jagdpächter meinte, seine Jagdnachbarn würden den ihm auferlegten Abschuss miterfüllen. Er schloss sein Schreiben an das Forstamt mit dem Satz: „Es steht uns nicht zu, das Wild restlos auszurotten."

Das war 1978 für das Forstamt der Anlass, das inzwischen 160 Hektar große Revier künftig in Regie zu bejagen. (In Deutschland wird von „Regiejagd" gesprochen, wenn der Waldbesitzer – Staat, Gemeinde, Adel, Genossenschaft – die Jagd von eigenem Personal ausüben lässt, eventuell unter Beteiligung privater Jäger.) Die weitere Entwicklung der Rehwildstrecken bis in die Gegenwart

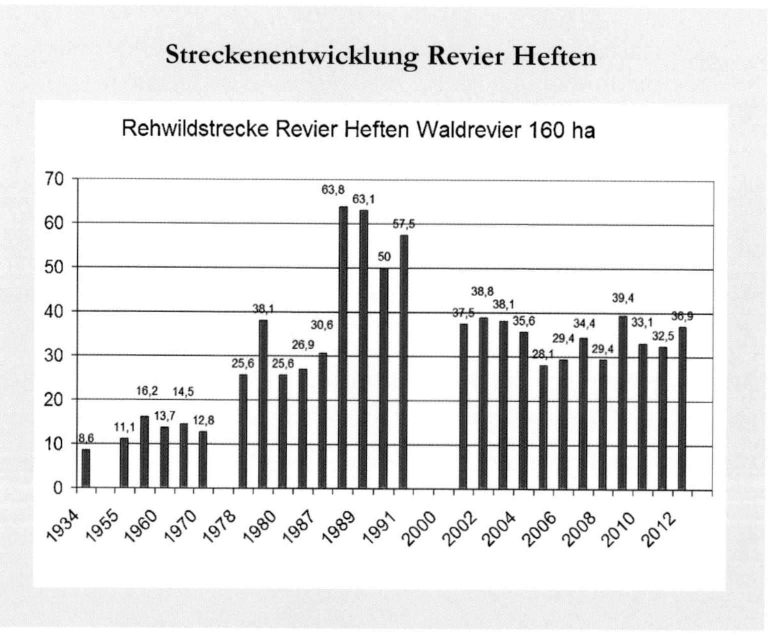

1955 beklagte der damalige Jagdpächter bereits die Ausrottung der Rehe. Die weitere Entwicklung zeigt diese Grafik. (Daten: FA SCHROZBERG 1988 und FA MAIN-TAUBER-KREIS 2014)

Auf dem Papier ist alles möglich, doch in der Natur kann man nur jene Rehe erlegen, die auch tatsächlich vorhanden sind!

zeigt die Grafik auf der linken Seite unten. Äußerungen, der Abschuss sei nur deshalb so hoch, weil das Forstamt aus den angrenzenden Privatrevieren nachrückendes Rehwild erlege, sind unzutreffend, denn die angrenzenden Privatreviere schossen bereits 1991 – trotz „Ausrottung" – 24 Rehe auf 100 Hektar Wald.

Beispiel DDR

Auch in der DDR wurden die Rehwildbestände alljährlich zahlenmäßig erfasst. Angestrebt wurde ein Rehwildbestand von 4 Stück/100 Hektar. Dieses Ziel wurde wohl nie erreicht. Wagenknecht (zitiert bei Schäfer 1982) schrieb hierzu:

> Beim Rehwild stößt die richtige Zuwachsberechnung insofern auf besondere Schwierigkeiten, als es kaum möglich ist, den tatsächlichen Bestand einigermaßen genau zu ermitteln, und zwar wird er regelmäßig viel zu niedrig angenommen. Aufgrund der in den Wildforschungsgebieten gesammelten Erfahrungen kann ich behaupten, dass im großen Durchschnitt der tatsächliche Bestand etwa doppelt so hoch ist, wie angenommen wird. Ich weiß dass diese Behauptung von den meisten Jägern mit Entrüstung zurückgewiesen wird.

Anbei die Zählergebnisse und der vollzogene Abschuss in der DDR aus dem Zeitraum 1956 bis 1961:

Jahr	Frühjahrs bestand gezählt	Abschuss gemeldet	Abschuss in % des gezählten Bestandes	Anmerkung
1956	81.656	17.048	20,87	
1958	160.358	81.494	50,82	Abschuss gut 5x höher als 1956
1960	140.497	146.802	104,48	Abschuss höher als Zählbestand
1961	119.806	121.689	101,57	eigentlich längst Totalausrottung

> *„Die Aufstellung genereller Wildstandsnormen gehört daher zu den Unmöglichkeiten und muss den Stubenjägern und Papierrechnern – zum Zeitvertreib – überlassen bleiben."*
>
> Dietrich aus dem Winckell, Jagdschriftsteller (1762-1839)

Welchen Sinn macht der Abschussplan?

Seit mehr als achtzig Jahren ist in einigen europäischen Ländern der Abschussplan für Rehwild zwingend vorgeschrieben. Er ist in der Schweiz so obligat wie in Italien, Ungarn oder Polen. Trotzdem gibt es erhebliche Unterschiede. In den österreichischen Ländern gibt es immer noch eine Klasseneinteilung für Rehböcke, allerdings haben einige Bundesländer die Klassen inzwischen auf zwei reduziert – Jährlinge und Mehrjährige. In einigen Schweizer Kantonen wird nicht einmal mehr zwischen männlich und weiblich unterschieden. In den Abschussplänen wird nur noch eine Gesamtzahl genannt. Die dortigen Jäger entscheiden selbst, wie sie den freigegebenen Abschuss aufteilen, also wie viele Böcke, Geißen oder Kitze sie innerhalb der Gesamtzahl erlegen; soviel traut man ihnen dort zu.

Wie einfach man mit dem Rehwild umgehen kann, zeigt die italienische Provinz Belluno. Dort mussten die Jäger schon in den 1990er-Jahren nur den

Jährling, Wasser sprühend.

Rehe sind Persönlichkeiten, die weder ihre Wünsche aufschreiben, noch unsere Vorstellungen lesen können, die wir uns von ihnen und ihrem Verhalten machen.

Pauschal darf gesagt werden, dass die Rehe insgesamt und die Geweihe überdies dort am stärksten sind, wo man den Jägern am meisten Freiheit lässt.

Abschuss einer Geiß oder eines Kitzes nachweisen, damit ihnen ein Bock freigegeben wurde. Nirgends in Europa habe ich auf einer Trophäenschau einen so hohen Anteil starker und stärkster Böcke gesehen wie in Belluno!

Völlig anders geht man bei uns in Kärnten mit dem Rehwild um. Hier gab es bis 2014 noch mehrere Bockklassen, und der Abschuss des Rehwildes wurde in den meisten Verwaltungsbezirken ziemlich restriktiv gehandhabt. Die Trophäenschau ist bis heute Pflicht, und jedes einzelne Geweih wird von einer Kommission begutachtet und das Alter festgestellt. In Summe sah ich kaum sonst irgendwo in Europa so trostlose Trophäenschauen wie bei uns. Allerdings: Dort, wo in Kärnten in den letzten Jahren zunehmend mehr Rehwild erlegt wurde, stieg auch die Kondition dieser Wildart!

Ich habe keine Zweifel daran, dass es beim Rehwild ohne Abschussplan ginge! Schließlich sind in den meisten europäischen Revieren die Hasen ungleich seltener als die Rehe, und sie haben überdies weit mehr Feinde und sind weit mehr Krankheiten ausgesetzt. Dennoch gibt es nirgends einen Abschussplan für den Feldhasen. Der Plan verlangt vom einen Teil der Jäger das Unmögliche, und er hindert gleichzeitig den anderen Teil daran, das dringend Notwendige zu tun.

Grundsätzlich ist der Rehwild-Abschussplan überall dort völlig sinnlos, wo es keine echte Vollzugskontrolle gibt. In Deutschland haben nur relativ wenige Privatreviere – das sind Reviere von Genossenschaften, einschließlich der Gebietskörperschaften – den körperlichen Nachweis des Wildes in körperwarmem Zustand eingeführt. Teilweise müssen zwar auch – wie in einigen österreichischen Bundesländern – vom weiblichen- und Jungwild die Unterkiefer vorgelegt werden, doch sind diese – solange die Vorlage nicht flächendeckend verlangt wird – problemlos und in jeder Menge billig zu beschaffen. Letztlich gibt es aber auch bei grober Nichterfüllung vielerorts keinerlei Sanktionen. Welchen Sinn soll es denn machen, sogar die Kitzquote in männlich und weiblich aufzuteilen, wenn letztlich jeder ohne Kontrolle melden kann, was er will?

Sinn würde der Abschussplan doch nur dann machen wenn

- der Frühjahrswildbestand halbwegs genau ermittelt werden kann;
- der ermittelte Wildbestand zuverlässig nach Böcken, Geißen und Kitzen aufgeteilt werden kann;

– bekannt ist, wie viele Kitze in Summe gesetzt werden;
– bekannt ist, in welchem Geschlechterverhältnis sie gesetzt werden;
– bekannt ist, wie viele Kitze vor Beginn der Jagdzeit sterben und welches Geschlecht davon am stärksten betroffen ist;
– bekannt ist, wie viel Wild noch dem Verkehr zum Opfer fällt und welche Klassen davon wie stark betroffen sind;
– bekannt ist, wie viele Rehe zu- und abwandern.

Alle diese Parameter sind bei Aufstellung des Abschussplanes unbekannt! Die Planung gründet auf Vermutung, auf Spekulation oder auf Wunschdenken. Der eine „Planer" folgt der Devise „Nur ein totes Reh ist ein gutes Reh!", der andere errechnet aus der Zahl seiner Freunde oder Mitpächter die Zahl der Böcke, die er braucht – und keinen mehr.

In Deutschland und Österreich sind, wenn es um den Abschussplan geht, schnell zwei Parteien erkennbar. Die eine Partei will einen möglichst hohen Abschuss, die andere – vor allem beim weiblichen Wild – einen möglichst niedrigen. Irgendwann gibt es eine mehr oder weniger erzwungene Einigung – und anschließend macht jeder, was er will! Bei den Böcken werden die vorgeschriebenen Abschussquoten weitgehend erfüllt, teilweise auch übererfüllt. Beim weiblichen Wild ist Skepsis angebracht. Selbst wenn er erfüllt wird, sind die Auswirkungen auf die Waldverjüngung gleich Null, einfach weil die tatsächlich vorhandenen Wildbestände weit unterschätzt werden.

Die Gründe für die Nichterfüllung beim weiblichen Wild und beim Jungwild sind unterschiedlich. Manche Jäger erhoffen sich davon höhere Wildbestände. Andere Jäger sehen wenig Wild und verkennen einfach die vorhandene Dunkelziffer. In Revieren mit Einzelpächtern (Deutschland und teilweise Österreich) wird vielen Jagderlaubnisscheininhabern* die Hürde beim Rehwildabschuss so hoch gesteckt, dass sie lieber nicht schießen, als dass sie bei ihren Duldern in Ungnade fallen. Selbst in Revieren mit Vereinspacht (etwa Österreich, teilweise Italien und ehemalige sozialistische Länder) sind die Restriktionen oft groß, und Jäger, die sich nicht an die vereinsinternen Vorgaben halten, geraten ins Abseits. Ganz besonders gilt das für all jene, die neu zur Jagd stoßen und sozusagen noch „auf Probe" jagen.

Jagd kann aber, wenn sie auch von der Gesellschaft verstanden und akzeptiert werden soll, kein Statussymbol und kein Privileg sein. Jagd ist schlicht ein Handwerk. Wenn bei der Bejagung des Rehwildes Dinge verlangt werden, die

* Im westlichen Pachtsystem werden von den Jagdpächtern gelegentlich – sowohl kostenlos wie kostenpflichtig – weitere Jäger an der Jagdausübung beteiligt. Diese haben lediglich Gaststatus und müssen sich den Vorstellungen oder Auflagen der Pächter beugen.

Reh am frühen Morgen.

Mit steigender Bejagung sinkt die Sichtbarkeit, und eine „Ausrottung" ist wirklich nicht zu befürchten.

wildbiologisch absurd sind und eigentlich nur dazu dienen, die Jäger zu „bremsen", verliert sie in dieser Form ihre Berechtigung.

Was spricht dagegen?

Die deutschen Bundesländer Baden-Württemberg, Brandenburg, Nordrhein-Westfalen, Saarland, Sachsen und Thüringen haben den Abschussplan inzwischen ganz abgeschafft. Die Jagdzeit der Böcke wurde teilweise – so wie vor dem Reichsjagdgesetz – bis Jahresende zugelassen und die Fütterung verboten.

Der Jäger geht davon aus, seinen Wildbestand zu kennen und zu wissen, wie viele Rehe ohne nachhaltigen Schaden erlegt werden können. Jedenfalls ist mir noch nie ein Jäger begegnet, der vorgab, seinen Wildbestand nicht zu kennen und dessen Einschätzung lieber einem Verband oder einer Behörde zu überlassen. Ob er nun seine Zahlen einer Behörde oder einem Verband mitteilt, damit sie in ein Stück Papier eingefügt werden oder nicht, bleibt sich im Grunde gleich. Was den Jäger dann noch hindern kann, auf den Abschussplan zu verzichten, ist einzig die Angst vor dem Jagdnachbarn oder dem Nachbarrevier! Motto: „Die anderen schießen sonst doch alles tot!" Auch für Jagdgesellschaften oder

Es kann nicht sein, dass wir in erster Linie Rehe erlegen wollen/dürfen, welche quasi die Voraussetzungen zur Erlangung eines Schwerbehindertenausweises erfüllen.

Jagdvereine, wie es sie in den österreichischen Bundesländern und in den ehemaligen sozialistischen Staaten gibt, wäre der Abschussplan nicht notwendig, da die Vereine oder Gesellschaften die Abschussverteilung mit Hilfe ihrer Satzung und die Abschusshöhe in Absprache mit ihren Verpächtern regeln können.

Plan ohne Kontrolle

Dort, wo es Einzelpächter oder Eigenjagden gibt, fehlt, auch wenn der Abschussplan Pflicht ist, meist die Abschusskontrolle. Zwar wird immer wieder argumentiert, die Pflichttrophäenschau sei ein Kontrollinstrument. Dies trifft aber mehrheitlich nur auf die Böcke zu. Es gibt zwar Länder, in denen vom erlegten weiblichen Rehwild und den Kitzen die Unterkiefer vorgelegt werden müssen. Meist gibt es dann aber keinerlei Sanktionen, wenn die im Plan vorgesehene Quote nicht oder nur sehr unzureichend erfüllt wird. Die Nutzlosigkeit des Abschussplanes bei fehlender Vollzugskontrolle lässt sich sehr gut am Beispiel des Landkreises Lindau in Bayern darstellen *(siehe Grafik unten)*.

Die Reviere des Landkreises Lindau liegen in einer Seehöhe von 400 bis 1.700 Metern, der Waldanteil beträgt rund 25 %. Dabei handelt es sich um ein traditionelles Plenterwaldgebiet, mit heute noch einem sehr hohen Alttannen-

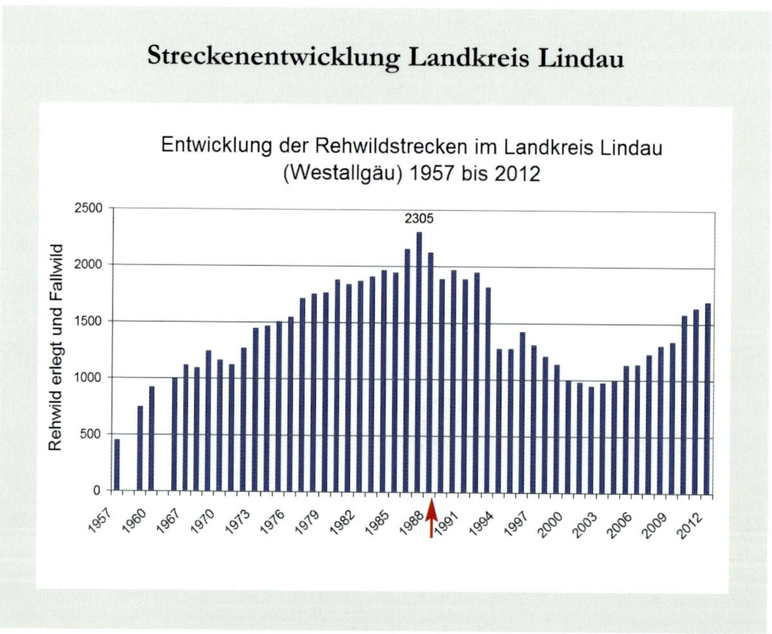

Der Pfeil zeigt die Einführung des körperlichen Nachweises an. Danach sank die Rehwildstrecke, um später erneut anzusteigen. Wesentlich war jedoch, dass mit Einführung der Kontrolle sich die Weißtanne wieder verjüngen konnte. (Daten: LANDRATSAMT LINDAU 1988 und *2015)*

Anteil. Allerdings verjüngte sich die Tanne nach Einführung des Reichsjagdgesetzes kaum noch, da bereits ein Großteil der Sämlinge gefressen wurde. Aus diesem Grund wurden die Abschussquoten schon in den 1950er-Jahren permanent stark angehoben, allerdings ohne jeden erkennbaren Einfluss auf die Verjüngung der Tanne. Ende der 1980er-Jahre wurde dann auf rund 70% der Jagdfläche der körperliche Nachweis eingeführt. Jedes erlegte Reh musste in körperwarmem Zustand einem Beauftragten vorgezeigt und dauerhaft durch Lauscher-Kupieren markiert werden. Daraufhin gingen zwar die Abschüsse deutlich zurück, gleichzeitig aber begann sich die Tanne wieder zu verjüngen, ebenso das Laubholz. Die Jägerschaft hatte folglich durch Jahrzehnte den steigenden Abschüssen zugestimmt, sie aber nicht vollzogen. Erst der körperliche Nachweis brachte die Wende.

Wesentlich zur Rehwildreduktion und damit zur Verbissentlastung beigetragen hat die Verkleinerung der Reviere (kleine Reviere, möglichst viele Jäger in Eigenverantwortung). Große Reviere, vor allem solche mit intensiver Fütterung, zeigen heute noch eine hohe Verbissbelastung!

STOSCHEK (1989, mündlich) berichtete über das von ihm damals bejagte Westallgäuer Revier Wombrechts. Nach seinen Angaben erlegte er dort 56 Rehe je 100 Hektar Wald, allerdings bei einem Waldanteil von nur 16%. Jedoch bestanden die restlichen 84% fast ausschließlich aus intensiv bewirtschafteten Wiesen, die in der dortigen Gegend als Einstand ganzjährig und als Äsungsfläche mäßiger bis minderer Güte von Mitte September bis Ende April/Mitte Mai ebenfalls ausfallen.

Abschließend, und nur, um Missverständnisse zu vermeiden: Die Rede ist hier immer nur vom Rehwild-Abschussplan, nicht von dem für andere, rudelbildende und weiträumiger lebende Arten!

Rehwild-Abschusspläne in der EU

	Zählung	**Abschussplan/Bockklassen**
Belgien		
Flandern	nein	Abschussplan, keine Klassen;
Wallonien	nein	kein Abschussplan, Verpächter kann aber Zahlen vorgeben *
Bulgarien	Zählung	Abschussplan, keine Klassen
Dänemark	keine Zählung	kein Abschussplan, keine Klassen
Deutschland	keine Zählung, Vegetation als Weiser	teilweise nur Mindest-Abschussplan, bei Böcken max. 2 Altersklassen

* vor allem im deutschsprachigen Osten Walloniens

Rehwild-Abschusspläne in der EU (Fortsetzung)		
	Zählung	**Abschussplan/Bockklassen**
Estland	Fährtenzählung	Abschussplan, mehrere Klassen
Finnland	Zählung für Trend	Abschussplan, keine Klassen
Frankreich Elsass	keine Zählpflicht keine Zählung	Abschussplan, keine Klassen; limitiertes Maß an Wildursprungszeichen, unterteilt in männlich und weiblich; keine Bockklassen
Großbritannien	keine Zählung	kein Abschussplan, keine Klassen
Italien	Zählung von Behörde	differenzierte Abschusspläne
Kroatien	Zählung durch Jäger	Abschussplan und Klassen
Lettland	Zählung durch Forstverwaltung	Abschussplan, keine Klassen
Litauen	Zählung durch Revierinhaber	Abschussplan, bei den Böcken Klassen
Luxemburg	keine Zählung	Abschussplan, keine Klassen
Niederlande	teilweise Trendermittlung	Abschussplan nur männlich/weiblich
Österreich	Modus freigestellt	teilweise Mindest-Abschussplan, teils differenzierte Pläne; bei den Böcken 2 oder mehr Klassen
Polen	Fährtenzählung durch Forstverwaltung, auch in den Privatrevieren	Abschussplan, Böcke sind in 2 Klassen eingeteilt, jedoch mit 9 Unterklassen
Rumänien	Zählung	Abschussplan, mehrere Klassen
Schweden	keine Zählung	kein Abschussplan, keine Klassen
Schweiz	in einigen Kantonen Scheinwerfertaxation durch die Wildhüter	in den Revierkantonen [1] Abschusspläne, meist ohne jede Differenzierung nach Geschlecht und Alter; in den Patentkantonen [2] einheitliche Abschusszuteilung an jeden Jäger
Slowakei	Zählung	Abschussplan
Slowenien	Schätzung	Abschussplan
Spanien	keine Zählung	kein Abschussplan
Tschechien	Zählung 2x im Jahr	Abschussplan, keine Bockklassen
Ungarn	regionale Zählungen, ohne einheitliche Methode	Abschussplan, Einteilung der Böcke in 3 Altersklassen

1) in der Nordschweiz dominiert das Revierjagdsystem

2) im alpinen Teil der Schweiz dominiert das Patentsystem

VI.

Die Altersbestimmung

Das „Ansprechen“

Grundsätzliches

Die Altersfeststellung – das „Ansprechen“ – muss machbar sein! Mehr noch, man muss diese Fähigkeit auch von Jägern mit eher geringer Ausbildung und vor allem unter jagdlichen Bedingungen verlangen können. Alleine die Tatsache, dass es zwischen Jägern immer wieder heftige und absolut kontrovers geführte Diskussionen über das Alter von Rehen gibt, zeigt, dass zuverlässige Kriterien fehlen. Wenn es uns aber nicht gelingt, das Alter toter mehrjähriger Rehe zu erkennen, wie soll dies dann bei lebenden Rehen möglich sein?

Gleichwohl wollen wir nicht alles wahllos totschießen. Da gibt es zunächst einige Selbstverständlichkeiten, die jeder verantwortungsbewusste Jäger beherzigt. Dazu gehört, dass er zuerst die Kitze und erst danach die Geiß erlegt. Gerade hier zeigt sich immer wieder, wie weit Anspruch und Realität auseinander liegen! Es ist auch selbstverständlich, dass wir bei Wahlmöglichkeit ein erkennbar schwaches oder gar krank erscheinendes Reh bevorzugt schießen. Ob es uns in der Praxis zuverlässig gelingt, die Kondition eines Rehs zu erkennen, ist jedoch fraglich. Wir müssen uns nur einmal bildlich vorstellen, 1 Kilogramm Salami in ganz dünne Scheiben zu schneiden und diese gleichmäßig unter der Decke eines Rehs zu verteilen. Wären wir unter jagdlichen Bedingungen tatsächlich in der Lage, dieses Kilo Salami zu erkennen? Trotzdem!

Unterkiefer: Alibi oder Beweis?

Die Unzuverlässigkeit des Zahnabschliffes ist länger als ein halbes Jahrhundert erwiesen. Dennoch gilt er immer noch als weitgehend zuverlässige Methode der Altersschätzung. Die alten Jäger, denen das Denken an gute und schlechte Vererber, an Aufartung und letztlich an den Zahnabschliff noch eingeimpft wurde, sterben weg, und die jungen haben mehrheitlich eine andere Sicht der Dinge.

Jagdpraktisch hätte der Zahnabschliff auch dann keine wirkliche Bedeutung, wenn er uns zuverlässig Auskunft über das Reh geben würde. Schließlich gelingt es ja nicht, den Unterkiefer vor Erlegung seines Trägers anzuschauen. Dennoch wird bis heute fast überall der Unterkiefer als Kronzeuge für das Alter eines Rehs herangezogen. Heute noch werden den Kandidaten bei der Jägerprüfung Rehwildunterkiefer vorgelegt, die sie beurteilen sollen. Soweit eine klare Zuordnung nach dem Zahnwechsel möglich ist, lässt sich dagegen auch nichts sagen. Wenn es um die Altersbestimmung nach dem Abschliff geht, sollten wir darauf verzichten. Zu viele Faktoren nehmen Einfluss auf den Grad des Zahnabschliffes. Es ist die Härte des Zahnbeines (die ja auch bei uns Menschen unterschiedlich ist), es ist die Härte der Nahrung eines Rehs, und es können schon ganz geringe Fehlstellungen der beiden Unterkieferäste oder von Ober- zu Unterkiefer sein oder schlicht Deformationen, die den Abschliff beeinflussen.

In jedem Gerichtsverfahren eines zivilisierten und demokratischen Staates gilt der Grundsatz *„in dubio pro reo"* – im Zweifel für den Angeklagten! Auf Trophäenschauen werden Jäger öffentlich gebrandmarkt, obwohl die Wissenschaft bereits vor mehr als einem halben Jahrhundert nachgewiesen hat, dass auf den Zahnabschliff des Rehwildes zur Altersbestimmung kein Verlass ist! Das ist ein der Demokratie unwürdiger Anachronismus!

Es ist absolut unverständlich, dass in all den Jahrzehnten, in denen dieser Unfug in vielen Ländern Europas praktiziert wird, nie ein Jäger vor Gericht zog, um sich gegen die selbstherrliche und jegliche Sachlichkeit entbehrende Altersbestimmung zu wehren. Er hätte mit einer ganzen Menge wissenschaftlicher Untersuchungen auftrumpfen können, die Gegenseite nicht mit einer einzigen! Der ganze Spuk wäre schnell vorbei gewesen.

Wohl alle, die als Praktiker wie als Wissenschaftler mit Unterkiefern von als Kitzen markierten Rehen arbeiten konnten, haben die Unzuverlässigkeit des Zahnabschliffes nachgewiesen. Viele Arbeiten davon sind dem Jäger unbekannt oder schlicht nicht zugänglich. Hinzu kommt nicht selten eine gewisse Skepsis der Praktiker gegenüber der Wissenschaft. Ein Praktiker durch und durch war Albrecht von Bayern, der den Jägern im deutschsprachigen Raum durchaus ein Begriff war. Er veröffentlichte in seinem Buch „Über Rehe in einem steirischen Gebirgsrevier" zahlreiche Vergleichsfotos von Unterkiefern markierter Rehe aus dem Revier Weichselboden. Auch dort erwies sich der Zahnabschliff in einzelnen Altersklassen als außerordentlich variabel. Das dort gewonnene Material zeigt, dass der Unterkiefer eines Dreijährigen dem eines Sechs- oder Siebenjährigen absolut gleichen kann. Nun müssen wir uns überlegen, welchen Wert die Unterkiefertheorie hat, wenn der Zahnabschliff über drei Jahre hinwegtäuschen kann, andererseits das Durchschnittsalter aller erlegten Rehböcke höchstens bei drei Jahren liegt?

„Wenn also die Zahnabnützung schon bei Rehen aus dem gleichen Revier derart schwankt, dass nicht einmal mit Sicherheit festgestellt werden kann, ob ein Kiefer von einem Zweijährigen stammt, und wenn die Zähne eines Dreijährigen bereits doppelt so stark abgeschliffen sein können wie die eines doppelt so alten, wird die Methode der Altersbestimmung nach dem Abschliff des Unterkiefers reichlich ungenau."

Albrecht von Bayern (1986)

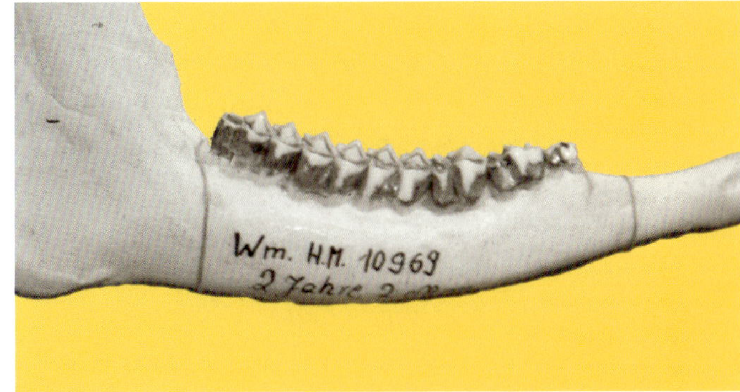

Beispiele, die zeigen, wie fragwürdig die Altersbestimmung nach dem Zahnabschliff ist.

Hier der Unterkiefer eines 2-jährigen Rehs mit normalem Abschliff. Er könnte aber ebensogut von einem 3-jährigen Reh stammen.

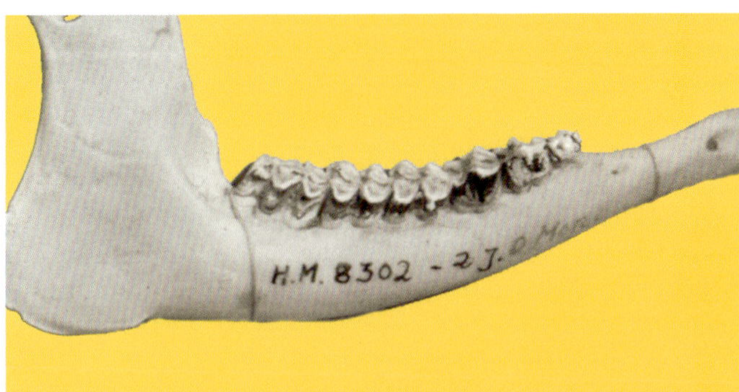

Unterkiefer eines 2-jährigen Rehs mit abnormal starkem Zahnabschliff.

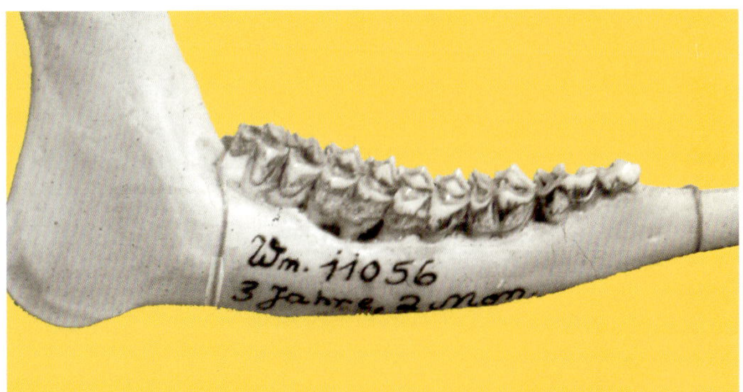

Unterkiefer eines 3-jährigen Rehs mit normalem Zahnabschliff.

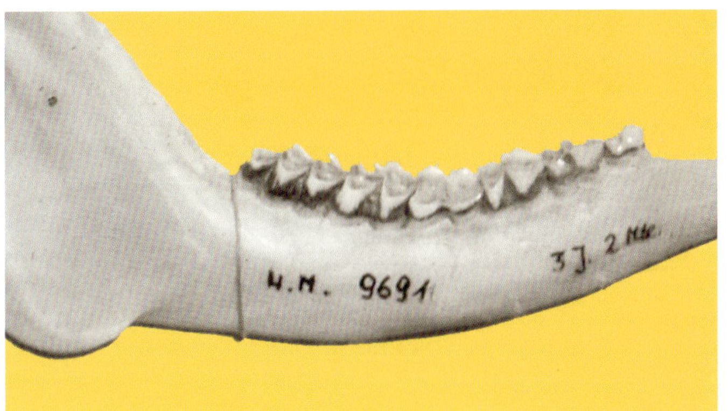

Ebenfalls Unterkiefer eines 3-jährigen Rehs mit abnormalem Zahnabschliff, der dem eines mindestens doppelt so alten Rehs entspricht.

Alle Unterkiefer stammen vom Institut für Wildbiologie der Universität Göttingen.

Verlass ist auf den Unterkiefer als Altersweiser nur bis zum Wechsel des 3. Backenzahns *(Prämolar)* zu Beginn des zweiten Lebensjahres. Dieser Zahn ist im Milchgebiss *(p3)* dreiteilig, als Dauerzahn *(P3)* aber zweiteilig. Nach RAESFELD und NEUHAUS (1978) erfolgt der Wechsel spätestens im 13. Lebensmonat. STUBBE (1990) nennt den 19. August als spätesten von ihm festgestellten Tag des Wechsels. Ich selbst erlegte im Gießwald am 2. September 1986 ein ansonsten gesundes und völlig normales Schmalreh, das den p3 gerade wechselte. Mit dem 3. Prämolar als Dauerzahn ist der Zahnwechsel abgeschlossen. Danach erfolgt die Altersschätzung nach der Abnutzung der Mahlzähne und wird damit höchst unsicher. Der Unterkiefer einer im Dezember erlegten Schmalgeiß kann dem einer zweijährigen Geiß nahezu gleich sein. Eine sichere Altersbestimmung beziehungsweise Unterscheidung ist zwischen Rehen im dritten und vierten Lebensjahr schon gar nicht mehr möglich.

Das Problem ist, dass erlegte Rehe, deren Zahnabschliff nicht mit den Abschussvorgaben übereinstimmen, nicht mehr reanimiert werden können!

Hoffnung auf Zementzonen

NEUHAUS schreibt in dem 1978 erschienenen Buch „Das Rehwild“: *„Mit Hilfe eines Mikroskops, manchmal auch erst nach chemischer Entkalkung des Präparates, lassen sich die Jahresringe zählen.“* – In der Praxis funktioniert das allerdings keineswegs sicher. Die Zonen liegen in vielen Fällen so eng beieinander, dass sie nicht zuverlässig gezählt und unterschieden werden können. Diese Erfahrung machte auch HOLZAPFL (1986), der im Rahmen des Wildforschungsprojektes „Optimale Schalenwilddichte“, das Alter von Rehen mit Hilfe der Zahnzementmethode ermittelte. Die Zahnschnitte wurden unter einem Stereomikroskop bei 40- bis 630-facher Vergrößerung betrachtet. Nur bei 3 von insgesamt 55 untersuchten Zähnen ließen sich die Zonen eindeutig bestimmen. Das bedeutet, dass es eine wirklich sichere Altersbestimmung auch für tote Rehe nicht gibt ! Wir sollten auch einmal darüber nachdenken, welchen Sinn es macht, von Jägern eine eindeutige Altersbestimmung am lebenden Reh, noch dazu auf meist erhebliche Entfernung und bei häufig sehr schwierigen Lichtverhältnissen, vorzunehmen, wenn wir schon am toten Reh scheitern?

Wer immer noch selbstsicher aus dem Zahnabschliff lesen will wie aus Kaffeesatz, der denke an die so völlig unterschiedliche Zahnabnutzung bei uns Menschen!

Unsere Experten

Bringen wir es auf den Punkt: Dass die Kriterien wenig brauchbar sind, nach denen viele von uns glauben, das Alter eines Rehs bestimmen zu können, ist nicht neu. Vielmehr schrieb STRÖßE bereits 1935:

> Angebliche Zeichen des Alters, wie grauer Kopf, Stirnlocken, Dachrosen, Stärke der Rosenstöcke, besondere Gehörnformen usw. treffen häufig nicht zu.

Inzwischen sind achtzig Jahre vergangen, und es hat sich in manchen europäischen Ländern kaum etwas geändert. Halbwegs sicher sind bei den Böcken wie bei den Geißen die Jährlinge von den Mehrjährigen zu unterscheiden. Doch das Alter mehrjähriger Böcke ist nicht annähernd sicher zu bestimmen. Gut – ein Rehbock kann auf den ersten Blick jung oder alt wirken, und dieser Eindruck kann auch stimmen. Aber wir können nicht annähernd sicher sagen, ob ein Bock drei oder fünf Jahre alt ist. Wir können nur rätseln und spekulieren. Was wir schon bei den Böcken nicht können, klappt bei den Geißen dreimal nicht.

Wer regelmäßig Trophäenschauen besucht und aufmerksam die ausgestellten Geweihe studiert, der findet dort nicht selten Jährlinge, die als zwei- oder gar dreijährige Böcke deklariert wurden. Und von den wirklich starken Geweihen gehören die wenigsten zu alten Böcken. Das deckt sich mit den Untersuchun-

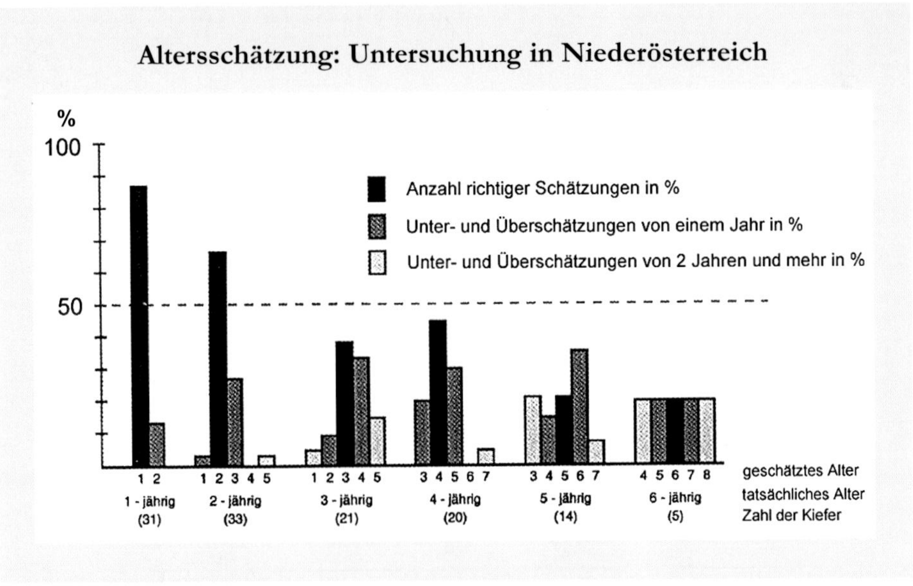

Ergebnis aus insgesamt 5.658 Altersschätzungen. Bei den Unterkiefern sechsjähriger Rehe wurden nur noch 20 % richtig erkannt. (Grafik: REIMOSER U. A. 2004)

gen REIMOSERS (1993), der nur mit Nummern versehene Unterkiefer markierter Rehe aus Niederösterreich sowohl Trophäen-Bewertungskommissionen als auch „Laien" zur Altersbestimmung vorlegte. Von den Experten wurden 21 % der Jährlingsunterkiefer älteren Rehen zugeordnet. Wenn aber nicht einmal die Experten den Unterkiefer eines Jährlings sicher von dem eines älteren Rehs unterscheiden können, was will ich dann von einem Durchschnittsjäger erwarten?

Bemerkenswert war die Feststellung, dass die „Laien" (Jäger wie du und ich) auch nicht signifikant schlechter schätzten als die Experten.

Schon RIECK (1970, zitiert bei STUBBE 1990), der über eine große Zahl Unterkiefer markierter Rehe verfügte, stellte fest, dass bei der Altersschätzung nach Zahnabschliff und Dentinfarbe mit einer hohen Fehlerquote zu rechnen ist.

Stubbe legte 25 skelettierte Rehschädel aus dem Wildforschungsgebiet Hakel 117 Jägern zur Altersbestimmung vor. Die Ergebnisse waren erstaunlich. Selbst die Jährlinge wurden nur von zwei Drittel aller befragten Jäger richtig erkannt. Weniger als ein Drittel der befragten Jäger erkannte die mittelalten Böcke richtig. Rehe, die fünf und mehr Jahre alt waren, wurden von weniger als einem Sechstel der Jäger richtig zugeordnet.

Entscheidend und direkt skandalös ist aber, dass Jäger aufgrund solcher, keiner wissenschaftlichen Überprüfung standhaltenden Schätzung öffentlich durch die Verteilung von Punkten diskreditiert wurden!

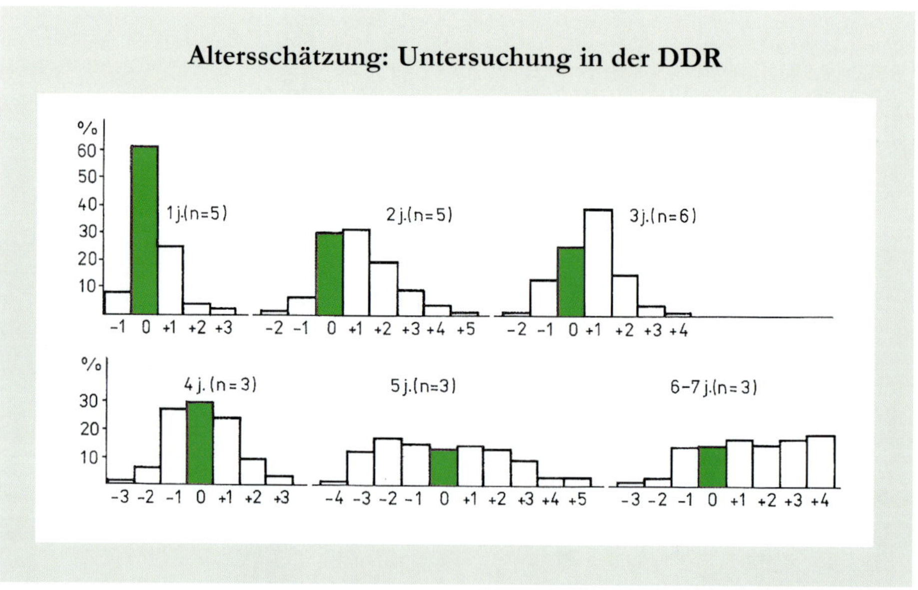

In der DDR wurden selbst bei den Jährlingen nur 60 % der Unterkiefer richtig eingeschätzt. Bei den Unterkiefern der 5- und 6-jährigen Böcke nannten nur noch wenige Jäger das tatsächliche Alter. Die meisten schätzten viel zu hoch. (Grafik: STUBBE 1990).

Zahnwechsel mit rund einem Jahr.
Die Prämolaren 2 und 3 erscheinen gerade als Dauerzähne; die Milchzähne sitzen noch obenauf.

Zuweilen habe ich bei uns den Eindruck, dass Jährlingsspießer von der „Trophäenbewertungskommission" als Jährlinge, Jährlingsgabler ziemlich konsequent als Zweijährige und Jährlingssechser als Dreijährige eingeordnet werden, womit alles seine gute Ordnung hat.

Wie alt werden Rehe überhaupt?

Wenn es unser Ziel ist, möglichst viele alte Böcke zu haben, müssen wir doch zuerst fragen, wie alt Rehe überhaupt werden. Nun werden Rehwildbestände durch die Jagd ständig manipuliert. Daten aus völlig unbejagten und in freier Wildbahn lebenden Beständen liegen nur wenige vor. Sehr wohl aber können wir erlegte und durch andere Faktoren ums Leben gekommene Rehe miteinander vergleichen. Zwar kann ein Reh, das dreijährig geschossen wurde, nicht im Alter von zehn Jahren eines natürlichen Todes sterben. Wohl aber sehen wir, ob die jagdliche Sterblichkeit eine grundsätzlich andere Kurve zeigt wie die übrige Sterblichkeit.

Unbestritten ist, dass einzelne Rehe ein respektables Alter von deutlich über zehn Jahren erreichen können. Doch das scheinen eher Ausnahmen zu sein. Im Schnitt erreichen Rehe kein sehr hohes Alter.

In der Literatur werden als Höchstalter freilebender Rehe mehrfach 16 und 17 Jahre angegeben (Rieck, Bieger/Wahlström, zitiert bei Stubbe 1990). In diesem Alter dürften die Mahlzähne weitgehend abgenutzt sein und das Zerkleinern der Nahrung, besonders im Winter, mühsam werden. Es ist naheliegend, dass stark bejagte Rehwildbestände im Vergleich zu völlig unbejagten ein eher niedriges Durchschnittsalter aufweisen. Dies scheint jedoch nicht grundsätzlich der Fall zu sein. Andersen untersuchte 1953 in Dänemark Rehe eines zuvor völlig unbejagten Vorkommens, die dann bei einem Totalabschuss erlegt und

> *„Grundsätzlich ist jeder Jäger gut beraten, wenn er davon ausgeht, dass es auch in einer intakten Population wenige alte Rehe gibt. Die meisten Rehe sind jung oder mittelalt.“*
>
> Christoph Stubbe, Rehforscher

untersucht wurden. Bei den männlichen Rehen stellte er ein Durchschnittsalter von1,7 Jahren fest und bei den Geißen eines von 2,2 Jahren, also im Schnitt nur 1,9 Jahre!

Das ist fast unglaublich wenig, deckt sich aber mit Angaben anderer Wissenschaftler. So ermittelte Ellenberg (1978) in Stammham im dortigen Versuchsgatter ein durchschnittliches Alter von 2,3 bis 2,7 Jahren. Dabei ist zu berücksichtigen, dass die Rehe dort ganzjährig gefüttert wurden, wodurch eventuell die Sterblichkeit in den ersten beiden Lebensjahren geringer war als unter „normalen“ Verhältnissen.

In Westpolen stellten Bobek u. a. (1974, zitiert bei Stubbe 1990) ein durchschnittliches Alter von nur 2,4 Jahren fest, wobei nur 15,5 % aller Rehe älter als 3 bis 4 Jahre wurden.

Geweihmerkmale

Jährlinge sind mehr als Spießer

Viele ältere Jäger glauben noch, an Geweihmerkmalen das Alter eines Rehbocks zu erkennen. So musste ich selbst noch lernen, dass man Jährlinge daran erkennt, dass sie keine Rosen tragen und ihre Spieße nicht geperlt sind. Tat-

> *„Wenn das männliche Rehkalb sechs Monate alt ist, so bekommt es die ersten 10 bis 15 Zentimeter langen, nahe beisammen und fast gerade aufrecht stehenden Spieße … Gewöhnlich bekommen die Rehböcke im zweiten Jahr wieder Spieße, die aber etwas stärker sind, oder auch ein Gabelgehörn, und im dritten Jahr setzen sie entweder ein Gabelgehörn oder ein Gehörn von 6 Enden auf.“*
>
> Georg Ludwig Hartig, Jagdlehrbuch-Verfasser (1812)

Jahrling.

Eisgraues Gesicht, 21 Zentimeter Stangenhöhe, Dachrosen und 18 Kilogramm aufgebrochen … und dennoch eindeutig erst ein Jährling!

sächlich haben fast alle Jährlinge Rosen und zumindest teilweise auch Perlen. Andererseits können ältere Böcke glatte Stangen tragen.

Jährlingsböcke sind auch nicht automatisch Spießer, und Spießer sind nicht automatisch Jährlinge. Grundsätzlich haben Rehböcke die genetische Voraussetzung zu „Höherem". Es ist nur die Frage, ob ihre Energiebilanz etwas Höheres zulässt. Selbst in mäßigen Revieren schafft es ein Teil der Jährlinge zum Gabler, ja sogar zum Sechser. Meist sind mehr Gabler als Spießer anzutreffen. Es ist aber äußerst bequem, Jährlingsgabler postmortal zu schlechten Zweijährigen zu befördern. Damit wird aus einem „Fehlabschuss" ein „Hegeabschuss". In den von mir verwalteten Revieren waren mindestens 20% der Jährlingsböcke Sechser. Gelegentlich wurden sie dann auf der Trophäenschau von den Bewertern in den Rang von Zweijährigen erhoben.

So einen Jährling zeigt das Foto oben. Unser Chef hatte ihn erlegt, und ich brachte ihn samt Original-Unterkiefer zur Trophäenschau. Dort wurde er postmortal dreijährig und ich wegen des Original-Unterkiefers als kleiner Betrüger eingestuft.

Wozu Jährlinge befähigt sind, hat eindrucksvoll Herzog Albrecht von Bayern in seinem Buch „Über Rehe in einem steirischen Gebirgsrevier" demonstriert. Sie müssen nur ausreichend gute Nahrung finden – und auch als Jährlinge erkannt werden. Mit vielen dieser steirischen Jährlinge hätten nicht wenige Rehjäger ihre Ansprechmühen gehabt, denn wer hält schon ein Durchschnittsgewicht der Jährlingsabwürfe (ohne Schädelknochen) von 102 Gramm für möglich, oder wer würde gar hinter einem regelmäßigen Achterbock einen Jährling vermuten?

Die Figur

Jährlinge

In der Regel sind Jährlingsböcke bis in den Hochsommer hinein und darüber hinaus an ihrer jugendlichen Figur ziemlich leicht und sicher zu erkennen. Da muss man nicht am Gewicht oder anderen Merkmalen herumdeuteln. Trotzdem gibt es gelegentlich Ausnahmen, und diese mehren sich überall dort, wo überhöhte Rehwildbestände reduziert werden, einfach weil plötzlich viel stärkere Rehe auftreten. Da kann es leicht vorkommen, dass ein Jährling im Körperbau einen Mehrjährigen übertrifft. Es gibt vereinzelt auch Jährlinge, bei denen man rätseln muss, ob es sich nun um einen ein-, zwei- oder gar dreijährigen Bock handelt.

In der Adelegg betrug das bahnfertige Durchschnittsgewicht der mehrjährigen Böcke in meinem letzten Dienstjahr 1973 17,5 Kilogramm. Infolge der fast ganzjährigen Fütterung – und des drastisch angehobenen Abschusses (!) – waren die Jährlinge insgesamt „großrahmiger", was sich deutlich in der Schädellänge (jeder Schädel wurde vermessen), vor allem aber im Gewicht niederschlug. Die stärksten brachten bahnfertig bis zu 20 Kilogramm auf die Waage. Wenn aber ein vielleicht dreijähriger Bock mit nur 15 Kilogramm neben einem Jährling mit 20 Kilogramm steht, kann auch das Erkennen eines Jährlings schwierig sein, zumal dann, wenn sich beide Böcke im Geweih ebenbürtig sind.

Erlaubt sei noch folgende Anmerkung: Die Geweihgewichte waren in der Adelegg nur so lange hoch, als auch der Abschuss hoch war. Als weniger Rehe erlegt wurden, gingen die Wildbret- wie die Geweihgewichte spontan zurück, obwohl im selben Maße gefüttert wurde. In späteren Jahren wurden aber in Revieren der näheren und weiteren Umgebung regelmäßig Jährlingsböcke mit bis zu 22 Kilogramm aufgebrochen erlegt – bei sehr starken Reduktionsabschüssen und bei Verzicht auf die Winterfütterung!

Noch ein Merkmal gibt es, das uns das Alter eines Rehbocks verraten soll – die Gesichtsmaske. Jährlinge haben nach dieser Theorie ein buntes Gesicht. Stimmt – immer dann, wenn sie kein ausgesprochen schwarzes, graues oder sonstwie gefärbtes Gesicht haben. Eine sichere Regel gibt es auch hier nicht. Rehe sind einfach Persönlichkeiten, und ihre Gesichter sind Ausdruck der Persönlichkeit. Schon Jährlinge können eisgraue Gesichter haben und diese über Jahre beibehalten. Ebenso können Dreijährige bunte Jährlingsgesichter haben. Richtig scheint zu sein, dass es im Alter einen gewissen Trend zur Graugesichtigkeit gibt.

Gerade was den Abschuss von Jährlingsböcken betrifft, wird noch vielfach die Meinung vertreten, es dürften nur die schwächsten erlegt werden. Selbst

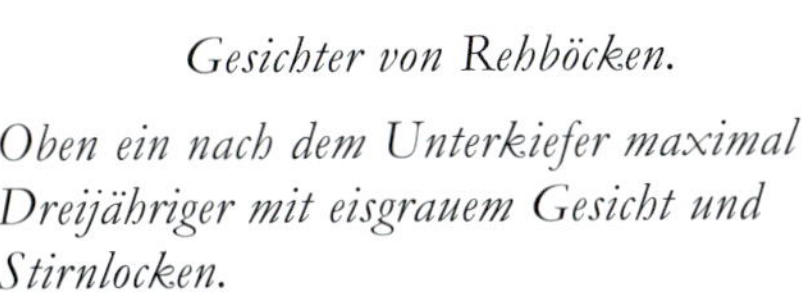

Gesichter von Rehböcken.

Oben ein nach dem Unterkiefer maximal Dreijähriger mit eisgrauem Gesicht und Stirnlocken.

Oben rechts ein nach dem Unterkiefer alter Bock mit starken Dachrosen und fast schwarzem Gesicht.

Rechts ein nach dem Unterkiefer ziemlich alter Bock mit buntem Gesicht.

dort, wo die jagdliche Obrigkeit tolerant ist und die Jäger sogar motiviert, bei den Jährlingen nicht kleinlich zu sein, halten viele Jäger an alten Vorstellungen fest. Für sie trägt der Standardjährling immer noch Knöpfe oder kurze Spieße. Selbst über den Abschuss lauscherhoher Spießer wird heftig diskutiert, Gabler

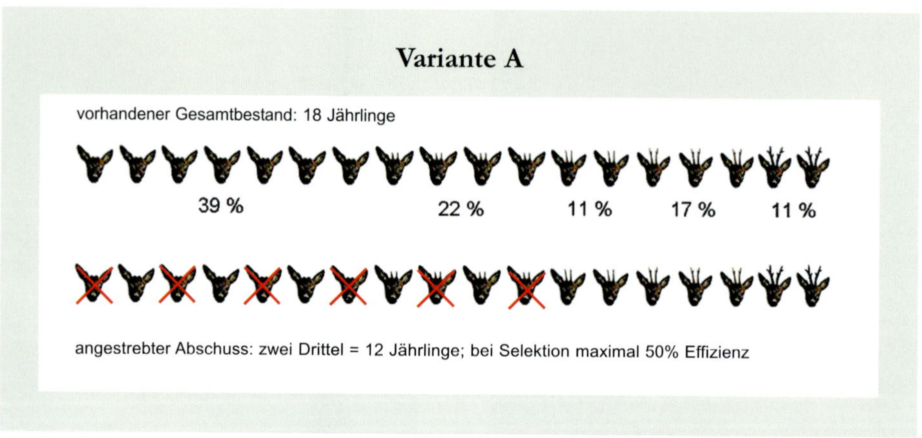

Grobe Aufteilung von 18 Jährlingen in 5 Klassen (I).

Variante A = geringe Körper- und Geweihentwicklung, bei Selektion der Schwachen.
Vorgesehener Abschuss zwei Drittel, maximal 50 % Effizienz.
7 Knopfböcke und Spießer blieben übrig.

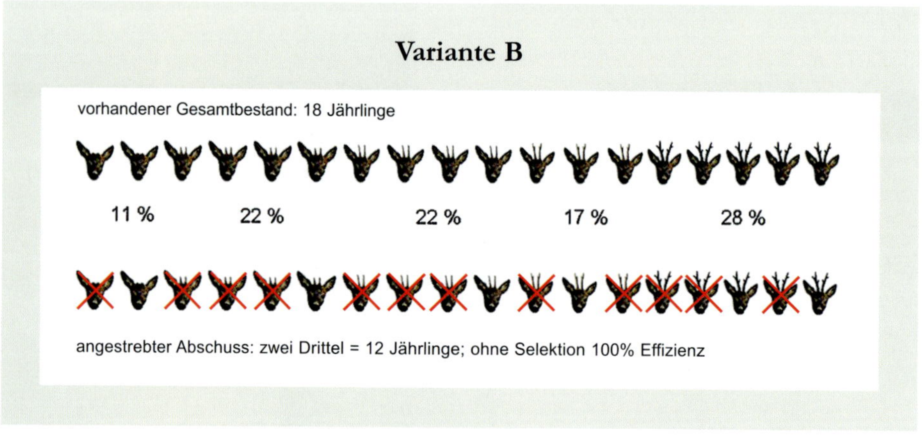

Grobe Aufteilung von 18 Jährlingen in 5 Klassen (II).

Variante B = bessere Körper- und Geweihentwicklung, ohne Selektion.
Vorgesehener Abschuss zwei Drittel, 100 % Effizienz.
3 Knopfböcke und Spießer blieben übrig.

oder gar Sechser sind grundsätzlich tabu. Wer so vorgeht, wird weder zu weniger noch zu stärkeren Rehen kommen. Er züchtet die Unterdurchschnittlichen! Wenn zwei Drittel der gesehenen Jährlinge erlegt werden sollen, muss auch voll in die qualitative Mittelklasse eingegriffen werden. Wer es nicht tut, überlässt diese Aufgabe der Natur.

Rehbock „Heinz".

Ein markierter Sechsjähriger (Schlappohr), kurz vor seinem natürlichen Tod. Er macht einen „alten" Eindruck, den er erst im Jahr seines Todes bekommen hat.

Rehbock „Hansi".

„Hansi", der bei uns ums Haus lebte und an einem eingeschlitzten Lauscher kenntlich war, in seinem letzten Lebensjahr. Er wurde mindestens zehn Jahre alt, da er schon erwachsen war, als wir unser Haus kauften. Ein Jahr vor seinem Tod machte er noch einen ausgesprochen jugendlichen Eindruck.

Die markierten Böcke, die ich kannte, bekamen erst am Ende ihres Lebens „typische" Altersgesichter – unabhängig von ihrem tatsächlichen Alter!

Über all diesen Gedanken zu Alter und „Güte" von Rehböcken wie Rehen generell hängt doch die Frage nach unserem Selbstverständnis. Was wollen wir eigentlich sein: erstklassige Jäger oder drittklassige „Rehzüchter"?

Wer von uns Menschen dürfte sich noch fortpflanzen, wenn für uns ähnlich unsinnige Wertungen und Klassifizierungen gelten würden wie für Rehe?

Es ist natürlich keineswegs wissenschaftlich, wenn ich empfehle, die Ansprechkünstler unter uns mögen sich im Sommer in eine der Fußgängerzonen von Graz, Warschau oder Stuttgart in ein Straßencafe setzen und die dort vorbeiflanierenden Damen – deren Gesichter nicht zu sehen sind – auf normale „Schussentfernung", also so zwischen fünfzig und hundert Metern, anhand ihrer Figur auf ihr Alter hin anzusprechen. Ich empfehle es dennoch, weil jeder, der es einmal gemacht hat – sobald die Damen näher und ihre Gesichter erkennbar sind – an der eigenen Ansprechkunst zweifelt! Schönheits- und Schlankheitswahn und Modebewusstsein haben unsere Frauen äußerlich stark vereinheitlicht. Früher war eine vierzigjährige Frau schon an ihrer Kleidung ziemlich problemlos von einer zwanzigjährigen zu unterscheiden. Heute kleiden

Es gibt genug wissenschaftliche Nachweise dafür, dass das Alter mehrjähriger unmarkierter Rehe nicht feststellbar ist. Es gibt ebenso viele Jäger, die behaupten, das zu können. Aber es gibt keine einzige Untersuchung, die zeigt, dass man es kann!

sich viele Sechzigjährige wie Zwanzigjährige. Nicht anders ist es bei unseren „Rehdamen", auch sie tragen Einheitslook. Allerdings fällt an einer Rehgeiß ein Plus von zwei Kilogramm Wildbret weniger auf als zwanzig Kilogramm „Wohlstandspolster" bei unseren Ehefrauen. Nun wird aber niemand ernsthaft bestreiten wollen, dass uns die eigene Art weit vertrauter ist als die der Rehe.

Altersabhängiges Verhalten

Beobachtung und Deutung

Rehe sind Persönlichkeiten, und ihr Verhalten wird nicht nur von ihrem Alter bestimmt. Es gibt einfach „freche" und „vorsichtige", „phlegmatische" und „temperamentvolle" Rehe. Also ist ihr Verhalten auch nicht altersabhängig genormt. Trotzdem gibt es gewisse Verhaltensweisen, die uns etwas über das Alter eines Rehes sagen können. Dazu gehört beispielsweise, dass Jährlinge von erwachsenen Böcken verjagt werden. Böcke, die heute hier und morgen dort auftauchen, werden noch kein eigenes Revier haben und somit auch nicht alt sein.

Manchmal geraten wir auch in Zweifel, etwa wenn ein besonders starker und schon etwas erwachsen wirkender Jährling einen eher schwachen Zweijährigen auf Trab bringt. Ganz schnell wird er dabei selbst zum Zweijährigen erklärt und – erschossen. Typisch hat er sich dann jedenfalls nicht verhalten.

Manchmal deuten wir bestimmte Verhaltensmuster auch falsch. So werden Böcke, die sehr spät austreten und sich immer wieder sichernd am Waldrand aufhalten, gerne als besonders alt angesprochen. Gut, das kann so sein, aber häufig sind es auch besonders junge Böcke, die sich erst herauswagen, wenn der ältere Revierinhaber bereits weiter draußen in den Wiesen oder Feldern steht.

Wer Gelegenheit hat, ausgiebig Rehböcke zu beobachten (und als „Beweisstücke" zu erlegen!), der kennt aber auch jene verdrückten, schwachen Gestalten, die überall gejagt werden, kuschen müssen und meist nicht viel mehr auf dem Schädel haben als ein durchschnittlicher Zweijähriger. Sie werden nach der

Erlegung – sofern man dem Zahnabschliff trauen will – zuweilen als recht alte Bewohner des Reviers erkannt, die ihre Territorialität bereits aufgegeben haben. Vielfach sind äußerlich kaum mehr erkennbare Verletzungen die Ursache.

Fegen alte Böcke mehr als junge?

Häufig wird die Meinung vertreten, alte Böcke würden öfter und heftiger fegen als jüngere. Das ist nicht belegbar. Überdies sind Böcke ebenso Sklaven ihrer momentanen Gemütszustände. Begegnungen oder gar Konfrontationen mit Nachbarn können dazu führen, dass sie „Dampf ablassen“. Ein schwüler Tag mit großer Insektenplage mag zu Unmut führen, der abreagiert wird. Ebenso sind gegenteilige Situationen denkbar. Zunächst aber wird es auch unter den Rehböcken gelassene und hitzige geben, solche, die sich schnell aufregen, und solche, die nichts aus der Ruhe bringt.

Nach meinen Beobachtungen fegen jene Böcke am heftigsten, die erst im Laufe des Frühsommers einen eigenen Wohnraum übernehmen, weil dessen Vorbesitzer ums Leben kam. Sie scheinen bestrebt, die alten Duftmarken durch möglichst viele neue außer Kraft zu setzen. Daher macht es ja auch wenig Sinn, einen Bock nach dem anderen zu erlegen, um damit ein oder zwei Dutzend Laubhölzer zu retten, die beispielsweise in ein Käferloch gepflanzt wurden.

Zum Verhaltensrepertoire der Rehe gehört auch der Gebrauch der Stimme. Schreckt ein Bock tief, wird ihm schnell ein hohes Alter angeheftet. Hat er eine hohe Stimme, wird er jung eingeschätzt. Mit Sicherheit gibt es aber auch bei den

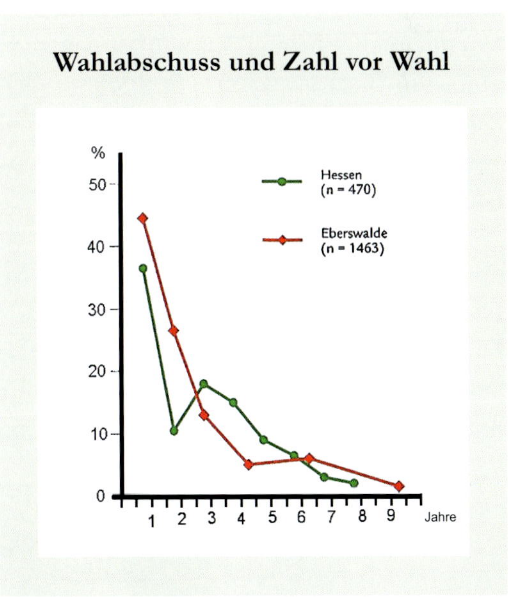

Die beiden Kurven – Wahlabschuss in Hessen und Totalabschuss im Wildforschungsgebiet Hakel – gleichen sich. Beim Wahlabschuss wurden sogar mehr 3- und 4jährige Böcke erlegt als beim Totalabschuss. Eigentlich sollten beim Wahlabschuss gerade die Böcke der mittleren Altersklasse geschont werden. (Grafik: KURT 1991)

Rehböcken in allen Altersklassen Tenöre und Bässe. Die Stimmlage ist folglich auch kein sicheres Merkmal.

Der kritische Leser wird spätestens jetzt berechtigt fragen, wozu wir hier seitenlang über Altersmerkmale der Rehböcke sprechen, wenn unterm Strich letztlich nur wenige brauchbare Merkmale übrigbleiben? Ganz einfach: um zum längst fälligen Abbau teils völlig überholter Vorstellungen und Lehrmeinungen beizutragen; aber auch, um zu zeigen, mit welch sinnlosen Forderungen Staat und Verbände uns Jäger mancherorts noch belasten und welcher Unfug hier und dort immer noch den Jungjägern gelehrt wird.

Es gibt ausreichend gut dokumentierte und auch für den Nichtwissenschaftler nachvollziehbare Untersuchungen, die zeigen, dass wir – ob wir wollen oder nicht – bei den mehrjährigen Rehen dem Zufallsprinzip unterliegen. Es gibt für mehrjährige Rehe einfach keine brauchbaren Altersmerkmale, und wir dürfen getrost davon ausgehen, dass vor uns niemand nach solchen gesucht oder gar nach solchen gejagt hat – weder Luchs, noch Winter, noch Neandertaler!

Wohnraum als sozialer Status

Wer unbedingt ältere Rehböcke erlegen will, der darf sich nicht von der Wahrsagerin beraten lassen. Er muss das Verhalten der Rehböcke berücksichtigen. Eigentlich ist der Weg zum älteren Rehbock ganz einfach: Die meisten Böcke beziehen mehrheitlich gegen Ende ihres zweiten Lebensjahres einen eigenen Wohnraum (allgemein als „Territorium" bezeichnet und nicht identisch mit dem „Home range" genannten Jahresstreifgebiet). Haben sie ihn bezogen und durch Plätzen und Fegen markiert, dominieren sie dort auch gegenüber älteren und stärkeren Artgenossen. Sie haben sozusagen einen Amtsinhaber-Bonus. Vor allem aber halten sie mehrheitlich auch in späteren Jahren an diesem Wohnraum fest (Ellenberg 1978 und Strandgaard 1972, zitiert bei Kurt 1991). Daran ändert sich auch nichts, wenn ein benachbarter Wohnraum durch den Verlust seines Besitzers frei wird oder wenn sich der eigene Wohnraum durch äußere Einflüsse (etwa Holzernte) verändert.

Viele derartige Wohnräume werden von den Böcken einfach durch Zufall erworben. Es gilt sozusagen das Sprichwort: „Wer zuerst kommt, mahlt zuerst." Ist die Wilddichte hoch und sind zwei oder mehr Interessenten zur Stelle, kommt der ranghöhere Bock zum Zug. Die Ranghöhe ist aber nicht von der Stärke, der Endenzahl oder der Höhe des Geweihes abhängig, nicht einmal unbedingt vom Körpergewicht, eher vom Alter und/oder von der Erfahrung.

Rehböcke sind weder Spekulanten noch Immobiliensammler!

Ist neben einem Zweijährigen auch ein Dreijähriger am Erwerb interessiert, ist dieser aufgrund seiner mit dem Alter verbundenen Lebenserfahrung einfach im Vorteil (Kurt 1991).

In sehr dünn besiedelten Lebensräumen kann es durchaus vorkommen, dass schon starke Jährlinge territoriales Verhalten zeigen und sogar eigene Wohnräume besetzen. Diese Wohnräume sind relativ klein. Die Größenangaben driften in der Literatur deutlich auseinander, da die Untersuchungsgebiete meist nicht vergleichbar sind. Im reinen Waldgebiet dürften sie oft nicht größer als 10 bis 15 Hektar sein.

Vergrößerung des eigenen Wohnraumes ist nicht unbedingt vorteilhaft, denn sie kostet Energie. Der Besitz bleibt ja nur erhalten, wenn der Wohnraum ständig markiert und überwacht wird. Muss nun ein Bock mehr Zeit für Kontrolle und Markierung aufwenden, fehlt ihm diese bei der Nahrungsaufnahme und beim Ruhen.

Die Territorialität setzt beim Bock ein, wenn er sein Geweih verfegt hat, und endet etwa mit der Brunft. Manche Böcke werden schon zu deren Beginn verträglich. Daher können in der Brunft an einem bestimmten Platz Böcke auftauchen, die man dort zuvor nie gesehen hat. Es gibt aber auch Böcke, die erst gegen Ende der Brunft die Verteidigung ihrer Sommerwohnräume aufgeben.

Was aber hat das alles mit dem Alter eines Rehbocks zu tun, was hilft es uns, wenn wir einen möglichst alten Rehbock suchen? Ganz einfach: Wird irgendwo ein Rehbock erlegt oder kommt er anderweitig ums Leben, wird der dadurch freigewordene Wohnraum ziemlich sicher von einem Zweijährigen bezogen. Der kann durchaus schon ein respektables Geweih tragen. Nun hört man immer wieder von Jägern, dass an diesem oder jenem Platz im Revier Jahr für Jahr ein „guter“ Rehbock stehe. Folglich wird dort auch immer wieder ein

Sommerwohnräume dreier Böcke im Revier Gründels.

Die farbigen Punkte zeigen, wo die Böcke im Lauf eines Jahres gesehen wurden. Wird einer erlegt, bezieht wahrscheinlich ein Zweijähriger den freigewordenen Wohnraum. Das bedeutet aber, dass dort in den nächsten drei Jahren kein fünfjähriger Bock zu erwarten ist.

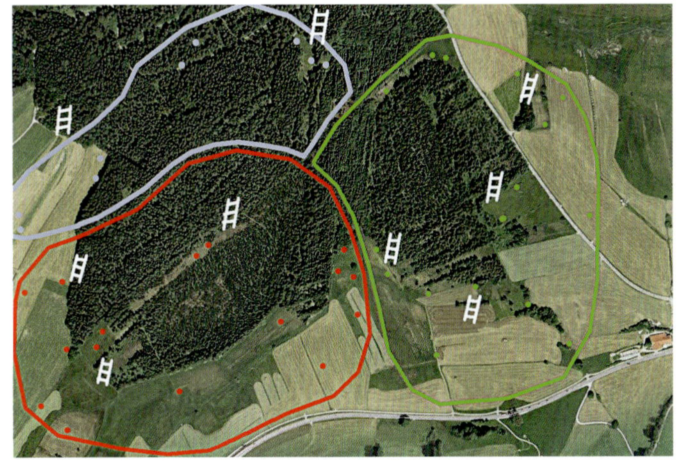

„guter" Rehbock geschossen, der aber höchst selten wirklich alt ist. Der Jäger muss einfach Zeit haben und nach Erlegung eines Bockes einige Jahre warten. Diese Empfehlung ist insofern zweifelhaft, weil heute in stark zersiedelten und von Verkehrswegen zerschnittenen Revieren viele Rehböcke auch dann nicht besonders alt werden, wenn sie nicht erlegt werden.

Nun sehen wir an einem bestimmten Platz, etwa einer Waldwiese, nicht unbedingt nur *einen* Rehbock. Der Platz kann ja im Grenzbereich zweier Wohnräume liegen. Er kann auch an eine freie Nische grenzen, die sich Jährlinge und vielleicht noch ein Zweijähriger teilen. Natürlich kommt es auch immer wieder zu Grenzüberschreitungen, oder ein suchender Bock taucht auf. Wie aber soll der Jäger erkennen, welcher Bock nun wirklich hier wohnt und welcher nicht? Nun, das ist im Frühsommer – dann, wenn die meisten Böcke erlegt werden – gar nicht so schwer.

Böcke, die sich ausweisen

Territoriale Böcke, also solche, die einen eigenen Sommerwohnraum haben, lassen sich in der zweiten Mai- und ersten Junihälfte ganz gut von anderen Böcken unterscheiden. Sie senken nämlich ihre Hoden (das „Kurzwildbret") ab, wodurch sie leicht zu erkennen sind. Genau genommen machen das alle Rehböcke. Dieses Absenken erfolgt jedoch – bei den bereits wohnungs- oder revierbesitzenden Böcken – mehrheitlich in der zweiten Maihälfte, während Böcke, die noch auf der Suche nach einem eigenen Sommerwohnraum sind, die Hoden zu dieser Zeit noch hoch zwischen den Keulen tragen. Der farbliche Unterschied (revierlos = braun, revierbesitzend = fast weiß) ist ganz einfach zu erklären. Hängt das Kurzwildbret tief nach unten, wird die Haut angespannt, und die Haare stellen sich auf; die hellen Haarschäfte geben, hier wörtlich zu nehmen, den (Farb-)Ton an. Hochgezogen legen sich die Haare sauber übereinander, und die roten Spitzen überdecken die hellen Schäfte.

Gelegentlich bekomme ich eine Horror-Vision: Wir Jäger müssten jedes Frühjahr unsere jagdliche Eignung durch Alters- und Gewichtsschätzung neu beweisen. Jedem werden fünf erlegte Rehe unterschiedlichen Alters und Gewichtes vorgelegt, an die er auf fünf Meter herangehen darf. Wer mehr als zwei falsch ansagt, darf nicht mehr jagen – schließlich kann er ja nicht ansprechen! Ob dann immer noch so viel und so selbstsicher vom Ansprechen geredet würde?

Territorialverhalten.

Eine ganz typische Situation: Dieser vermutlich erst zwei- oder dreijährige territoriale Bock (nach Angabe des Fotografen) hat gerade einen Jährling aus seinem Wohnraum gejagt, dessen Grenze der Weg darstellt. Weiter wird der Jährling nicht verfolgt. Der „Hausherr“ läuft betont steifbeinig auf dem Weg hin und her und schlägt immer wieder mit einem Vorderlauf in Richtung des flüchtigen Jährlings.

Mitte Juni verschwinden diese Unterschiede. Auch bei den „wohnungslosen“ Böcken ist der Testosteronspiegel dann so hoch, dass sich das Kurzwildbret absenkt. Aber jetzt, Anfang Juni, gibt uns seine Position eine recht zuverlässige Auskunft über den Status und damit auch über die Altersstufe eines Rehbocks!

Warum senkt sich das Kurzwildbret ab? Im Frühjahr tragen alle Böcke ihr Kurzwildbret hoch zwischen den Keulen. Dort ist es „schön“ warm. Wärme bremst die Bildung des Geschlechtshormons Testosteron. Böcke mit eigenem und verteidigtem Sommerwohnraum haben Stress, weil sie ihre Wohnräume ständig kontrollieren und markieren und sich mit Eindringlingen auseinandersetzen müssen. Dieser Stress führt zum Absenken der Hoden (ELLENBERG 1974). Während die Temperatur leicht fällt, steigt die Testosteronproduktion. Testosteron löst wiederum das territoriale Verhalten der Reviermarkierung und Revierverteidigung aus. Nach und nach steigt der Stress auch bei den übrigen Böcken, und sie senken ebenfalls ab. Aber in der zweiten Mai- und ersten Junihälfte ist die Lage des Kurzwildbrets ein recht brauchbarer Weiser.

Alter Bock – starkes Geweih?

Wunschdenken ...

Vermutlich würde niemand nach dem Alter eines Rehs fragen, wäre da nicht das Geweih und der Glaube, dieses würde mit jedem Jahr etwas schwerer und voluminöser. Daher will der Jäger einfach einen „alten" Bock schießen. Dieses Ziel soll ihm auch nicht genommen werden. Die Frage ist nur, wie er es erreichen kann? Was wir diesbezüglich gelernt haben, erinnert mich eher an Wahrsagerei.

Daraus ist den Jägern ja auch kein Vorwurf zu machen. Sie haben geglaubt und an folgende Generationen vermittelt, was ihnen von der Wissenschaft lange Zeit eingetrichtert wurde. Wagenknecht (1976, zitiert bei Stubbe 1990), zu seiner Zeit wohl der renommierteste Wildforscher der DDR, nennt 8 bis 10 Jahre als Zeitpunkt der Trophäenreife. Grundlage für seine These sind Medaillenböcke bzw. deren Alter. Letzteres wurde aber genau nach jenen Kriterien bestimmt, deren Aussagekraft bezweifelt oder widerlegt wird. Dass Erleger und Bewerter das Alter eher nach oben „drücken" liegt nahe. Dies umso mehr, je höher der Erleger eines Kapitalbocks in der jagdlichen, gesellschaftlichen oder politischen Hierarchie steht.

Eiberle (1976, ebenfalls zitiert bei Stubbe) sieht die Geweihkulmination der Rehböcke schon im Alter von 5 bis 7 Jahren und kommt dabei der Realität wahrscheinlich deutlich näher. Er untersuchte Rehe in der Schweiz, also einem Land, in dem die Trophäe bei weitem nicht die Rolle spielte und spielt wie in Deutschland, Österreich oder in den osteuropäischen Staaten. Strandgaard (auch er ist bei Stubbe zitiert) konnte die Geweihentwicklung von 9 Böcken in Dänemark verfolgen, die ihre stärksten Geweihe alle im Alter von 3 und 4 Jahren erreichten. Das deckt sich etwa mit den Erfahrungen im Wildforschungsgebiet Hakel, wo zwei Drittel aller Böcke ihr stärkstes Geweih ebenfalls in diesem Alter schoben (Stubbe 1990).

In der Adelegg erlegten wir 1973 einen Rehbock, der vierundzwanzig Stunden nach der Schädelpräparation noch 696 Gramm wog, bis dahin der stärkste Bock der Bundesrepublik Deutschland. Leider war er nicht markiert, jedoch wurde der skelettierte Schädel allen damals renommierten Instituten der BRD und Österreichs zur Altersbestimmung vorgelegt und als dreijährig eingeschätzt. Interessant bei diesem Bock war der Umstand, dass ich im Frühwinter an einer Fütterung eine seiner Stangen aus dem Jahr 1972 fand. Sie entsprach in Aussehen und Volumen (Wasserverdrängung) der Folgestange am erlegten Bock. Der Bock muss also schon im Alter von zwei Jahren ein nahezu gleiches Geweih getragen haben. Bemerkenswert ist auch, dass dieser starke Bock seinen

Petschäfte im Vergleich. Links Stange eines Rothirsches, in der Mitte die Abwurfstange eines zweijährigen, außerordentlich starken Rehbockes (des im Text genannten Adelegg-Bockes) und Abwurfstange eines drei- bis vierjährigen „normalen" Bockes.

mutmaßlichen Einstand – Fund der Abwurfstange und Erlegungsort – in einem eher locker bewaldeten, von der Talstraße gut überschaubaren Hang hatte und nur ein einziges Mal gesehen wurde – bei seiner Erlegung!

Den größten Schub als Zweijähriger

Die Mehrheit der Rehböcke von Weichselboden brachte den größten Zugewinn an Geweihmasse vom Jährling zum Zweijährigen. Danach tat sich nicht mehr viel. Die Geweihe der dreijährigen Böcke wogen im Mittel mehr als die der fünfjährigen. Der Sprung von drei auf vier Jahre war nur unbedeutend und konnte durchaus schon ein „Rücksprung" sein. Mit fünf Jahren fiel der Mittelwert bereits kontinuierlich ab.

In Weichselboden wurde zu Forschungszwecken sehr stark gefüttert. Es ist denkbar, dass in Revieren ohne Fütterung die Geweihkulmination der Rehböcke etwas nach oben verschoben wird. Zu diesem Schluss kommt im Prinzip auch Meunier (in Albrecht von Bayern 1986), wenn er feststellt, dass Böcke mit einem eher schlechten Ernährungszustand eher später die Geweihkulmination erreichen als gut ernährte Böcke. Es dürfte folglich auch ohne Fütterung ernährungsbedingte Unterschiede geben.

> *Wir müssen uns fragen, ob es Sinn und Aufgabe einer zeitgemäßen, mit dem Lebensraum Wald in Einklang stehenden Rehwildjagd ist, einen möglichst hohen Anteil möglichst alter Böcke zu produzieren, und welchen Vorteil dies für die Rehe selbst haben soll?*

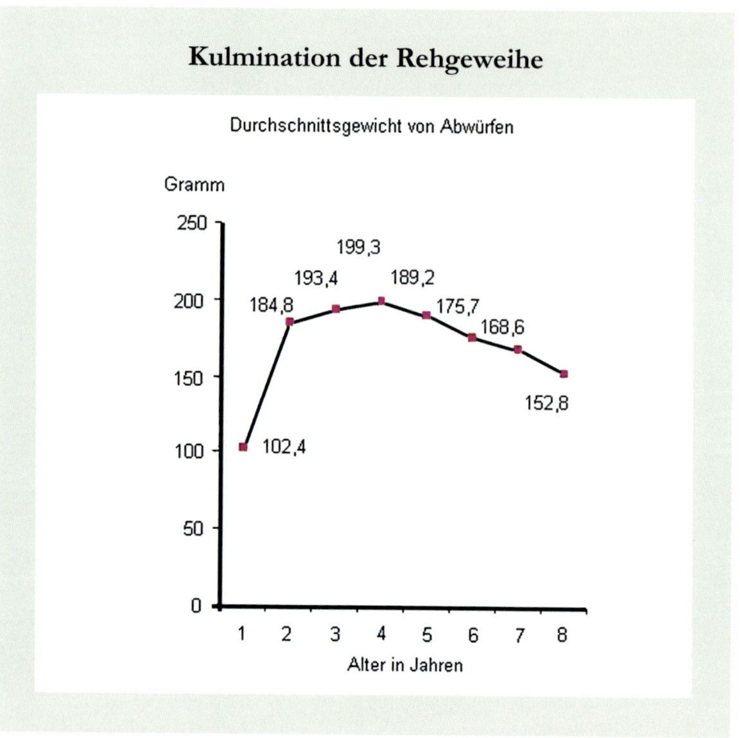

Im Schnitt aller ausgewerteten Abwurfserien betrug die Zunahme vom 2. zum 3. Geweih nur knapp 10 Gramm. Die Abnahme vom 4. zum 5. Geweih betrug 10,1 Gramm. (Daten: VON BAYERN 1986)

Wie sehr die Vorstellung, möglichst viele Böcke in der oberen Altersklasse zu haben, an der Realität vorbeigeht, zeigen die Ergebnisse der Markierungsaktion in Niederösterreich. Dort wurden im Lauf von zehn Jahren 4.026 Rehkitze mit Ohrmarken versehen. Davon lagen im Januar 2001 643 (15,7 %) Rückmeldungen vor. Lediglich 4,8 % aller rückgemeldeten Rehe waren zum Zeitpunkt ihres Todes (Fallwild und erlegtes Wild) sechs Jahre und älter. Das zeigt doch überdeutlich, wie utopisch die Vorstellung vieler Jäger und Jagdverbände bezüglich eines Zielalters, aber auch der Möglichkeiten des Ansprechens ist (REIMOSER, 2001)!

Wenn dennoch auf einem hohen Zielalter beharrt wird und die Erleger „falscher" Rehböcke auch noch sanktioniert werden, dann bedeutet das ein Beharren auf weit überhöhten Rehwildbeständen und die Akzeptanz einer breiten Schicht eher kümmernder Rehe. Weder verzichtet die natürliche Sterblichkeit auf Eingriffe in der Mittelklasse, noch gibt es irgendwelche körperlichen, am lebenden Reh erkennbaren Merkmale, an Hand derer sich dreijährige von sechsjährigen Böcken auch nur annähernd sicher unterscheiden lassen!

Geißen und Kitze

Geißen tragen keine Nummern

Wenn wir schon bei den mehrjährigen Rehböcken das Alter nicht zuverlässig bestimmen können, dann muss das bei den Geißen unmöglich sein. Früher und mancherorts heute noch ist immer wieder dann von alten „Geltgeißen“ die Rede, wenn eine Geiß in schlechter körperlicher Verfassung und nicht trächtig ist oder eben kein Kitz führt. Geißen machen aber vor allem dann einen alten Eindruck, wenn es ihnen schlecht geht und sie unterernährt sind. Die Ursache hierfür ist selten das Alter, eher sind es Krankheiten, Verletzungen und einfach die Folgen hoher Wilddichte. Schlechte Kondition ist nicht altersbedingt, aber sie führt vielfach dazu, dass eine Geiß nicht aufnimmt oder dass sie befruchtete Eier oder Föten wieder verliert.

Wir lernten noch, im Frühjahr die Färbetermine der Geißen zu notieren, denn angeblich wechselten die jüngeren Geißen früher in die Sommerdecke als die älteren. Gleiches praktizierten wir im Herbst, und beides war kompletter Unfug. Erstens sind wir nicht in der Lage, eine unmarkierte Geiß zweifelsfrei zu erkennen, und zweitens stimmt die Theorie über den altersabhängigen Haarwechsel nicht *(siehe auch Seite 39ff)*.

Es ist nachvollziehbar, dass nicht führende Geißen leichter Energiereserven für den Haarwechsel anlegen als solche, die für zwei Kitze Milch produzieren müssen. Natürlich können Erstere im Herbst früher und schneller das Haar wechseln als führende Geißen. In der Praxis kann der Glaube an den altersabhängigen Zeitpunkt des Haarwechsels reichlich Verwirrung stiften: Angenommen, eine wirklich alte Geiß führt nur ein Kitz, dann wird sie ihr Haar eventuell früher wechseln als eine junge Geiß mit zwei Kitzen!

> *„Unsere Versuche und Beobachtungen zeigen aber, dass Ricken, die nicht aufgenommen haben, unabhängig vom Alter jahreszeitlich früh verfärben. Im Gehege kann dieser Versuch durch wahlweises Hinzusetzen oder Weglassen eines Bockes während der Brunft verhältnismäßig einfach gesteuert werden. Hier verfärbt zum Beispiel selbst unsere älteste Ricke (10 Jahre), die nicht mehr aufnimmt, genauso früh wie ein Schmalreh.“*
>
> Helmuth Wölfel, Wildforscher

> *„Der Abschuss soll beim weiblichen Wild in erster Linie im Kitzalter, bei den Schmalrehen und bei den Altgeißen ab dem vollendeten 7. Lebensjahr erfolgen."*
>
> Abschussrichtlinien der Kärntner Jägerschaft bis 2005

Altersbedingte Figur?

Am Anfang meiner Berufslaufbahn wollten wir die Rehe noch „aufarten", indem wir bevorzugt alte Geißen erlegten. Solche waren – angeblich – an ihren dürren Hälsen zu erkennen. „Fehlabschüsse" gab es kaum, weil kaum weibliches Rehwild geschossen wurde und die Bestände maßlos unternutzt waren. Wurde eine abgemagerte Geiß verendet gefunden, wurde sie für alt erklärt.

Später, im Zuge der systematischen Unterkiefervermessung und damit auch schätzungsweisen Altersbestimmung aller Rehe, war absolut kein Zusammenhang zwischen Gewicht und Alter feststellbar. Ehe jedoch von alten Geißen geredet wird, müsste verbindlich gesagt werden, ab welchem Lebensjahr eine

Alter und Sterblichkeitsfaktoren

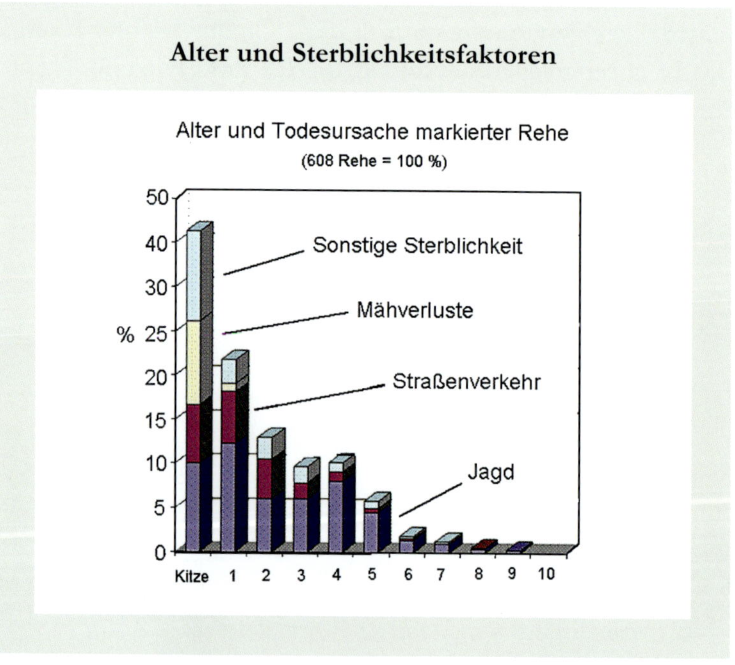

Bei den Kitzen stirbt weniger als ein Drittel durch die Jagd, bei den Jährlingen ist es schon etwa die Hälfte. Wirklich alte Rehe sind selten. (Daten: REIMOSER und ZANDL 1993)

Nur wenige Geißen werden 10 Jahre oder gar älter, falls doch, können sie auch bis ins hohe Alter gesunde Kitze bringen.

Geiß (oder überhaupt ein Reh) als alt gelten darf. Wird diese Frage unter Jägern gestellt, ist das Ergebnis meist Ratlosigkeit. In der Diskussion gehen die Meinungen weit auseinander. Kurt (1979) schreibt, dass normal ernährte Geißen selbst im Alter von 11 Jahren noch gesunde Kitze zur Welt bringen können. Neuhaus (1978) berichtet von einer Geiß, die 1943 bei Braunschweig markiert und 20 Jahre alt wurde. Theo Grüntjens, Förster in Niedersachsen, berichtet von einer markierten Rehgeiß, die in ihrem 17. Lebensjahr noch zwei gesunde schwarze Kitze führte!

Nach allem, was wir heute über Rehe wissen, werden nur wenige 10 Jahre oder gar älter. Mehrheitlich dürften die Rehe in höherem Alter einfach Probleme mit ihren Backenzähnen bekommen, die dann bereits so weit abgenutzt sind, dass die Nahrung nur noch unzureichend gekaut werden kann. Früher als die Backenzähne gehen meist die Schneidezähne verloren, mit denen die Nahrung abgerupft wird. Auf der Strecke sind Geißen mit stark abgekauten Backenzähnen schon recht selten, obwohl diese Abnutzung teilweise bereits mit drei, vier Lebensjahren gegeben sein kann.

Je intensiver – und was das Alter betrifft unselektiver – die Bejagung, umso höher ist der Anteil (nach dem Unterkiefer) junger Rehe. Dies einfach deshalb, weil Letztere noch unvorsichtig und damit leicht zu erlegen sind.

Rehe „optisch wiegen“

Groß sein bedeutet auch nicht leistungsfähiger zu sein oder mehr Abwehrkräfte zu besitzen. Das gilt für uns Menschen wie für die Rehe. Dennoch ist es das Bestreben vieler Jäger, „große“ Rehe zu „züchten“. Gut – wenn ein Kitz, ein Schmalreh oder ein Jährlingsbock auffällig schwächer ist als seine Jahrgangskollegen, dann wird es durchaus vernünftig sein, ein solches Stück bevorzugt zu erlegen. Ein Widerspruch? Nein, denn die Ursachen der scheinbar geringen Konstitution können ja auch Parasiten oder andere Defekte sein. „Bevorzugt erlegen“ bedeutet aber nicht, dass wir die anderen Rehe so lange pardonieren, bis wir das Schwache erlegt haben. Es heißt, dass wir bei Wahlmöglichkeit zuerst das schwache Stück schießen.

Der Gedanke, durch Selektion zu immer schwereren Rehen kommen zu wollen, ist jedoch absurd. Was möglich und sinnvoll ist, sagt der Lebensraum – nicht wir!

Welches Kitz ist schwerer?

Zwei Bockkitze aus dem Revier Gießwald, erlegt Mitte September. Das eine ist deutlich größer, aber noch mit Kitzflecken, das andere klein, aber schon im normalen Sommerhaar. Beide Kitze wogen exakt 10 Kilogramm!

Eine ganz andere Frage ist die, ob und in welchem Maße wir am lebenden Reh das Gewicht einschätzen können. Immerhin können Rehe je nach Körperhaltung oder Sonneneinstrahlung schwächer oder stärker wirken. Das misstrauische Reh spreizt die Spiegelhaare und wird damit automatisch größer. Das rangniedrige Reh macht sich eher klein, besonders dann, wenn ein streitsüchtiger Genosse in der Nähe steht. Breitstehende Rehe mit erhobenem Haupt wirken immer größer als spitz oder schräg stehende usw.

Da gibt es eine ziemlich einfache Methode, unsere Fähigkeiten zu überprüfen. Wir müssen uns nur bemühen, jedes Reh, ehe wir es erlegen, zu schätzen. Das gelingt zwar nicht immer, weil oft die Zeit dazu fehlt, wohl aber in der Mehrzahl der Fälle. Wir schulen damit auf jeden Fall unseren Blick, und wir verlieren ganz sicher etwas von unserer Selbstsicherheit. Ich persönlich lag jedenfalls mit meinen Schätzungen mindestens so oft daneben wie grob richtig.

Noch eine andere Methode der Gewichtsschätzung gibt es, nämlich die Schätzung des erlegten Stückes. Meine Frau und ich machen das grundsätzlich bei jedem Reh. Früher, als das Wild noch bei uns im Forsthaus hing, wurden auch alle unsere Besucher – soweit sie Jäger waren – aufgefordert, das in der Kammer hängende Rehwild zu schätzen. Sie durften es zu diesem Zweck durchaus abtasten. Doch selbst dann war es für viele Jäger schwer, das Gewicht auf 0,5 Kilogramm genau anzusagen. Nicht selten lag ein Schätzer auch gleich 2 Kilogramm und sogar mehr daneben! Beim Ansprechen im Revier sind die Lichtverhältnisse meist schlechter als in der Wildkammer, und wir können ein Reh, ehe wir es erlegen, auch nicht abtasten!

VII.

Gute und schlechte Vererber

Genormte Rehe?

Starke und schwache Rehe ...

Die Lebensräume der Rehe haben tausend unterschiedliche Gesichter, und so, wie die Rehe Einfluss auf ihre Lebensräume nehmen, nehmen diese auch Einfluss auf die Rehe. Daher müssen wir immer beide betrachten: den Lebensraum und die Rehe. Und weil die Rehe in ihrer Größe und ihrem Aussehen auch vom Lebensraum abhängen, kann ich keine Mindestmaße als Konditionsweiser für sie vorgeben. Wir wissen, dass Rehe auf Kalkstandorten in der Regel schwerer werden als auf Sand oder Silikatgestein. Es ist schlicht die auf Kalk gedeihende Pflanzenvielfalt und der Umstand, dass wir unter den Kalk liebenden Pflanzen deutlich mehr Äsungspflanzen der Rehe finden als unter den Kalk scheuenden Arten. Es hängt also nicht ausschließlich von der Wilddichte ab, ob wir große oder kleine, leichte oder schwere Rehe in unserem Revier haben, sondern selbstverständlich auch vom Standort.

Die Pflanzenwelt limitiert folglich die Rehwilddichte gemeinsam mit anderen Regulativen wie Klima, Raubfeinden (inklusive Mensch) und Krankheiten. Fehlen andere Regulative oder erfüllen diese ihre Aufgabe nicht ausreichend, leidet die Pflanzenwelt. Bevorzugte Äsungspflanzen werden weniger oder verschwinden ganz. Die Rehe müssen auf andere Arten ausweichen, die sie bei reichem Angebot nicht oder nur gelegentlich fressen. Sie nehmen also mehr Pflanzen mit geringerem Nährwert und/oder geringerer Verdaulichkeit auf. Sie beginnen zu kümmern. In der Folge steigt die natürliche Sterblichkeit, und die Fortpflanzungsraten sinken.

In Revieren mit geringer Äsungsqualität, etwa in Moorrevieren, sind die Rehe auch dann leichter, wenn der Mensch ihre Zahl limitiert. Die ihnen dort zur Verfügung stehende Nahrung ist einfach energieärmer und die Bilanz von aufgenommener Energie zu für die Verdauung erforderlicher Energie wird ungünstig.

Schwache Rehe erhalten wir aber auch auf guten Standorten, selbst wenn wir oder andere Beutegreifer sie limitieren. Rehe sind eben Wildtiere und keine Klone, und auch die EU kann sie – Gott sei's gedankt – nicht normen. Wo es ganz Starke gibt, gibt es auch verhältnismäßig Schwache. Schließlich gäbe es nicht einmal Begriffe wie „groß" oder „stark", wenn es nicht „klein" oder „schwach" gäbe. Es sind absolut relative Werte, die nichts über die Überlebenstauglichkeit eines Tieres sagt.

Wenn heute Zahlen zu Rehwildgewichten genannt werden, habe ich oft meine Probleme damit, weil in der Diskussion mit Jägern meist die Datenbasis sehr schmal ist. Schon der Umstand, dass Daten aus mehreren Jahren gesammelt und als Einheit betrachtet werden, macht die Ergebnisse fragwürdig.

Beispiel: In drei Jahren wurden im Revier A 60 Bockkitze erlegt und gewogen, das sind pro Jahr gerade einmal 20 Stück. In dieser Dimension können schon ein oder zwei aus dem Rahmen fallende Kitze das Ergebnis verfälschen. Nun müssten wir, um korrekt zu sein, die Tiere auch monatsweise erfassen, weil Kitze Anfang September leichter sind als Ende Dezember. Dann wird unsere Datenbasis noch schmäler und bereits völlig unbrauchbar. Noch nicht genug: Gab es in zwei der drei Erfassungsjahre eine gute Eichenmast, dann werden die Kitze – bei gleichem Standort und gleicher Veranlagung – schwerer sein als in mastlosen Jahren.

Ich habe während meiner aktiven Zeit immer wieder Daten erfassen müssen und dabei erlebt, wie unterschiedlich sie gewonnen wurden:

- Rehe wurden gewogen, wie sie eingeliefert wurden: aufgebrochen mit Kopf und Läufen.
- Manchmal wurde das Gewicht für den Kopf abgezogen, weil er auch dem Käufer nicht verrechnet wurde.
- Dann wieder wurde ein Gewichtsabzug gemacht, weil der Schuss etwas unglücklich saß.
- Andere Rehe wurden leichter gemacht, weil sie als Eigenverbrauch oder für Freunde vorgesehen waren.

Wenn wir jetzt noch die Gewichte der Bockkitze aus dem Revier A mit denen aus dem in der Nachbarschaft liegenden Revier B vergleichen, mag das hochinteressant erscheinen und für manchen Betrachter schon den Stempel „wissenschaftlich“ verdienen – die Aussagekraft solcher Zahlen ist jedoch gering.

Ehe wir dieses Kapitel abschließen noch eine Überlegung: „Klein“ ist nicht gleichzusetzen mit „schwach“, und „groß“ bedeutet noch lange nicht „gesund“ oder „überlebenstauglich“. Wenn wir Menschen besonders „groß“ und „stark“ sind, rät uns der Arzt eventuell, dringend abzunehmen! Wenn wir „klein“ und „schlank“ sind, wird er uns vielleicht raten, unsere Figur zu halten. Auch der Standesbeamte hat keine Bedenken, ein Paar zu trauen, bei dem die Braut nur 50 Kilogramm wiegt – obwohl beide einen Kinderwunsch haben …

Knochenmark und Nierenfett

In der Wildbiologie gelten zwei Faktoren als Konditionsweiser: Der Fettgehalt im Knochenmark und das Nierenfett. Beides ist unabhängig von der Körpergröße zu sehen. Ein Reh, das nur 13 Kilogramm wiegt, kann durchaus einen höheren Fettgehalt im Knochenmark haben als ein Reh, das 16 Kilogramm wiegt. Fett ist von heller Farbe, daher variiert die Farbe des Knochenmarks von gelblich bis tief dunkelrot. Je heller es ist, umso höher der Fettgehalt. Je weniger Fettanteil, umso roter das Knochenmark.

Die wenigsten praktizierenden Jäger werden Interesse daran haben, die von ihnen erlegten Rehe auf ihren Fettgehalt im Knochenmark zu untersuchen. Aber es ist doch eine ganz interessante Sache, dies bei Rehen festzustellen, die beispielsweise vom Luchs oder vom Wolf gerissen wurden. Einen gewissen Blick fürs Knochenmark bekommt der Jäger, wenn er im Spätherbst und Winter beim Zerlegen von Wild einen Röhrenknochen zertrümmert und sich das Knochenmark anschaut.

Was das Fett in der Bauchhöhle betrifft, so ist es generell von Bedeutung, egal an welchen Organen es sitzt. Das Nierenfett bildet aber eine ziemlich kompakte und leicht abzulösende Masse. Wenn wir ein Reh im Sommer aufbrechen, finden wir kaum Nierenfett; ganz anders im Spätherbst oder Frühwinter. Zu Winterbeginn sollte ein erwachsenes Reh ungefähr 350 Gramm Nierenfett gesammelt haben und ein Kitz etwa 150 Gramm. Sind die Nieren – ziemlich unabhängig vom Gewicht – von einer dicken Feistschicht umhüllt, hat das Reh die erforderlichen Winterreserven zusammen.

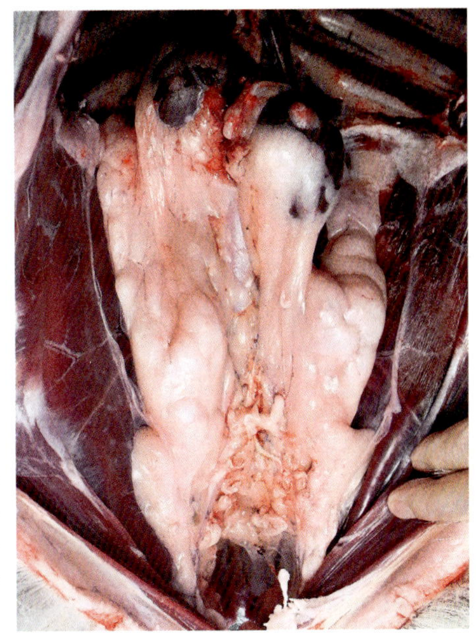

Nieren im Frühwinter.

345 Gramm Nierenfeist einer Ende November erlegten, aufgebrochen 14,5 Kilogramm schweren Rehgeiß.

Der Standort bestimmt

Die „Tragbarkeit“

Immer wieder wird gefragt, welche Rehwilddichte in diesem oder jenem Lebensraum tragbar und empfehlenswert wäre. Doch wie soll man eine solche Frage beantworten, wenn nicht einmal bekannt ist, wie viele Rehe irgendwo leben? Letztlich sind Zahlen ja auch völlig uninteressant. Es kommt ja nur darauf an, dass Wildtiere mit ihrem Lebensraum halbwegs in Einklang stehen, dass sie ihn nicht nachhaltig entwerten und dass sie durch ihre Anwesenheit keine unverkraftbaren wirtschaftlichen Schäden hinterlassen. Meine Antwort ist folglich immer die gleiche: Ich weiß es nicht, und es interessiert mich auch nicht!

Die Tragbarkeit eines Rehwildbestandes hängt ganz wesentlich von der forstlichen Situation und Zielsetzung ab. Da stellen sich viele Fragen:

- Altersklassenwald oder Dauerwald?
- Welche Mischbaumarten will man und in welchem Anteil?
- Welches Verjüngungspotential ist vorhanden?
- Welche forstlichen Schwerpunkte gibt es oder wird es in den nächsten Jahren geben?
- Welche Konkurrenten hat das Rehwild?

Um es kurz zu machen: Wir müssen unterscheiden zwischen der biologisch tragbaren Wilddichte und der forstlich tragbaren. Vor allem Letztere kann selbst in einem bescheidenen Waldrevier von nur 100 Hektar ganz unterschiedlich hoch sein. Vorgegebene Zahlen zur Wilddichte sind das Papier nicht wert, auf das sie geschrieben werden!

Viele Jahre jagte ich im Alpenvorland, in Höhenlagen zwischen 600 und 1.200 Metern Seehöhe. Im von ausgedehnten Moorflächen dominierten Revier Gründels bei Isny wogen im Herbst nur wenige Kitze über 12 Kilogramm, viele waren leichter. Dies trotz intensivem Abschuss, der auch die Weißtannen ohne Schutz wachsen ließ. Im schneereichen Vorgebirgsrevier Diepolz, kaum 20 Kilometer südlich davon, wog das schwerste Bockkitz aufgebrochen 18 Kilogramm – ungefüttert! Gewiss, das war eine Ausnahme, ebenso wie ein Jährling, der gar 22 Kilogramm auf die Waage brachte (LINDENTHAL 2014, mündlich). Beide zeigen aber, was möglich ist und was in meinem Moorrevier auch dann nicht gewachsen wäre, wenn ich intensiv gefüttert und das Doppelte geschossen hätte.

Der Fürstlich Auersperg'sche Forstdirektor Hufnagel berichtete 1898 in seinem Buch über das „Herzogtum Gottschee“ (Slowenien), dass die dortigen Rehe 28 Kilogramm aufgebrochen auf die Waage brachten. Heute ist dort die

Plattkopf.

So wie es immer wieder „gehörnte" Geißen gibt, kommen auch dauerhaft geweihlose Böcke vor, sogenannte Plattköpfe. Mit der Wilddichte hat das nichts zu tun. Ursache ist das Fehlen der Hoden von Geburt an oder der Verlust vor dem Schieben des ersten Geweihes. Darin unterscheiden sie sich von den Perückenböcken.

Rehwilddichte immer noch gering, aber die Rehe sind auch nicht schwerer als die in einem guten deutschen, österreichischen oder Schweizer Revier. Warum? Wahrscheinlich weil zu Hufnagels Zeiten fast kein Rotwild vorhanden war, im Gegensatz zu heute.

Tierzucht oder Jagd?

Wollen wir züchten?

Die Einteilung von Wildtieren in gute und schlechte oder erwünschte und unerwünschte Vererber ist der Tierzucht entlehnt. Dort funktioniert sie auch. Die Tierzucht hat Nutztiere nach kommerziellen und marktstrategischen Überlegungen „umgebaut". Für diese Nutztiere wurden arteigene Bedürfnisse völlig außer Kraft gesetzt. Es zählt weder ihre Gesundheit, und schon gar nicht zählen ihre Emotionen. Erhöhte Anfälligkeit für Krankheiten wird in Kauf genommen, solange sie sich rechnet. Hinter hochgezüchteten Nutztieren stehen immer auch die Futtermittelindustrie und der Tierarzt.

Im Rinderstall hängt bei jeder Kuh eine Tafel mit ihrem Namen. Über Rehen hängen nur unser Wunsch, unsere Einbildung und unser Nichtwissen!

Die Grundvoraussetzung erfolgreicher Zucht sind aber immer die Leistungsdokumentation über Generationen hinweg, die Vergleichbarkeit der Lebensbedingungen und die absolute Steuerung der Paarungen. Die Lebensbedingungen der Tiere eines Zuchtbestandes – zum Beispiel Stallklima, Futter, Stress – sind absolut vergleichbar, und die Paarungen bestimmt ausschließlich der Züchter.

Rehe leben selbst in relativ kleinen Revieren unter völlig unterschiedlichen Bedingungen – Schattseite oder Sonnseite, äsungsreiche Sturmfläche oder trostlose Kiefernkultur, ruhiger Einstand oder ständige Belastung durch Publikum und Jäger. Wozu das einzelne Reh befähigt ist, wissen wir absolut nicht, ebenso wenig, wozu seine Vorfahren befähigt waren. Und auf die Paarung, auf die Auswahl der Partner, haben wir nicht den allergeringsten Einfluss!

Noch etwas kommt hinzu: Zuchtauswahl kann es sich nicht erlauben, nur einen Teil der Tiere einzubeziehen. Nur wenn absolut alle einbezogen werden, lassen sich bestimmte Merkmale verändern. Bei den Rehen jedoch hat der Jäger keinerlei Einfluss auf die Paarungen. Schon deshalb funktioniert gar nichts!

„Erfolge" – meist treten sie nur kurzfristig ein – sind entweder einer Fütterung zuzuschreiben, die wir getrost als artwidrig bezeichnen dürfen und auch müssen, oder einer Reduktion des Bestandes oder beidem. Letzteres ist natürlich, kam und kommt in der Natur auch ohne Jäger immer wieder vor. Bis in die 1970er-Jahre wurden die Rehe in weiten Teilen des alpinen Raums nicht gefüttert und äußerst sparsam bejagt. Ihre Dichte war nach oben von der Biotopkapazität gedeckelt, und alle paar Jahre kam ein sogenannter „Jahrhundertwinter", der seinen Tribut forderte. Damit gerieten die Rehe für zwei, drei Jahre in eine „Pionierphase", in der regelmäßig auch besonders starke Böcke wuchsen, ehe der Bestand wieder bis zur Grenze der Biotopkapazität anwuchs.

Das Reh ist und bleibt ein Produkt seiner materiellen und sozialen Umwelt – ein Phäno- und eben kein Genotyp. Bringen wir es auf den Punkt: Hat der Rehbock ausreichend gute Nahrung und wenig Ärger mit konkurrierenden Artgenossen, wird sich das in seinem Körperbau und in seinem Geweih niederschlagen. Fehlt ihm eines oder beides, kümmert er.

Rehe in Klassen einteilen?

In vielen europäischen Ländern werden die Rehe nach wie vor in Klassen eingeteilt, eine Praxis, die vor Erlass des Reichsjagdgesetzes in Deutschland, außer in Preußen, nirgends üblich war. Die deutschen und einige österreichische Bundesländer, ebenso Südtirol, haben die Bock-Klassen auf zwei reduziert (Jährlinge und Mehrjährige) oder ganz abgeschafft. In anderen Ländern gibt es jedoch nach wie vor Klassen.

Sinn der Klasseneinteilung ist es, den Bockabschuss „zu strukturieren". Beabsichtigt werden die Herstellung eines Systems von Altersklassen und die Einteilung in gute und schlechte Vererber. Zunächst wäre jedoch zu fragen, welchen Sinn ein solches Bemühen macht und ob es überhaupt notwendig ist. Die Grundsatzfrage ist die, ob wir uns als Jäger oder als Tierzüchter fühlen und ob wir bereit sind, die Natur zu akzeptieren oder ob wir auf ihre Verbesserung bestehen. Sicher ist, dass sich die Natur nicht an die von uns verordneten Klassen hält und dass unser Einfluss auf die Rehwildbestände eher gering ist.

Ich kenne als Jäger keine rassisch minderwertigen Rehe, keine schlechten Vererber, und ich will auch keine standardisierten Rehe. Ich will mit Freude jagen, was die Natur mir bietet. Ich schieße von zwei vor mir stehenden Rehen eher das schwächere, aber ich lasse ein normal entwickeltes Reh nicht laufen, weil ich auf ein besonders schwaches warte. Wer glaubt, den notwendigen Abschuss mit schwachen, kranken oder überalterten Rehen erfüllen zu können, hat von den Gesetzen der Natur nichts, aber auch rein gar nichts verstanden!

Die Frage muss erlaubt sein, woher wir wissen, welche Altersstruktur der Rehböcke die richtige ist, warum sie so sein muss und ob sie ohne Einfluss des Jägers tatsächlich überall die gleiche wäre.

Bei der Einteilung in Klassen steht nicht das Wohl des Wildes, sondern der Wunsch nach starken Trophäen im Mittelpunkt. Dabei spricht die Selektion der Rehböcke nach Geweihmerkmalen allen Erkenntnissen der Wildbiologie und der Jagdpraxis Hohn. Warum soll ein Rehbock, der auf einer Seite drei, auf der anderen aber nur zwei Enden hat, abschusswürdig sein, jener mit beidseitig drei Enden jedoch nicht? Warum ist ein Rehbock mit einem Geweihgewicht von 300 Gramm ein guter Vererber, der mit 180 Gramm hingegen ein schlechter? Hier lassen wir jedes Verständnis für das Wesen von Wildtieren vermissen!

> *„Die jahrzehntelangen Misserfolge selektiver, vorwiegend auf die Erbqualität von Einzelstücken bezogene Bejagung unseres Rehwildes sind offenkundig. Man sucht Artverderber und züchtet Abschussböcke am laufenden Band."*
>
> Ernst Schäfer, Verfasser eines Rehwild-Buches

„Blutzufuhr"

Erbe des Rassenwahns

Bis in die 1970er-Jahre hinein (und selbst heute noch) glaubten viele Jäger an unterschiedliche „Rassen" beim Rehwild. Sie führten das Aussehen der Tiere auf ihre „rassische Herkunft" zurück. Das führte – wie übrigens beim Rotwild bis heute – immer wieder zu Aussetzaktionen. Schon im 19. Jahrhundert wurde in vielen europäischen Ländern Sibirisches Rehwild ausgesetzt, welches unser „degeneriertes" Rehwild „aufarten" sollte. „Degeneriert" war aber nur das Denken der Jäger, und die Aufartung entsprach der damals herrschenden rassistischen Ideologie. Stärke und Aussehen unseres Rehwildes wurden damit nicht verändert, und darüber sollten wir froh sein!

Nicht nur zahlungskräftige Jäger – Adelige und Industrielle – investierten in derartige Projekte. Auch Wissenschaftler ließen sich vor diesen Karren spannen. Zwar konnten auch sie das Rehwild nicht „aufarten", doch immerhin waren die Versuche lehrreich. Auch im Wildforschungsgebiet Lausitz in der DDR wurde die Hybridisierung europäischen und sibirischen Rehwildes wissenschaftlich betrieben. Dort wurden von 1966 bis 1978 insgesamt 32 Paarungen zwischen sibirischen Rehböcken und europäischen Rehgeißen organisiert. Allerdings blie-

Treiben.

Warum sollte ein Spießer oder Gabler ein schlechterer Vererber sein als ein langendiger Sechser?

ben mehr als ein Drittel (13) erfolglos. Insgesamt kam es zu 19 Geburten, von denen in freier Natur die wenigsten erfolgreich verlaufen wären, denn 9 Geißen brachten ihre Kitze nur mit Hilfe eines Kaiserschnittes zur Welt, und in 3 Fällen musste anderweitig Geburtshilfe geleistet werden. Überdies waren die wenigen hybriden Böcke zeugungsunfähig (Bruchholz 1997).

Nicht nur Sibirisches Rehwild wurde nach Mitteleuropa verfrachtet. Häufiger waren es Rehe – vor allem Böcke – aus Ungarn. Eigentlich hätte es allen an solchen Versuchen Beteiligten klar sein müssen, dass auch die ungarischen Böcke die Rehe in Deutschland, Frankreich, Italien und Österreich nicht stärker machen würden, solange die Lebensräume nicht denen in Ungarn entsprachen.

Wir bestimmen nicht die Paarung

Von den Befürwortern der Selektion, also jenen, die versuchen, den Abschuss mit „Kranken und Schwachen" zu erfüllen, wird eines völlig vergessen: Wir können selektieren, wie wir wollen, aber wir haben nicht den geringsten Einfluss auf das Paarungsverhalten der Rehe! Selbst wenn wir in der Lage wären, bei den Böcken sowohl Alter als auch „Erbqualität" zu erkennen, wäre uns kein züchterischer Erfolg beschieden. Erstens weil uns Gleiches beim weiblichen

Paarung.

Auf die Partnerwahl der Rehe haben wir keinen Einfluss. Damit führt sich der sogenannte Wahlabschuss ad absurdum, weil die Veranlagung zur Geweihbildung auch von den Geißen vererbt wird.

Rehwild schon gar nicht gelingt, und zweitens, weil wir keinerlei Einfluss auf die Paarungen haben. Eine Zuchtauswahl funktioniert aber nur dann, wenn beide Geschlechter lückenlos einbezogen werden.

In der Tierzucht wird sehr sorgfältig überlegt, welche Tiere zusammengeführt werden. Daher wird heute in der Rinder-, Pferde- oder Schweinezucht überwiegend künstlich besamt. Wir Jäger müssen jedoch akzeptieren, dass die Rehe sich ihre Partner selbst suchen und sich von uns keine Vorschriften machen lassen.

VIII.

Die Jagd

Wozu jagen wir eigentlich?

Erlebnis – Statussymbol – Nahrungsbeschaffung

Die Motive und Gründe, die einen Jäger veranlassen, auf die Jagd zu gehen, sind vielfältig, und der eine Grund schließt den anderen nicht grundsätzlich aus. Es kann das Erlebnis schlechthin sein, das einen auf die Jagd treibt, und gleichzeitig kann man sich an Trophäen erfreuen oder gerne Wildbret essen. Man kann des Wildbrets wegen auf die Jagd gehen und dennoch Freude an ihr haben oder Freude an Trophäen.

Mit Karl dem Großen wurde die Jagd zum Regal und damit auch zum Statussymbol. Die Rücksichtslosigkeit des Adels in der Wildhege war mit der Auslöser für die Bauernkriege wie für die Revolutionen von 1848. Statussymbol blieb die Jagd auch in den Jahren danach. Wo zuvor nur der adelige Grundbesitzer jagte, buhlten jetzt Industrielle, Handwerker und Bauern um das Recht zur Jagdausübung. Die Möglichkeiten waren geschrumpft, das Statussymbol blieb.

Die Jagd wurde auch zu allen Zeiten von der Politik vereinnahmt. Mit dem Wechsel der politischen Verhältnisse wechselten die „Jagdherren" vielleicht das Maß der Möglichkeiten, nicht jedoch den Geist. Als Beispiele könnte etwa Rominten in Polen oder auch die Schorfheide in Preußen dienen. Dem Kaiser folgten dort die Vertreter der Ersten Republik, denen wiederum jene des Faschismus und des Kommunismus. Die „Jagdherren" wechselten, das Statussymbol Jagd blieb.

Es kamen Klasseneinteilung, Zwangstrophäenschau, Vergabe von roten und grünen Punkten und Bußgeldbescheide. Jäger, die sich an die Vorgaben nicht hielten, wurden abwertend als „Fleischjäger" diffamiert, ein Begriff, der in meiner Wahlheimat Österreich bis zur Jahrtausendwende viel zu hören war. Man könnte dem Fleischjäger den „Knochensammler" gegenüberstellen.

Tote Knochen wurden nämlich zur Achse, um die sich die Jagd drehte, und sie blieben es in Teilen Europas bis heute. Auf Knochen waren und sind die meisten jener fixiert, die als Streiter der Jagd in Europas Parlamenten hocken – und zuweilen an der Spitze unserer Verbände.

Wäre unseren Urahnen das Sammeln von Geweihknochen wichtiger gewesen als das Wildbret, gäbe es uns wahrscheinlich nicht!

Dass wir nicht die geborenen Jäger sind, zeigt schon unser Gebiss! Wir waren in unseren Anfängen Sammler und Aasfresser und eben nicht Jäger! Wir waren vom Aufbau unseres Skelettes her weder befähigt, Beutetiere zu hetzen, noch waren wir Kletterer, noch hatten wir Zähne, die zum Festhalten oder gar Töten von Beutetieren geeignet waren.

Die Jagd als Voraussetzung der Menschwerdung?

Wenn wir Jäger heute wegen unserer Jagdleidenschaft kritisiert oder gar als Mörder beschimpft werden, was in westlichen Ländern sehr häufig der Fall ist, dann berufen wir uns gerne auf unser Erbe. Die meisten von uns glauben, der Mensch sei als Jäger entstanden. Dieser Meinung sind durchaus auch viele Nichtjäger, auch wenn sie der Auffassung sind, der Mensch müsse sich weiterentwickeln und vom Töten Abschied nehmen. Erst die Erfindung von Werkzeugen und deren Einsatz versetzte uns in die Lage, gesunde flugfähige Vögel und größere Säuger zu erjagen und zu töten. Auch danach lebten die frühen Menschen in umherziehenden Horden, die sich mit dem Sammeln von essbaren Pflanzenteilen, Eiern und Jungtieren ernährten. Gejagt im eigentlichen Sinne wurde lange Zeit nur „nebenher".

Erst mit der neolithischen Revolution teilte sich die Menschheit in „Tierhalter" und Jäger. Inzwischen waren die Werkzeuge (Schärfwerkzeuge zum Öffnen größerer Beutetiere, Speere sowie Pfeil und Bogen) so weit entwickelt, dass eine Konzentration auf die Jagd sinnvoll war. Noch immer war die Sesshaftigkeit eingeschränkt. Jagderfolge waren nur dann dauerhaft, wenn sich der Jagddruck auf ein größeres Gebiet verteilte. Mit der Weiterentwicklung der Tierhaltung und mit dem Ackerbau erfuhr die Jagd – durch das notwendige Sesshaftwerden – eher wieder eine Einschränkung.

Geht es auch ohne Jagd?

Jagd macht Sinn, wenn sie tatsächlich reguliert

Nicht nur die Mehrzahl der Jäger wird der Behauptung, dass es auch ohne Jagd gehe, vehement widersprechen. Auch Förster und Waldbesitzer können sich das nur schwer vorstellen. Tatsächlich aber nahm und nimmt die Jagd in weiten

Jäger beim Aufbrechen.

In manchen Revieren meiner heutigen Heimat wird die Jagd auf weibliches Rehwild auch heute noch vernachlässigt.

Gebieten Europas keinen Einfluss auf die Höhe der Rehwildbestände. Das zeigt schon die Tatsache, dass die Abschusszahlen ständig stiegen. Das wäre nicht möglich gewesen, wenn der Zuwachs tatsächlich genutzt worden wäre. Dies war aber selbst gemeinsam mit allen übrigen Sterblichkeitsfaktoren höchstens punktuell der Fall.

In der zweiten Hälfte des 19. Jahrhunderts waren weibliches Rehwild und Kitze in fast allen damaligen Ländern des deutschsprachigen Raumes ganzjährig geschont. Dies galt auch für das ehemalige „Österreichisch-Schlesien" – heute Polen. Weibliches Rehwild und Kitzböcke hatten dort keinerlei Jagdzeit, Spießer durften nur von Oktober bis Dezember erlegt werden, alle übrigen Böcke vom 16. Mai bis 31. Dezember *(Gesetz vom 3. April 1909)*. In vielen Ländern wurden Jahrzehnte hindurch nur Böcke erlegt. Dabei ging es ganz klar um einen zahlenmäßigen Bestandesaufbau. Erst gegen Ende des 19. Jahrhunderts wurde in der Jagdpresse die Notwendigkeit von Eingriffen beim weiblichen Wild diskutiert und schließlich zaghaft gestattet. Dabei war die Jagdzeit für Geißen und Kitze überall deutlich kürzer als die für Böcke. Letztere wurden mehrheitlich im Herbst und im Frühwinter auf Treibjagden und mit Schrot geschossen.

Noch vor einem halben Jahrhundert wurde im deutschen und österreichischen Alpenraum kaum weibliches und nur wenig männliches Rehwild erlegt.

Als ich meine Berufslaufbahn in den Staatsforsten der Berchtesgadener Berge begann, schossen wir auf 1.800 Hektar zwei Rehböcke und ein Schmalreh – Letzteres nicht immer!

Trotz totaler Schonung der Geißen sind die Rehwildbestände jedoch nicht „explodiert". Die Selbstregulation – geringe Reproduktion und erhöhte natürliche Sterblichkeit – setzte Grenzen.

Bei uns in Österreich besteht für erlegtes Rehwild teilweise der körperliche Nachweis. Das heißt, es muss von jedem Stück, also auch von Geiß und Kitz, der Unterkiefer vorgelegt werden. Reviere, die den ihnen vorgegebenen Abschuss nicht erfüllen, haben jedoch kaum Sanktionen zu erwarten. Daher gibt es auch heute noch viele Reviere, die den Abschuss des weiblichen Wildes weitgehend dem Straßenverkehr überlassen. Einen regulierenden Einfluss hat die Jagd in solchen Revieren kaum – sie wäre verzichtbar!

Totales Jagdverbot in den italienischen Staatsforsten

Ein Beispiel, welches zeigt, dass es – zumindest unter bestimmten Voraussetzungen – ganz gut ohne Bejagung der Rehe geht, ist Italien. Dort ist immer noch ein Dekret Benito Mussolinis aus dem Jahr 1938 in Kraft, das die Jagd im öffentlichen Wald untersagt. So wird das Rehwild auch in meiner unmittelbaren Nachbarschaft *(Forestale di Tarvisio)* auf rund 23.000 Hektar seit nunmehr etwa

Wald ohne Jagd.

Waldbild im italienischen Valbruna, nahe der Grenze zu Österreich: Seit rund acht Jahrzehnten gibt es dort keine Jagd mehr, dennoch findet man mancherorts überreiche und kaum verbissene Tannenverjüngung.

Ein ganz wichtiges Argument: Die Jagd dient – wenn sie richtig gemacht wird – nicht nur dem Wald, sondern auch der Gesunderhaltung und dem Wohlbefinden des Rehwildes selbst!

achtzig Jahren nicht mehr bejagt. Doch weder sind die Rehwildbestände „explodiert", noch wurden die Rehe von Seuchen heimgesucht. Nicht einmal die Wälder wurden entmischt. Im Gegenteil: Auf italienischer Seite verjüngt sich sogar die Tanne und wächst durch. Diesseits der Staatsgrenze muss hingegen selbst die Fichte geschützt werden, um den Äsern entwachsen zu können. Drüben wird gar nichts gemacht; hüben wird intensiv gejagt und gehegt. Nun ist dieses Beispiel nicht so ohne weiteres übertragbar. Fakt ist aber, dass das Rehwild in weiten Teilen Europas nicht durch die Jagd reguliert wird – auch dort nicht, wo es notwendig wäre.

Wer jetzt meint, der Verfasser vertrete die Meinung, in Mitteleuropa könnten wir generell auf die Bejagung des Rehwildes verzichten, der irrt. Wir werden aber die Rehwildjagd nur dann dauerhaft erhalten, wenn sie auch etwas bewirkt. Das richtige Maß zu finden, bei dem wirklich reguliert und nicht nur der Zuwachs angekurbelt wird, ist bestimmt nicht leicht. Ganz sicher gibt es aber heute im Bereich der Ballungsräume auch Reviere, in denen eine regulierende Jagd kaum noch möglich ist.

Jäger oder Fallwildmanager?

Viel Fallwild – viele Rehe!

Viele Jäger reagieren auf hohe Fallwildzahlen mit jagdlicher Verweigerung – sie schießen weniger. Das Argument: „Wenn wir jetzt auch noch schießen, haben wir gar nichts mehr!" Tatsächlich aber ist Fallwild immer ein Hinweis, dass die Tragbarkeit des Reviers erschöpft ist. Fallwild steht – immer gemessen an der Biotopkapazität – für hohe Wilddichte, für Parasiten, für Krankheiten und für Überalterung. Je mehr wir uns beim Abschuss verweigern, umso mehr Fallwild produzieren wir!

Fallwild hilft auch der Forstwirtschaft nicht, weil die natürliche Sterblichkeit nicht tief genug ansetzt, sondern immer nur oben abschöpft. Natürliche Sterblichkeit setzt ein, wenn es für einzelne Rehe „eng" wird, nicht dort, wo es für

Fallwild.

Viele Rehe sterben bereits im frühen Kitzalter. Zahlreiche Reduzenten – vom Fuchs bis zur Fliegenlarve – sorgen dafür, dass schon nach wenigen Tagen nichts mehr zu finden ist.

die Tanne, Eiche oder Buche eng wird. Man kann es auch so sagen: Zuerst schwindet die Nahrungsbasis, dann erst schwinden die Individuen.

Echte Seuchen, die ganze oder halbe Bestände dahinraffen, kennen wir beim Rehwild in Europa bis jetzt noch nicht. Möglich, dass solche irgendwann eingeschleppt werden. Dann aber werden Reviere mit hohen Rehwildbeständen zuerst und am stärksten betroffen sein!

Wer versucht, hohe Fallwildquoten durch Hegemaßnahmen (etwa Fütterung oder Wildäcker) zu drücken, handelt immer kontraproduktiv. Wo beispielsweise im Winter kräftig gefüttert wird, um einen hohen Rehwildbestand halten zu können, werden fremde Rehe angezogen und das Problem verstärkt.

Auch die Mähmaschine springt für uns ein. Wo der Jäger im Herbst zu wenig Geißen erlegt, müssen diese im Frühjahr um geeignete Setzplätze streiten, und die Kitze liegen in großer Zahl in Mähwiesen, wo sie von rotierenden Messern verstümmelt werden.

Werden Rehe unterbejagt, steigt der Anteil der Alterstoten, die Rehe sind (hohe Dichte) unterkonditioniert, krankheits- und parasitenanfällig.

Verkehrsfallwild

Was für Fallwild allgemein gilt, gilt für Reviere mit viel Verkehrsfallwild erst recht: Je mehr überfahren wird, umso weniger wird geschossen. Dabei gibt es in Mitteleuropa eine Unzahl von Revieren, in denen Jahr für Jahr der Straßenverkehr mehr als ein Drittel der Rehwildstrecke liefert. Doch statt so früh wie

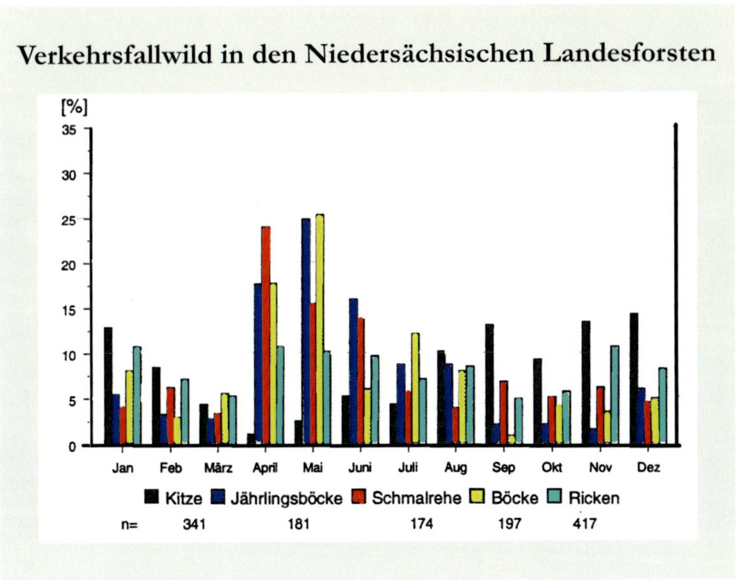

Die meisten Rehe sterben während der Zeit territorialer Auseinandersetzungen in den Monaten April und Mai auf den Straßen. (Daten: Wölfel und Reinecke 1998)

möglich kräftig zu jagen, warten manche Reviere erst einmal ab, wie viele Rehe unter den Rädern landen. Dabei ist eines absolut sicher: Es landen nur solche Rehe unter den Rädern, die vorher nicht erlegt wurden!

Nicht selten versuchen Jäger, mit Wildäckern das Rehwild von der Straße abzuhalten, und ziehen es damit von der anderen Straßenseite erst recht an. Dabei müssten dem Jäger drei zu viel geschossene Rehe weitaus lieber sein als ein überfahrenes.

Natürlich hängt die Zahl des Straßenfallwildes nicht nur von der Rehwilddichte ab. Schließlich werden, wo es keine Straßen gibt, auch keine Rehe überfahren. Doch ebenso sicher steigt die Zahl der Verkehrsopfer nicht nur mit der Straßen- sondern auch mit der Wilddichte. Es ist aber überdies die Frage, wann der Jäger mit der Jagd beginnt.

Wölfel und Reinecke (1998) haben die Jagdstrecken der Niedersächsischen Landesforste untersucht und dabei auch das Fallwild im Jahresablauf erfasst. Dabei kristallisierten sich ganz deutlich zeitliche Schwerpunkte heraus. Fast überall im an Straßen reichen Mitteleuropa sind die Monate April und Mai jene mit den meisten überfahrenen Rehen.

Alleine in Deutschland kommt es jährlich zu rund 200.000 Unfällen mit Rehwild. Das entspricht etwa 20 % der derzeit jährlich in Deutschland erlegten Rehe. Hinter diesen nüchternen Zahlen verstecken sich 3.000 bei diesen Unfällen verletzte Personen, etwa 490 Millionen Euro Schadenersatz durch Versicherungen, vor allem aber alljährlich rund 50 Tote!

Die Arbeitsgruppe Biostatik an der Universität München untersuchte den Zusammenhang zwischen Rehwilddichte und Wildunfällen in Bayern. Die Ergebnisse waren in mehrfacher Hinsicht interessant. Sie zeigten eine unterschiedliche Unfallhäufigkeit je nach Straßentyp, vor allem aber auch, dass dort mit besonders vielen Unfällen zu rechnen ist, wo es besonders viele Rehe gibt. Letztere lassen sich zwar nicht zählen, doch sagt die Verbissintensität durchaus etwas über die Wilddichte aus, auch wenn aus ihr keine Zahlen abzuleiten sind. Auffällig war jedenfalls, dass es dort zu besonders vielen Wildunfällen kam, wo auch die Verbissbelastung durch Rehe besonders hoch war. Der Verbisszustand wurde alle drei Jahre durch eine Inventur (Vegetations-Gutachten) erhoben und in einer Karte dargestellt. Ihr gegenüber stand die Karte der Arbeitsgruppe Biostatistik.

Straßentyp und Unfallhäufigkeit					
Typ	innerorts	Kreisstraße	Staatsstraße	Bundesstraße	Autobahn
Unfälle pro km	0,089	0,746	0,91	0,834	0,178

Erwartungsgemäß ist die Unfallhäufigkeit innerorts am geringsten und auf Staatsstraßen am höchsten. Autobahnen sind völlig und Bundesstraßen zumindest teilweise abgezäunt und meist auch übersichtlicher. (Daten: Hothorn 2012)

Inzwischen haben viele Jäger erkannt, dass es nur dort viele Verkehrsverluste geben kann, wo es auch viele – zu viele, bezogen auf den jeweiligen Lebensraum – Rehe gibt. Wie aber soll sich der Jäger im Bereich von Straßen verhalten, auf denen es regelmäßig zu Wildunfällen kommt?

Eine häufig empfohlene und praktizierte Möglichkeit ist die, im Gefahrenbereich so viele Rehe wie möglich zu erlegen. Die Empfehlung klingt zwar logisch, ist es aber nicht, weil die erlegten Rehe sehr schnell wieder durch junge Zuwanderer ersetzt werden. Das Problem bleibt erhalten. Es wandern ja überwiegend Rehe zu, die mit den Gefahren des Straßenverkehrs kaum Erfahrung haben. So wird bei dieser Vorgehensweise eine jagdliche Dauerbeschäftigung organisiert, das Problem aber nicht wirklich gelöst.

Merke: Kugeln sind „humaner" als Kotflügel!

Rehe müssen lernen dürfen

Was wir heute brauchen, sind Rehe, die gelernt haben, mit dem Straßenverkehr zu leben. Dies wird den wenigsten im ersten oder zweiten Lebensjahr gelingen. Je länger ein Reh in Straßennähe überlebt, umso höher seine gesammelte Erfahrung. Zwar kann auch eine vier- oder fünfjährige Geiß noch unter den Rädern landen, aber sie hat bis dahin nicht nur Erfahrung gesammelt, sondern diese auch weitergegeben.

Daher wäre es in solchen Bereichen vermutlich zielführender (Untersuchungen hierzu gibt es meines Wissens nicht), bevorzugt und durchaus mit Nachdruck junge Rehe zu erlegen und wirklich ältere, erfahrene und standorttreue Tiere stehenzulassen. Mindestens ebenso wichtig wäre es, im Hinterland Luft zu schaffen, damit Wild eher vom Bereich der Straßen ins Hinterland wandert als umgekehrt.

Zweifellos gibt es Reviere, die so stark von Verkehrsadern durchzogen sind, etwa am Rand von Großstädten, dass wir die Verluste weder mit einer generellen Abschusserhöhung noch mit einem selektiven Abschuss in Griff bekommen. Aber dann macht Schonung schon gar keinen Sinn. Dann kann der Jäger nur froh sein über jedes Reh, das zu erlegen ihm gelingt.

Kompensatorische Sterblichkeit

Das Prinzip der kompensatorischen Sterblichkeit ist ganz simpel und kann mit wenigen Worten auf den Punkt gebracht werden: Rehe, die von einem Auto überfahren oder von einem Wolf gefressen wurden, kann der Jäger nicht mehr schießen. Rehe, die der Jäger geschossen hat, können nicht mehr überfahren oder vom Wolf gefressen werden. Auto und Wolf sind aber nicht die einzigen, die neben dem Jäger Rehe erbeuten. Da gibt es noch Parasiten, allerlei Krankheiten, Hunger, Kälte und letztlich das Alter, das irgendwann unser aller Leben beendet. Greift nun ein Sterblichkeitsfaktor stärker ein als alle anderen zusammen, wird die kompensatorische Sterblichkeit überschritten, und es kommt zu einem

> *„Erst wenn die Stückzahl des Abschusses über einen gewissen Schwellenwert hinaus angehoben wird, vermindert sich die Anzahl der verbleibenden Stücke. Bei zu geringen Abschusszahlen kann eine Wildpopulation jagdlich nicht reguliert werden, sondern ihre Stückzahl reguliert sich durch die anderen Sterblichkeitsfaktoren, je nach biotischer Tragfähigkeit des Biotops, von selbst."*
>
> Friedrich Reimoser, Jagdwissenschaftler

echten Abbau des Bestandes. Fast immer kommt ein solcher Abbau kleinräumig zustande. Die vom Abbau betroffene Art ist also insgesamt noch lange nicht gefährdet.

Hierzu ein Beispiel: Ein Revierteil wird im Laufe der Zeit durch Industrieansiedlung und abgezäunte Schnellstraßen umschlossen; ein Zuzug von Rehen findet kaum noch statt. Die in diesem umschlossenen Teil lebenden Rehe werden nach und nach restlos von Hunden gerissen. In diesem kleinen Bereich sind sie sozusagen ausgerottet. Betrachtet man jedoch die Jagdfläche um diesen kleinen isolierten Teil herum, leben dort eventuell sogar mehr Rehe als je zuvor.

In der Mehrzahl der europäischen Reviere dürfte der Eingriff der Jagd in die Rehwildbestände eher gering sein. Darauf deuten die steigenden Streckenzahlen hin, aber auch Ergebnisse aus der Wildmarkenforschung. In Baden-Württemberg wurden in der Vergangenheit nur zwischen 15 und 20 % aller als Kitze markierten Rehe zurückgemeldet (PEGEL 1993). In diesen Zahlen sind tot aufgefundene Rehe mit enthalten. Mag sein, dass der eine oder andere Jäger einfach zu bequem ist, ein markiertes Reh, das er erlegt oder tot aufgefunden hat, zu melden. Dennoch muss die Zahl der nicht durch die Jagd gestorbenen Rehe enorm sein! STEINER (2013) nimmt an, dass in Österreich nur 50 % der auf Straßen verunfallten Rehe gemeldet und somit erfasst werden.

Lesen Wolf und Luchs Abschussrichtlinien?

Dort, wo die Deutschen während des Zweiten Weltkriegs zwangsweise ihr Jagdrecht eingeführt haben, gibt es mehrheitlich bis heute mehr oder weniger komplizierte Abschussrichtlinien. Nur in Deutschland selbst hat man sich inzwischen von vielen dieser Richtlinien verabschiedet. Dabei sind einige dieser Richtlinien durchaus sinnvoll, auf andere hingegen ist leicht und ohne Nachteil für das Rehwild zu verzichten.

Zur Klärung der Frage, was notwendig ist und was nicht, schauen wir uns am besten an, wie die vierbeinigen „Feinde“ des Rehwildes jagen. Das sind in

Setzt man die 7 Millionen Jahre seit Auftreten der ersten Rehe mit den 24 Stunden eines Tages gleich, dann ist die heute rund 80 Jahre alte und in vielen Rehwildrichtlinien enthaltene ziemlich faschistoide Selektions- und Aufartungsideologie viel weniger als eine Sekunde. Genau diese Bruchsekunde wurschteln wir – Gott sei's gedankt ohne jeden Erfolg – an dieser Wildart herum!

Rehjäger Luchs.

Der Luchs sucht nicht nach „Kranken und Schwachen“, aber er findet sie weit zielsicherer als wir.

erster Linie Wolf und Luchs. Immerhin bewohnten alle drei Arten durch Millionen Jahre denselben Raum. Wolf und Luchs sind auch nicht Mitglied im Tierschutzverein; sie reißen und fressen – sofern sie Hunger haben – jedes Reh, das sie erwischen können. Dennoch rotteten sie die Rehe nicht aus.

Die Natur kennt, im Gegensatz zu uns, keine Abschussrichtlinien und keine Schonzeiten. Sie achten weder auf Trophäen, noch auf ein angemessenes Geschlechterverhältnis, und schon gar nicht lässt sie nach guten und schlechten Vererbern selektieren. Der Luchs kennt keine Zukunftsböcke!

Als wir noch oben im Bergwald wohnten, stellte ich mir oft einen Luchs vor, der mit knurrendem Magen vom Hang oben zu den bei unserem Haus stehenden Rehen schaut. Würde er tatsächlich den mit etwas Abstand hinter Geiß und Kitz ziehenden Bock in Ruhe lassen, nur weil dieser nach Kärntner Jagdrecht gerade Schonzeit hat? Würde er das abseits im Schnee scharrende Bockkitz verschonen, weil die örtliche Jagdgesellschaft ihren Mitgliedern auferlegt hat, nur schwache Geißkitze zu schießen? Würde er die ihm auf zwanzig Meter nahekommende Geiß verschonen, weil sie ein Kitz führt?

Nein, er würde das alles nicht tun. Aber er würde sicher jede momentane Konditionsschwäche erkennen und das mit einer solchen behaftete Stück bevorzugt angreifen.

Wolf mit Beute.
Wie stark Wölfe in Rehwildbestände eingreifen, hängt stark vom Vorkommen anderer Beutetiere ab. Rotwildkälber lohnen sich einfach mehr als Rehe.

Wie jagen unsere Konkurrenten?

Bis heute gelang es weltweit noch keinem Organismus, sich ungebremst zu vermehren. Das gilt für Viren und Bakterien – und erst recht für das Reh! Wäre dem nicht so, gäbe es uns längst nicht mehr, und die Erde wäre möglicherweise ein unbelebter Planet. Immer und überall hat die Natur Regulative geschaffen. Auch unsere Rehe haben zahlreiche „Feinde", die sie an unbegrenzter Vermehrung hindern. (Wobei man klarstellen muss: Der Begriff „Feind" ist irreführend, weil Feinde zerstören wollen. Wolf, Luchs, Magenwurm und menschliche Jäger wollen jedoch Rehe nachhaltig nutzen und nicht zerstören.) Je größer diese Regulatoren sind, umso „harmloser" sind sie. Der Wolf vermag durchaus lokal hohe Rehwildbestände in relativ kurzer Zeit abzubauen, aber er erreicht auch sehr schnell eine Schwelle, an der für ihn die Rehjagd uneffizient wird. Kann er nicht ausreichend auf andere Beutetiere ausweichen, bauen sozusagen die nur noch selten vorkommenden Rehe ihn ab. Sie stehen ihm nicht mehr ausreichend als Nahrung zur Verfügung, also steigt seine eigene Sterblichkeit und

> *Luchs, Wolf und Magenwurm haben nie Hege betrieben. Sie füttern nicht, legen keine Wildäcker an, und sie jagen nicht der Trophäen wegen. Sie jagen nicht einmal aus landeskulturellen Gründen, um den Förstern zu helfen.*

sinkt seine Reproduktion. Rehfeinde im Mikrobereich halten da wesentlich länger durch. Aber auch sie brechen irgendwann zusammen, wenn sie die Bestände ihrer Beutetiere so weit ausgedünnt haben, dass die Ansteckung zum Problem wird.

Selbstverständlich jagen Wölfe Rehe. Kommen jedoch im selben Raum auch Rot-, Elch- und/oder Schwarzwild vor, stellen Rehe nicht unbedingt die Hauptbeute dar (Okarma 2015). Wölfe erschweren es den Rehen jedoch, zu expandieren oder hohe Besiedlungsdichten aufzubauen, denn mit steigender Dichte fallen sie den Wölfen häufiger zum Opfer. Gegenwärtig expandieren Wölfe zwar, dennoch sind weite Teile Europas wolfsfrei oder nur sehr dünn mit Wölfen besiedelt.

Umso größer ist in Mitteleuropa die Diskussion über die Rolle des Luchses. Er galt den Jägern Jahrhunderte hindurch als Hauptfeind der Rehe, was letztlich zu seiner frühzeitigen Ausrottung führte.

Daher fordern vor allem in Deutschland manche Förster vehement die Rückkehr des Luchses. Sie erhoffen sich von ihm eine Lösung des Schalenwildproblems. Sie machen sich damit die irrige Meinung der Luchsgegner zu eigen, die davon ausgehen, dass der Luchs das Rehwild ausrottet oder zumindest stark dezimiert. Wer jedoch zur Kenntnis nimmt, dass Reh und Luchs durch einige Millionen Jahre nebeneinander existierten und dieselben Räume bewohnten, kann in diesem Punkt weder Ängste noch Hoffnungen haben.

Heute leben in Europa sicher ungleich mehr Rehe als zu Zeiten, in denen der Luchs in Mitteleuropa ausgerottet wurde. Gleichzeitig wuchs der für Rehe taugliche Lebensraum durch die Walderschließung und die Aufforstung von Grenzertragsböden, während die für den Luchs tauglichen Räume – geschlossene Wälder – eher weniger wurden. Hinzu kommt in West- und Mitteleuropa ein immer dichter werdendes und für den Luchs gefährliches Straßennetz. Im Schweizer Jura starben 35 % der Luchse durch den Straßenverkehr (Breitenmoser 2008). Unabhängig von der unterschiedlichen Lebensraumqualität ist auch die Jugendsterblichkeit der Luchse sehr hoch.

In der Schweiz, wo die Luchse Anfang der 1970er-Jahre wieder angesiedelt wurden, brachen die Rehwildbestände keineswegs zusammen, obwohl dies von einem Teil der Jäger bis heute behauptet wird. Recht aufschlussreich ist in diesem Zusammenhang auch die Rehwildstatistik des Schweizer Kantons Bern aus dem Jahr 2001, in dem es vergleichsweise viele vom Luchs gerissene Rehe gab. Trotzdem gingen nur 2,34 % des Fallwildes oder 0,71 % aller Rehwildabgänge auf sein Konto. Man könnte auch sagen, es wurden 22-mal mehr Rehe überfahren als vom Luchs gerissen! *(Siehe Grafik nächste Seite!)*

In Schweden gab es, zu einer Zeit, da der Luchs kurz vor der Ausrottung stand, nur wenige Rehe, und diese nur im Süden des Landes. Der größte Teil des Landes war rehfrei. Doch längst sind die Rehe – infolge veränderter

Rehwildabgänge im Kanton Bern 2001

Rehwild-abgänge	9015			
Davon erlegt	6275			0,71 %
Davon Fallwild	2740			
Davon	Straßenverkehr	1421	2,34 %	
	Eisenbahn	72		
	Mähmaschinen	130		
	Sonstige Unfälle	24		
	Schussverletzungen	171		
	Verschiedenes	371		
	Hegeabschüsse	45		
	Hunderisse	83		
	Luchsrisse	64		

Im Kanton Bern in der Schweiz wurden im Jahr 2001 22-mal so viel Rehe überfahren wie vom Luchs gerissen. Der Anteil des Luchses am Gesamtabgang an Rehen betrug lediglich 0,71 Prozent.

Umweltbedingungen – bis an die Eismeerküste vorgedrungen und haben von Norden her Finnland besiedelt. So, wie sich die Rehe ausbreiteten, nahmen auch die Luchse wieder zu. Heute bewohnt der Luchs nahezu die ganze Landesfläche Schwedens, und er ernährt sich dort auch von den – sich trotzdem vermehrenden – Rehen.

In Slowenien wurde der Luchs 1973 wieder eingebürgert. Nach einer Phase starker Ausbreitung steht der Bestand heute neuerlich vor dem Aussterben. Ursache sind nicht nur illegale Abschüsse, sondern auch Inzucht, die sich in zahlreichen Deformationen dokumentiert. Bemerkenswert ist, dass die Rehwildstrecken auch dann stiegen, als die Luchse ihren Höchststand erreicht hatten. *(Siehe Grafik rechte Seite!)* Auch wenn der Luchs als Rehwildjäger in Slowenien heute fast ausfällt, so wird er inzwischen durch einen nicht weniger erfolgreichen Jäger ersetzt – durch den Wolf. Wer reguliert also letztlich wen?

Aus unserer Sicht bringen große Beutegreifer erhebliche Unruhe in die Rehwildbestände. Sie tun dies dort, wo sie neu auftauchen, tatsächlich. Aber Rehe lernen sehr schnell sowohl mit dem Wolf als auch mit dem Luchs zu leben. Bei uns in Österreich bejagt in vielen Revieren ein Jäger, rein rechnerisch, gerade noch 50 Hektar Fläche. Dabei sind der Jäger und seine Absichten beim Rehwild sicher genauso bekannt wie Wolf oder Luchs. Allerdings bejagt ein Luchs eine zumindest um das Hundertfache größere Fläche. Er tritt also viel weniger in Erscheinung. Konzentriert er sich auf eine kleine Fläche, schrumpft sein Jagderfolg sehr schnell.

In der Schweiz hat die Zoologin Anja Molinari-Jobin (zitiert bei Breitenmoser 2008) untersucht, welche Rehe dem Luchs wann zum Opfer fallen.

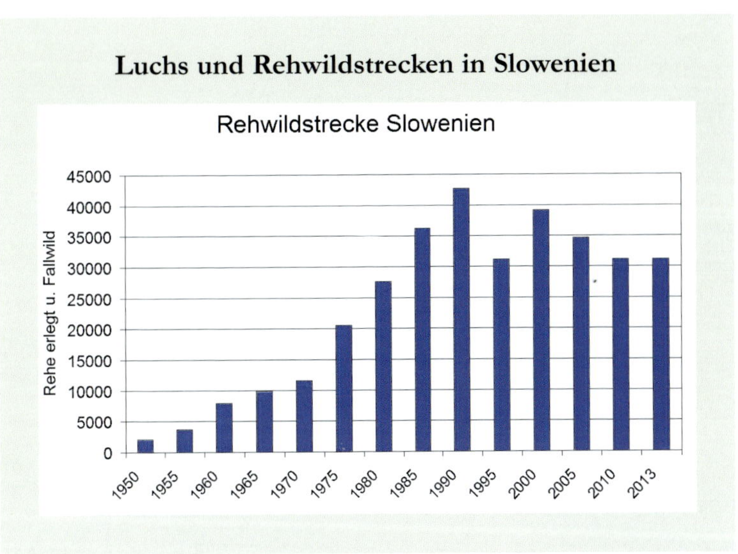

1973 wurde der Luchs in Slowenien wieder eingebürgert und hat sich rasch vermehrt und ausgebreitet. Einen erheblichen Teil seines neuen Lebensraumes teilte er zudem mit dem Wolf. Die Rehwildstrecken brachen nicht zusammen – im Gegenteil. Inzwischen stirbt der Luchs wieder aus; die Ursachen sind überwiegend genetische Probleme und illegale Abschüsse. (Daten: Zavod za Gozdove Slovenije 2015)

Danach wurden Rehgeißen verstärkt in der späten Trag- und während der Säugezeit, Böcke während der Brunft und Kitze bevorzugt im Juli und August erbeutet. Das heißt natürlich nicht, dass in den übrigen Zeiten des Jahres keine Rehe vom Luchs gerissen wurden.

Dennoch selektiert der Luchs sehr erfolgreich, allerdings nicht nach unseren Kriterien. Er schaut auf die (Tages-)Kondition seiner Beutetiere, und er erkennt diese weit besser als wir. Genau damit bewegt er sich aber auch im Bereich der kompensatorischen Sterblichkeit!

Krofel (2006) verglich bei seinen Untersuchungen in Slowenien den Fettgehalt im Knochenmark von Rehen, die dem Verkehr zum Opfer fielen, mit solchen, die vom Luchs gerissen wurden. Auch er kam zu dem Schluss: Der Luchs selektiert durchaus, und zwar nach der Kondition seiner Beutetiere. *(Siehe Grafik nächste Seite!)*

Was das Alter der von Luchsen erbeuteten Rehe betrifft, so entspricht dieses weitgehend dem natürlichen Altersaufbau. Die meisten sind Kitze, gefolgt von Jährlingen und Zweijährigen.

Noch in den 1980er-Jahren vertraten selbst einige Wildbiologen die Auffassung, in Mitteleuropa gäbe es kaum noch Platz für den Luchs. Inzwischen hat uns der Luchs selbst eines Besseren belehrt. Es gibt noch viele Land-

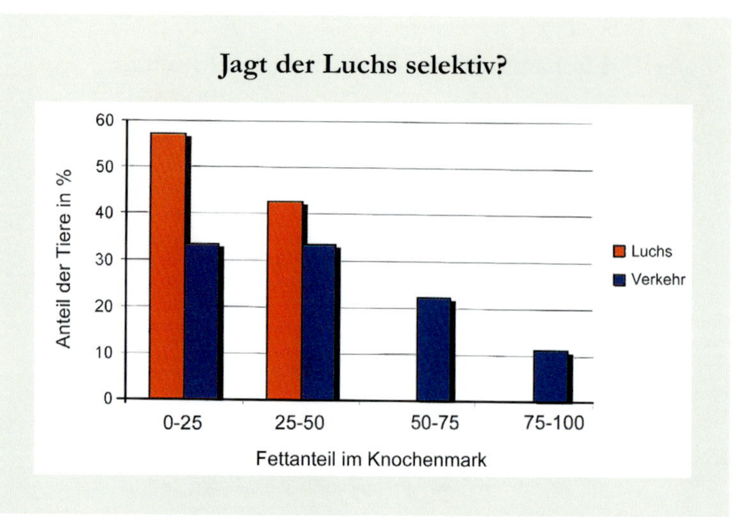

Der Fettanteil im Knochenmark ist ein guter Konditionsweiser. Ein erheblicher Teil der vom Luchs gerissenen Rehe hatte nur einen geringen Teil Fett im Knochenmark, ganz im Gegenteil zu Rehen, die dem Verkehr zum Opfer fielen. Der Luchs selektiert also durchaus, wenn auch nicht nach genetischen Merkmalen, sondern nach der Kondition seiner Beutetiere. Denn ob das Knochenmark eines Rehes momentan einen hohen oder einen niedrigen Fettanteil aufweist, hat mit seiner genetischen Disposition nichts zu tun! (Daten: Krofel 2006)

schaften in Mitteleuropa, die ihm eine Heimat bieten könnten. Dass es anfangs zu Problemen kommen kann, sei nicht verschwiegen. Der Luchs braucht Zeit, um sich im Neuland zurechtzufinden.

Heute wird Jagd immer häufiger als eine Form der Bodennutzung begriffen, ausgerichtet auf Gewinn. So wie in der Landwirtschaft den Ertrag hemmende Wildpflanzen vernichtet werden, ist man in der „Jagdwirtschaft" bestrebt, alle störenden „Produktionsfaktoren" zu vernichten. Das sind beim Niederwild schlicht alle Beutegreifer, vom Habicht bis zum Mauswiesel, und beim Rehwild vor allem Wolf und Luchs.

Damit unterwerfen wir die Jagd einer Rentabilitätsrechnung auch durch die Öffentlichkeit. In der Konsequenz verliert die Jagd damit dort ihre Berechtigung, wo andere Formen der Bodennutzung lukrativer sind! Wir müssen nicht lange rechnen, um festzustellen, dass ein Grundbesitzer mit einem 70 Hektar großen Golfplatz ungleich mehr erwirtschaftet als durch die Jagd. Beispiele gibt es zahllose, sei es nun der Campingplatz, die umzäunte Erdbeerplantage oder die Damwildfarm. Egal, wofür sich ein Grundbesitzer entscheidet, er wird mit allem mehr verdienen als mit der Jagd. Polen ist ein Sonderfall. Wenn Polens Jäger Wildbret oder den Abschuss eines Rehbocks verkaufen, dann sind das

– aber nur für sie – Nettoeinnahmen. Müssten sie mit anderen europäischen Ländern vergleichbare Pachtpreise bezahlen (in Österreich etwa kosten gute Hochwildreviere inklusive Nebenkosten wie Steuer, Jagdabgabe, Wildschadensvorbeugung, Wildschäden, Fütterung, Kosten für Hüttenbenützung und Berufsjäger usw. 100 Euro und mehr je Hektar), die Verbissschäden und die Maßnahmen der Schadensverhütung mit in ihre Betriebsbilanz nehmen, dann wäre jedes einzelne Jagdrevier ein Verlustgeschäft. Zu den sichtbaren Wildschäden kämen auch die unsichtbaren, etwa das Ausbleiben der Naturverjüngung.

Sehen wir die Jagd als gewinnorientierte Form der Bodennutzung, dann müssen wir auf den Luchs verzichten. Dass aber die Jagd mit einem solchen Grundverständnis noch lange überlebt, ist eher unwahrscheinlich.

Inzwischen kehrt auch der Wolf nach Mitteleuropa zurück und löst bei den Jägern große Ängste ums Rehwild aus. Er kommt inzwischen auf mehr als einem Drittel der Landesfläche Polens vor (Okarma 2015). Aus der Lausitz, wo der Wolf, aus Polen kommend, zuerst sesshaft wurde, war schon innerhalb kurzer Zeit zu hören, das Rehwild sei in den Wolfsgebieten nahezu ausgerottet. Inzwischen sind seit dem ersten Auftauchen der Wölfe mehr als fünfzehn Jahre vergangen. Es sind aber weder die Reh-, noch die Rot- oder Schwarzwildbestände zusammengebrochen. Die Streckenzahlen des zuständigen Landratsamtes sind für Jedermann im Internet abrufbar.

Selbstverständlich macht der Wolf Jagd auf das Rehwild, und es kann, zumindest in der Anfangsphase, durchaus zu Problemen kommen. Wie stark

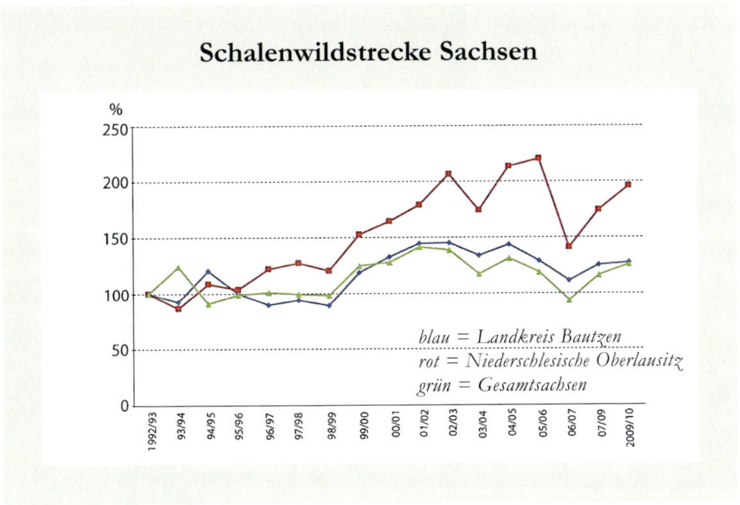

Weder die Rehwildstrecken noch die von Rot- und Schwarzwild sind nach Einwanderung der Wölfe zusammengebrochen. Sie waren im Kerngebiet der Wölfe (blau und rot) teilweise sogar höher als vor deren Ankunft. (Grafik: Wolfsregion Lausitz 2014, verändert)

der Einfluss des Wolfes auf das Rehwild tatsächlich ist, hängt vor allem vom übrigen Beuteangebot ab. Zahlen aus anderen Wolfsländern wie der Slowakei, Slowenien und Kroatien zeigen aber, dass der Einfluss des Wolfes zumindest gelegentlich nicht einmal reicht, um den Verbissdruck des Schalenwildes drastisch zu reduzieren.

Aus der Sicht des Wolfes könnten weite Teile Mitteleuropas Lebensraum für ihn sein. Aus der Sicht des Menschen stellt sich das freilich anders dar. Wir dürfen also davon ausgehen, dass der Wolf hier weit weniger Gebiete zurückerobern kann, als dies für den Luchs möglich wäre. Aber je mehr er Boden gewinnt, umso häufiger wird er in suboptimale Bereiche eindringen.

Noch ein Wort zum Geschlechterverhältnis

Nicht nur beim Rehwild, auch bei anderem Schalenwild wird ein Geschlechterverhältnis von 1:1 gefordert. Noch zu Beginn des 20. Jahrhunderts wurden seitenweise Horrordaten über ungute Geschlechterverhältnisse publiziert. Sogar von 1:10 und noch schiefer war schon zu lesen, und stets wurde mahnend an das „natürliche" Geschlechterverhältnis der Rehe von 1:1 erinnert und dessen Herstellung eingefordert. Es ist zumindest bemerkenswert, dass damals nie ein Jagdwissenschaftler (der Begriff „Wildbiologe" war noch nicht erfunden) diesen unsinnigen Behauptungen entgegentrat; das Gegenteil war der Fall! Deshalb sollten wir selbst, statt alte Weisheiten nachzuplaudern, unseren Taschenrechner in die Hand nehmen und etwas rechnen. Hierzu ein, zugegeben sehr abstraktes Beispiel:

Angenommen, wir erlegen bei einem Ausgangsbestand von 100 Böcken und 100 Geißen alljährlich 20% der vorhandenen Böcke, jedoch nie eine Geiß oder ein Kitz, und angenommen, die Kitze würden im Verhältnis 1:1 geboren, und es gäbe keine natürlichen Abgänge, dann könnte – rein rechnerisch – gar kein schlechteres Verhältnis als 1:1,23 (Sommerbestand) entstehen!

Und jetzt treiben wir die Sache auf die Spitze, nehmen denselben Ausgangsbestand wie gehabt und erlegen (mit dem Taschenrechner) alljährlich nach Beschlag der Geißen alle männlichen Rehe bis auf ein einziges. In diesem völlig abstrakten und selbstverständlich in der Natur nicht funktionierenden Modell ergeben sich zwar haarsträubende Verhältnisse nach vollzogenem Abschuss. Doch mit jedem neuen Kitzjahrgang pendelt sich das Geschlechterverhältnis irgendwo bei 1:3 (Sommerbestand) wieder ein.

Das ist natürlich alles sehr theoretisch und läuft in der Natur nicht so. Erstens sind wir nicht in der Lage, so zu schießen, zweitens greift die natürliche Sterblichkeit ein. Aber an Adam Riese kommt auch sie nicht vorbei!

Modell 1

Ausgangsbestand: 100 Böcke und 100 Geißen; Abschuss jeweils aller männlichen Rehe bis auf ein einziges Individuum, jedoch keine weiblichen Rehe.

Frühjahrsbestand Stück/GV (♂:♀)	Zuwachs 100 % der Geißen (♂:♀)	Sommerbestand Stück/GV (♂:♀)	Abgänge (nur ♂)
100 : 100 = 1 : 1	50 : 50 = 1 : 1	150 : 150 = 1 : 1	149
1 : 150	75 : 75 = 1 : 1	76 : 225 = 1 : 2,96	75
1 : 225	112 : 113 = 1 : 1	113 : 338 = 1 : 2,99	112
1 : 338	169 : 169 = 1 : 1	170 : 507 = 1 : 2,98	169
1 : 507	253 : 254 = 1 : 1	254 : 761 = 1 : 3,00	253
1 : 761	380 : 381 = 1 : 1	381 : 1.142 = 1 : 3,00	380
1 : 1.142	571 : 571 = 1 : 1	572 : 1.713 = 1 : 2.99	571
1 : 1.713	856 : 857 = 1 : 1	857 : 2.570 = 1 : 3,00	856
1 : 2.570	1.285 : 1.285 = 1 : 1	1.286 : 3.855 = 1 : 3,00	1.285
1 : 3.855	1.927 : 1.928 = 1 : 1	1.928 : 5.783 = 1 : 3,00	1.927

Modell 2

Ausgangsbestand: 100 Böcke und 100 Geißen; Abschuss jeweils 20% der Böcke (Jährlinge und Mehrjährige), keine Geißen, keine Kitze (Realitätsmodell vieler Reviere).

Frühjahrsbestand Stück/GV (♂:♀)	Zuwachs 100 % der Geißen (♂:♀)	Sommerbestand Stück/GV (♂:♀)	Abgänge (nur ♂)
100 : 100 = 1 : 1	50 : 50 = 1 : 1	150 : 150 = 1 : 1	20
130 : 150 = 1 : 1,15	75 : 75 = 1 : 1	205 : 225 = 1 : 1,1	26
179 : 225 = 1 : 1,25	112 : 113 = 1 : 1	191 : 338 = 1 : 1,16	36
255 : 338 = 1 : 1,32	169 : 169 = 1 : 1	424 : 507 = 1 : 1,19	51
373 : 507 = 1 : 1,31	253 : 254 = 1 : 1	626 : 761 = 1 : 1,21	75
551 : 761 = 1 : 1,32	571 : 571 = 1 : 1	1.392 : 1.713 = 1 : 1,23	110
821 : 1.142 = 1 : 1,31	571 : 571 = 1 : 1	1.392 : 1.713 = 1 : 1,23	164
1.228 : 1.713 = 1 : 1,31	856 : 857 = 1 : 1	2.084 : 2.570 = 1 : 1,23	245
1.839 : 2.570 = 1 : 1,31	1.285 : 1.285 = 1 : 1	3.124 : 3.855 = 1 : 1,23	368
2.756 : 3.855 = 1 : 1,31	1.927 : 1.928 = 1 : 1	4.683 : 5.783 = 1 : 1,23	551

Wer aber sagt uns denn, dass 1:1 das „natürliche" Geschlechterverhältnis ist? Feststellen ließe sich das ja nur in größeren, absolut unbejagten Rehwildpopulationen, und selbst in solchen muss es ja nicht einheitlich sein. Welchen Vorteil soll ein solches Geschlechterverhältnis für die Rehe haben?

Es gibt überhaupt keinen Zweifel, dass Rehwildbestände nur über starke Eingriffe bei den Geißen reguliert werden können. Doch was unsere Möglichkeiten bei der Regulierung des Geschlechterverhältnisses betrifft, überschätzen wir unsere Möglichkeiten meist. Wir sollten nicht vergessen, dass in weiten Teilen Europas durch Jahrzehnte hindurch weder Geißen noch Kitze erlegt wurden. Das ist sicher nicht erstrebenswert, aber die Rehwildbestände sind damals dennoch nicht explodiert. Sie kümmerten vielleicht, die natürliche Mortalität war hoch und der Nachwuchs gering.

Was wir gelegentlich draußen sehen, ist ja nicht unbedingt identisch mit dem, was tatsächlich an Rehen vorhanden ist. Rehe verteilen sich auch nicht gleichmäßig über die Fläche. Schon KURT (1991) stellte im Schweizer Oberaargau fest, dass sich das Geschlechterverhältnis der von ihm beobachteten Rehe im Jahresablauf ständig verschob, allerdings ging es über 1 ♂ : 2,9 ♀ nie hinaus. Dabei wurde immer nur ein beschränkter lokaler Raum betrachtet. Selbstverständlich ist es möglich, in bestimmten Revierteilen zu bestimmten Zeiten ein ungünstigeres Geschlechterverhältnis zu beobachten. Diese kleinräumigen Beobachtungen geben aber nicht die tatsächlichen Verhältnisse auf größerer Fläche wieder. Überdies zeigte ELLENBERG (1978), dass die Beobachtbarkeit im Jahreslauf ganz erhebliche geschlechtsspezifische Unterschiede aufweist.

Wir sehen keine Rehe mehr

Der Lebensraum generell hat sich geändert

Es ist ja nicht so, dass die Jäger keine Rehe schießen wollen, schließlich ist das Erlegen von Wildtieren Sinn und Zweck der Jagd. Fakt ist jedoch, dass die Rehe heute, vor allem in den stärker von Erholungsuchenden frequentierten Revieren, weniger sichtbar sind als vor Jahrzehnten. Sie haben einfach ihr Verhalten den Umständen angepasst. Aus der gesunkenen Sichtbarkeit folgern viele Jäger eine gesunkene Bestandesdichte.

Rehe und andere Wildtiere haben gelernt, mit den geänderten Bedingungen zu leben. Sie können ihren Tag frei einteilen. Sie müssen auch nicht am hellen Tag im Feld äsen; sie können warten, bis das Licht schwindet. Wir Jäger hingegen können ohne ein Mindestmaß an Licht nicht jagen.

Fast unsichtbar.

Wir müssen genau hinschauen, um die Rehgeiß im Unterholz zu entdecken.

In weiten Teilen Europas (der eher feudal strukturierte Osten ausgenommen) bestand die Agrarlandschaft ursprünglich aus relativ kleinen Parzellen, und die Vielfalt der angebauten Kulturen war weit größer als heute. Klee wuchs neben Kartoffeln, Mais wuchs neben Hafer und Rüben. Dennoch waren die Felder in dieser Buntheit und Kleinstrukturiertheit überschaubarer als heute.

Viele Wälder haben sich geändert

Europaweit geht der Trend von artenarmen Altersklassenwäldern hin zu stärker strukturierten Mischwäldern, von Kunstverjüngung zu Naturverjüngung. Auch der Zaun ist heute in den meisten Ländern verpönt. Dazu kamen zahlreiche Kalamitätszüge, von Schneebrüchen über Orkanschäden bis hin zu Insektenkalamitäten. Zurück blieben Flächen, in denen Rehe kaum noch sichtbar sind.

Vor allem in Deutschland und Österreich greift man im Staatswald heute stark in die Rehwildbestände ein. Dabei war der Staatswald durch fast zwei Jahrhunderte der Garant für reiche, meist überreiche Wildbestände! Folgerichtig galten die Förster als jagdliche Vorbilder. Gemeindejagden, die an staatliche Reviere angrenzten, waren teurer als jene, die nicht angrenzten. Und die staatlichen Förster sorgten noch in meiner Jugend dafür, dass die „bösen" Privatjäger nicht zu viele Rehe schossen. Überdies war in Deutschland und Österreich ein erheblicher Teil der Jagdfunktionäre wie auch der jagdlichen Ausbilder Staatsförster. Viele hatten ihren Beruf der Jagd wegen ergriffen. Das

Rehe im Altholz.

Wo die Rehe zwischen Einstand und Äsungsfläche wechseln müssen, begegnet ihnen auch der Jäger.

wirkte sich zweifellos auch auf ihr forstliches Planen und Handeln aus. Dort, wo die Förster die Jagd nicht dienstlich ausübten, etwa in Frankreich, der Schweiz, in Italien oder in Skandinavien, nahmen sie auch eine andere Haltung zur Jagd ein. Das bedeutet jedoch nicht, dass sie dem Wild gegenüber grundsätzlich ablehnend eingestellt gewesen wären. In Italien, wo die Jagd auch heute noch ausschließlich von privaten Jägern ausgeübt wird, verstehen sich viele Förster sogar als Schützer und Vermehrer des Schalenwildes. Das Bewusstsein um die Klimaerwärmung und um die Notwendigkeit, die Wälder umzubauen, kommt den Rehen entgegen. Es führt aber in fast ganz Europa auch zu Konflikten zwischen privaten Jägern und Förstern. Die Jagd wird mühsamer. Das liegt nicht nur am geänderten Waldbau, sondern auch an der vielfältigen Nutzung der Landschaft durch Nichtjäger.

Die Sicht im Wald schwand

Nicht in allen Ländern, wohl aber in weiten Teilen Europas haben sich die Wälder grundlegend verändert. Wo man früher problemlos durchschauen konnte, versperrt heute die Naturverjüngung die Sicht. Und wo es Tanne, Buche und Ahorn noch nicht schaffen, wuchern zumindest Brombeere, Faulbaum oder Holunder. Auch wenn wir Rehe nicht sehen, wenn sie einen Sender tragen, verrät uns die Telemetrie ihren Aufenthalt. So wissen wir, dass sie oft unmittelbar neben Wegen ruhen, unbemerkt und unbeeindruckt vom zahlreichen Publikum. Doch man muss nicht Wildbiologe sein und mit Telemetrie arbeiten, um solche Erfahrungen zu machen. So sitzt der Jäger manchmal lange ohne jeden Anblick auf dem Hochsitz. Schließlich steigt er frustriert herunter, da springt, gar nicht weit von ihm entfernt, schreckend ein Reh ab. Es saß die ganze Zeit vor ihm, hat ihn beobachtet und sich eisern gedrückt, bis er die Jagd abbrach. Dann wieder fahren wir durchs Revier und sehen ein Reh wenige Meter neben der Forststraße in der Naturverjüngung stehen. Das Wild rührt sich nicht. Es baut darauf, nicht entdeckt zu werden, und spielt „Du siehst mich nicht". Erst wenn wir aus dem Auto steigen oder uns sonst verdächtig bewegen, wird es flüchtig.

Dort, wo noch überwiegend mit künstlicher Verjüngung gearbeitet wird, sind die Kulturen beliebte Äsungsflächen. In ihnen halten sich die Rehe auch bei Tage auf. Sie fühlen sich darin sicher. Der Jäger kann die Pflanzreihen gut einsehen. Früher durften die öffentlichen Forstverwaltungen Jahrzehnte hindurch ungeniert rote Zahlen schreiben. Der Personalstand war hoch; jeder Förster beschäftigte Waldarbeiter und Waldarbeiterinnen. Da wurden die Kulturen ganz selbstverständlich alljährlich ausgemäht. „Störende" Laubhölzer wurden noch in den 1970er-Jahren einfach chemisch beseitigt. Da war es leicht, die Rehe zu entdecken. Das hat sich geändert.

Sturmflächen und Waldumbau erschweren die Jagd ganz erheblich, und sie verlangen eine neue jagdliche Qualität. Beide führen Äsung und Deckung zusammen und nehmen dem Jäger gleichzeitig die Sicht.

Jogger verbeißen keine Tannen*

Überall jammern Jäger über die Freizeitgesellschaft. Ihr wird oft nachgesagt, sie verursache durch ihre Allgegenwart in Wald und Flur Verbissschäden. Daran, dass wir Jäger – zumindest dort, wo die Jägerdichte hoch ist – selbst das Wild stören, glauben viele von uns nicht. Das unbefangene, laute und auffallende Benehmen der Nichtjäger sehen wir als störend an, und wir unterstellen dem Wild automatisch unsere Betrachtungsweise. Wir selbst tun alles, um ja nicht aufzufallen: Wir schweigen statt zu palavern; wir bewegen uns nicht unbefangen, sondern wir pirschen ganz vorsichtig, um nicht bemerkt zu werden. Tatsächlich aber fallen wir dem Wild gerade durch unsere Vorsicht auf!

---

* Quintessenz aus sechzig Jahren intensiver Rehwild-Beobachtungen des Verfassers.

Wie ein Luchs setzen wir auf den abseitigen Pfad „Pfote vor Pfote", bleiben immer wieder stehen, erstarren förmlich und sichern lange in die Runde. Wir benehmen uns nicht wie arglose, laut herumtrampelnde und prustende Kühe (oder „Freizeitler"), sondern viel eher wie ein Luchs mit knurrendem Magen! Frage: Wen werden die Rehe wohl mehr fürchten, die Kühe oder den Luchs?

Wir setzen darauf, von den Rehen nicht gesehen zu werden, und wir prüfen vor und während jedem Pirschgang den Wind. Dabei vergessen wir zwei Dinge völlig: Wo wir guten Wind haben, haben wir gleichzeitig auch einen schlechten Wind. Oft wechselt er sogar, während wir draußen sind, gleich mehrmals. Rehe kommunizieren auch miteinander. Jene, die den schlechten Wind von uns bekommen, „erzählen" es denen, die uns nicht bemerkt haben. Zwar kommunizieren sie weder auf Polnisch noch auf Deutsch oder Italienisch, wohl aber mit ihrem Verhalten. Ihre Sprache mag nicht so differenziert sein wie die unsere, aber was überlebenswichtig ist, vermögen sie einander ganz sicher mitzuteilen.

Die Jagd vom Hochsitz aus führt zu festen Verhaltensmustern. Noch immer platzieren die meisten Jäger ihre Hochsitze bevorzugt an vertikale Strukturen, also an Außen- oder Innenwaldrändern. Genau diese Strukturen mit ihrem Nebeneinander von Hell und Dunkel sind für das Wild Gefahrenzonen, in denen es sich besonders misstrauisch verhält. Ist ein Hochsitz irgendwann baufällig, wird häufig an genau derselben Stelle der neue errichtet.

Wenn wir zwar keine Rehe mehr sehen, wohl aber noch Verbiss, dann müssen wir uns immer wieder daran erinnern, dass weder Wanderer noch Radfahrer Jungbäume verbeißen!

Auch über Reiter mögen wir Jäger uns ärgern, wenn sie am Abend noch in der Nähe unseres Ansitzplatzes vorüberreiten. Sie können sogar tatsächlich störend wirken, weil wir beim Schuss besondere Obacht walten lassen müssen. Doch Reiter sehen vom Rücken des Pferdes aus oft erstaunlich viel Wild! Wirklich Angst haben Rehe eben nur vor Raubtieren; wir Jäger gehören dazu.

Die Summe der Merkmale

Weil wir uns vielfach bewegen und verhalten wie Feinde des Rehwildes, insbesondere der Luchs, haben Rehe Angst vor uns. Das Problem ist, dass sie uns nicht nur an unseren Bewegungen erkennen. Wir haben viele Merkmale, die registriert werden. Neben unserer jagdtypischen Bewegung und unserer individuellen Witterung verraten uns auch noch unser Auto, die Örtlichkeiten, an denen wir bevorzugt auftauchen und die besonderen Zeiten unserer Anwesenheit. Unser Auto, das die Rehe immer nur in Verbindung mit uns erleben, riecht völlig anders als das Fahrzeug eines Nichtjägers. Im Kofferraum ist die Wildwanne, auf dem Rücksitz liegt unser alter Lodenmantel, der nicht nur nach uns riecht, sondern auch nach Hund, Schweiß und Reh. Wer glaubt, die Rehe würden das nicht wahrnehmen, der irrt. Wenn ich in das Auto eines Jägers oder Försters steige, dann rieche ich das problemlos, zumindest wenn er einen Hund hat. Und natürlich ist auch unser Hund ein Merkmal, das immer in Verbindung mit uns auftritt.

Wir bewegen uns im Revier bevorzugt dort, wo sich keine Nichtjäger aufhalten – abseits der Forststraßen. Selbst unsere Hochsitze stehen an für sie ganz typischen Stellen, etwa an Waldrändern, vor Dickungen oder auf Schneisen. Fast immer handelt es sich um Lichtbrücken, also um Stellen, wo das Wild abrupt vom Dunkeln ins Helle wechseln muss, also beispielsweise aus dem Bestand über einen Weg, eine Schneise oder Abteilungslinie, aber auch aus dem Stangenholz auf den Kahlschlag. Wenn irgend möglich, verhoffen Rehe und sichern, ehe sie über Lichtbrücken gehen. Deshalb ist es auch ziemlich sinnlos, bei einer Bewegungsjagd an einer Lichtbrücke zu sitzen, weil die Rehe diese schnell überwinden, besonders wenn sie vorher nicht ausgiebig sichern können. Wir jagen bevorzugt an Plätzen, die sich bewährt haben – dort, wo wir schon öfter Rehe erlegt haben! Natürlich wissen auch die Rehe um die Bedeutung derartiger Plätze.

Dann ist da noch die Zeit, in der wir draußen sind – am frühen Morgen und am Abend, wenn es dunkel wird. Diese Zeiten verschieben sich zwar im Jahreslauf, aber sie sind immer an den Wechsel von Tag und Nacht gebunden. Daher sind Rehe am hellen Tag oft viel argloser als am frühen Morgen oder am Abend. Und nun müssen wir davon ausgehen, dass Rehe durchaus so etwas wie eine innere, ungeschriebene Checkliste besitzen. Da steht wahrscheinlich an oberster Stelle „ungute Zeit", gefolgt von „unguter Ort". Dann folgen die Ergänzungsplus: Gestalt des Jägers, seine Witterung, sein Hund, sein Auto und eventuell noch ein Schuss und ein toter Artgenosse.

Falsche Schlüsse

Der Jäger erlebt viel draußen, und er beobachtet oft sehr genau. Allerdings zieht er nicht immer die richtigen Schlüsse aus dem, was er beobachtet. Er sieht die Dinge eben immer mit seinen Augen und nicht mit denen des Wildes. Daher kommt es zu Fehlinterpretationen. Beispiel: Da stehen drei Rehe auf der Wiese. Eines wird beschossen und bricht schlagartig tot zusammen. Die beiden anderen werfen kurz auf, beruhigen sich und äsen weiter. Unser voreiliger Schluss: „Ein sauberer Schuss stört überhaupt nicht!" Wir vergessen dabei, dass wir irgendwann unseren Hochsitz verlassen und zum erlegten Stück gehen müssen. Eventuell werden wir schon dabei von den beiden überlebenden Rehen beobachtet. Wir müssen das tote Tier aufbrechen oder zumindest zum Auto bringen

Nach dem Schuss.

Ein Reh brach im Schuss zusammen, das zweite beruhigt sich wieder. Dennoch wird es aus dem Vorfall lernen und vorsichtiger werden.

oder mit dem Auto zum toten Reh fahren. Bei all diesen Handlungen treten wir optisch, olfaktorisch und akustisch mehrfach in Erscheinung.

Inzwischen haben die beiden anderen Rehe längst begriffen, dass eines aus ihrer Mitte fehlt. Schon deshalb werden sie sich noch in der Nähe aufhalten und irgendwann zurückkehren. Ihrem chronischen, überlebenswichtigen Misstrauen werden sie die jüngsten Eindrücke hinzufügen: unser Erscheinen, unsere Witterung, die des erlegten Tieres, die unseres Hundes, unseres Autos, und sie werden diese Dinge miteinander verknüpfen. Sie werden den Platz, zumindest bei Licht, vorübergehend meiden. Ihr zögerliches Verhalten wird von anderen Rehen beobachtet und kopiert, zumal auch ihnen solche oder ähnliche Erlebnisse nicht erspart bleiben. Neue Rehgenerationen übernehmen das geänderte Verhalten, bauen es aus. Innerhalb weniger Generationen entstehen so neue Verhaltenstraditionen. Der Jäger aber sieht immer seltener seine Rehe, jammert über die vielen „Freizeitler" und flucht auf die Förster, die immer höhere Abschussquoten fordern. Für ihn ist klar: Es gibt keine Rehe mehr, von den einen verjagt, von den anderen erschossen!

Manchmal dauert es etwas

Ein kleines Beispiel (das ich auch an anderer Stelle des Buches geschildert habe): Im November 2013 saß ich abends im Revier, vor mir eine weite Wiesenfläche, hinter mir der Fluss und ein schmaler Au-Streifen, aus dem sechs Rehe traten:

eine Geiß mit zwei weiblichen und einem männlichen Kitz, ein Bock und ein Jährling. Die drei Kitze hielten sich ausnahmslos bei dem Jährling auf, während der Bock immer bei der Geiß stand. Zwischen den beiden Gruppen war immer ein Abstand von 20 bis 50 Meter. Als ich eines der Kitze erlegte und dieses zusammenbrach, drängten sich die beiden überlebenden Kitze zunächst an den Jahrling und äugten misstrauisch zurück. Doch nach wenigen Minuten zog eines der beiden überlebenden Kitze (es war das Bockkitz) zu seiner erlegten Schwester, bewindete sie aus wenigen Metern Abstand und zog dann wieder zurück zum Jährling. Das wiederholte sich mehrmals. Da das Licht nun rasch nachließ, schoss ich auch dieses Kitz. Jetzt übernahm der Jährling die Erkundung und zog mehrmals zögerlich zu den beiden toten Kitzen und zurück. Schließlich war es für einen weiteren Schuss zu spät. Bock und Geiß hatten bis dahin von den beiden Schüsse und den zusammengebrochenen Kitzen kaum Notiz genommen.

Um nicht zu stören blieb ich noch einige Zeit sitzen, bis es schließlich stockdunkel war und die Rehe weiterzogen. Dann schlich ich mich davon. Erst nach etwas mehr als einer Stunde kehrte ich mit meiner Frau und zwei starken Lampen bewaffnet zurück. Die vier Rehe waren weg, und das zuerst erlegte Kitz fanden wir sofort. Doch das zweite schien sich in Luft aufgelöst zu haben. Schließlich gaben wir die Suche auf.

Am nächsten Morgen war ich noch vor Tagesanbruch zur Stelle. Als es zu dämmern begann, zogen ein Jährlingsbock und ein Kitz (es waren sehr wahr-

Rehbekanntschaft.

Rehe sind keine gefühllosen Wesen. Sie bauen untereinander Beziehungen auf, und sie kennen einander persönlich.

scheinlich die beiden Überlebenden vom Vorabend), immer wieder miteinander scherzend, in den Wald. Ich blieb im Auto sitzen, bis es wirklich hell war. Dann ging ich zu dem Sitz, von dem aus ich geschossen hatte. Die weithin einsehbaren Wiesen waren leer. Ich hatte mir am Abend eine gedachte Linie gemerkt, auf der das zweite Kitz zusammengebrochen war und ging sie nun aus. Als ich noch 20 oder 30 Meter vom toten Kitz entfernt war, stand plötzlich, auch nicht weiter als 30 Meter, die Geiß neben mir und zog im Stechschritt neben mir her. Als ich beim Kitz stand, hatte ich Hemmungen, es aufzunehmen. Als ich es dann doch tat, entfernte sich die Geiß zögerlich, immer wieder stehenbleibend und zurückäugend. Dabei schienen sie am Abend die beiden Schüsse und die Nachschau des einen Kitzes und des Jährlingsbockes überhaupt nicht zu berühren. Jährling und überlebendes Kitz scherzten am Morgen. Die Geiß trauerte sichtlich; sie musste dem Tod schon öfter begegnet sein!

Dass mit den Abschusszahlen der Jagddruck steigt und mit dosierter Einzeljagd vielleicht noch multipliziert wird, daran denkt der Jäger häufig nicht. Gerade der scheinbar vorsichtige Umgang, so nach dem Motto „Heute eines, und erst in zwei Wochen das nächste!“ – die scheinbare Weidgerechtigkeit – bereitet dem Rehwild Stress. Wir bereiten ihm dabei statt Ende mit Schrecken Schrecken ohne Ende!

Rehe lernen nicht nur aus negativen Situationen. Mit derselben Sicherheit erkennen sie, wo es ungefährlich ist. Das war viele Jahre bei uns der Fall, als wir noch oben im Bergwald wohnten.

Vor unserem Haus, in dessen Umkreis viele Jahre nicht gejagt wurde, durfte ich mich ihnen – selbst im Sommer – zuweilen bis auf zehn Meter nähern. Aber wenn ich unserem „Hansi“ (leicht an seinem etwas geschlitzten linken Lauscher zu erkennen) dreihundert Meter weit unten in den Talwiesen begegnete – dort wurde gejagt –, dann verhielt er sich distanziert. Mit wachsender Distanz zu unserem Haus verringerte sich auch die Toleranz der Rehe uns gegenüber. Andererseits zupften sie bei unserer etwas tiefer im Bergwald wohnenden Nachbarin die Vogelmiere *(Stellaria media)* aus den mit Geranien bepflanzten Balkonkästen. Dabei klapperten sie mit ihren harten Schalen über die geflieste Terrasse, was den in der Wohnung eingesperrten Hund des Hauses veranlasste, wütend zu bellen. Die Rehe störte das Gebell nicht, denn sie hatten schnell begriffen, dass der Hund eingesperrt war.

In den 1970er-Jahren fing die Bayerische Forstliche Versuchsanstalt in Mittelfranken eine große Zahl Rehe und versah sie mit Sendern. So war es auch möglich, die Reaktionen der Rehe auf gezielte Störungen zu dokumentieren *(siehe Grafiken nächste und übernächste Seite)*. Dabei wurden Mitarbeiter mit Hilfe von Funk an die gepeilten Rehe herangeführt. Simuliert wurden Situationen, wie sie draußen immer wieder vorkommen:

– Wie reagieren Rehe, wenn Spaziergänger vom Weg abweichen und zufällig mit ihnen zusammentreffen?
– Wie reagieren Rehe, wenn Pilz- oder Beerensucher mehrfach in ihre Nähe geraten?
– Wie reagieren Rehe auf einen freilaufenden und ihnen folgenden Hund?

Grundsätzlich zeigten die Rehe vor dem nicht jagenden, sich unbefangen bewegenden Menschen wenig Scheu und verhielten sich häufig passiv. Sie blieben in guter Deckung sitzen oder stocksteif stehen und beobachteten. Kam ihnen der Mensch jedoch zu nahe, reagierten sie mit einer eher kurzen, schnellen Flucht. Damit brachten sie zunächst einmal Distanz zwischen sich und den Störer. Die schaffte ihnen Zeit, sich ausgiebig über die Störung zu informieren. Dazu blieben sie neuerlich stocksteif in irgendeiner Deckung stehen und warteten ab. Selbst beim mehrfachen Angehen ein und desselben Rehs waren die Fluchtdistanzen eher bescheiden! Allerdings ist es denkbar, dass Rehe, die Störungen gewöhnt sind und Erfahrungen mit solchen haben, anders reagieren als Rehe in Bereichen, die eher selten von Menschen aufgesucht werden.

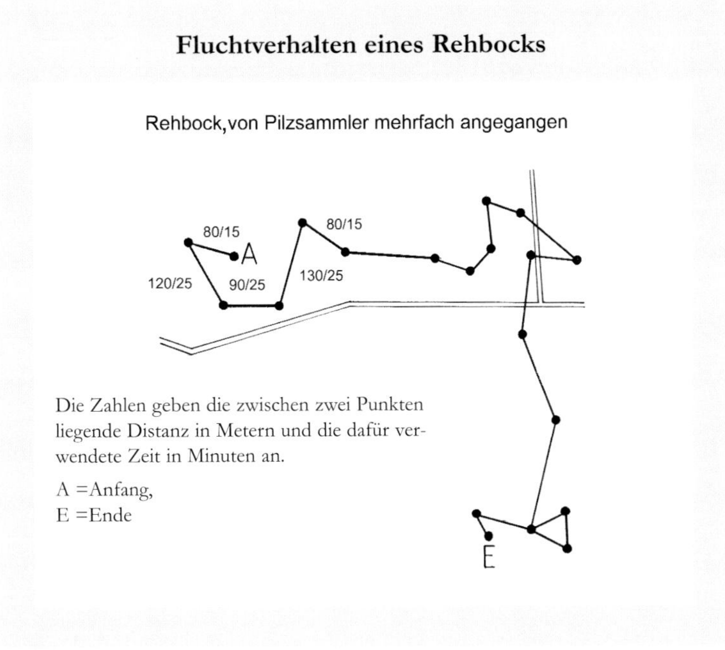

Der Bock wich nur zögerlich dem ihm folgenden Pilzsammler (Steuerung per Funk) aus und verließ seinen engeren Einstand nicht.
(Grafik: HOLZAPFL 1992)

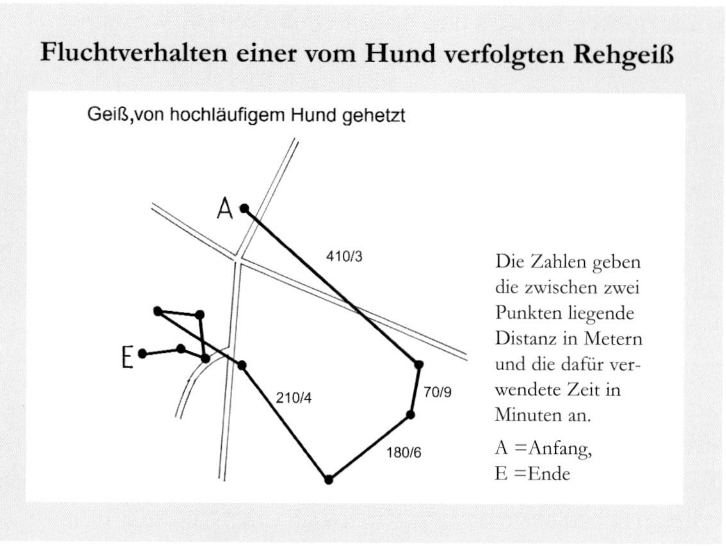

Die Geiß brachte zunächst Distanz zwischen sich und den sie verfolgenden Hund (410 m / 3 min). Danach ließ sie ihn aufrücken (70 m / 9 min), ehe sie endgültig Distanz schuf und den Hund abhängte.
(Grafik: Holzapfl 1992)

Uns Jägern erwächst mit steigendem Publikumsdruck gerade deshalb ein Problem, weil sich die Rehe arrangieren, weil sie den nicht jagenden Menschen zwar als lästig, aber im Grunde als harmlos einordnen. Sie bleiben halt am Abend eine Viertelstunde länger im Einstand sitzen, ehe sie austreten. Aber diese Viertelstunde nimmt uns vielleicht das letzte Licht für einen Schuss.

Grundsätzlich haben Jäger, die Rehe im Feld oder vorwiegend am Waldrand bejagen, eine ganz andere Einstellung zu Rehen als Jäger, die überwiegend im großen, geschlossenen Wald jagen. Im Wald werden viele Rehe im Laufe eines Jahres nur einmal oder auch zweimal kurz gesehen und dann nicht mehr. Wer als Jäger seine Chance nicht nutzt, hat sie häufig vertan. Im Feld ist das ungleich besser. Im Wald ist es gut möglich, dass markierte Rehe einige Jahre überhaupt nicht gesehen werden. Handelt es sich um Rehe ohne Ohrmarke oder sonstige auffällige und unverwechselbare körperliche Merkmale, bleibt das unbemerkt.

Der Förster Theo Grüntjens berichtete von einer Geiß mit gelber Ohrmarke, die in seinem Revier in der Heide (Niedersachsen) als Kitz markiert wurde. Danach war sie verschollen, bis sie nach drei Jahren, nur fünfhundert Meter vom Markierungsort entfernt, neben einem viel befahrenen Weg wiedergesehen wurde. Sie führte in der Folge bis zum 13. Lebensjahr jährlich zwei Kitze und im 14. Jahr noch ein Kitz, ehe sie von einem Auto überfahren wurde.

Eine schwarze Geiß mit roter Ohrmarke wurde 1990 ebenfalls als Kitz markiert. Danach war sie sechs volle Jahre verschollen, ehe sie in derselben

Forstabteilung neuerlich gesehen wurde. Sie führte bis zum 14. Lebensjahr Zwillinge, mit 15 sogar schwache Drillinge. Mit 16 konnte sie nicht beobachtet werden. Im Alter von 17 Jahren führte sie zwei gesunde schwarze Kitze!

Auch WOTSCHIKOWSKY, der die Rehe im Lehrrevier Hahnebaum in Südtirol untersuchte, liefert uns interessante Daten. Ein Bock fing sich in den Jahren 1984, 1985 und 1986 insgesamt elf Mal in einer Kastenfalle. Außerhalb einer Falle wurde er jedoch erstmals 1987 gesehen. Er lebte also mindestens drei Jahre ungesehen in diesem relativ übersichtlichen Revier im oberen, schon sehr lichten Bergwald. Dies, obwohl nahezu täglich Wissenschaftler wie Studenten als Beobachter anwesend waren.

Ein anderer Bock wurde im Januar 1987 gefangen und erhielt die Nummer 724. Er war damals geschätzte 4 Jahre alt. Nach der Markierung blieb er verschollen. Gesehen wurde er erst wieder im Juni 1990, nachdem er bei einem Einstandskampf tödlich abstürzte. Er wurde also fast dreieinhalb Jahre nicht gesehen.

Am längsten konnte sich eine Geiß den Blicken der Forscher und Studenten entziehen. Sie wurde bereits 1984 gefangen und erhielt die Nummer 431. Gesehen wurde sie letztmals 1987, dann erst wieder im Herbst 1992, zusammen mit zwei Kitzen. Sie musste damals mindestens 11 Jahre alt gewesen sein. Immerhin wurde sie fünf Jahre hindurch nicht gesehen, und das in einem gezäunten, relativ übersichtlichen Bergrevier.

Wotschikowsky stellte fest, dass in Hahnebaum bei einer Dichte von etwa 40 Rehen/100 Hektar im Mittel 80 Minuten erforderlich waren, um ein Reh zu sehen. Nach der Reduktion auf 12 bis 15 Rehe/100 Hektar mussten pro Reh jedoch mehr als 180 Minuten aufgewendet werden – also drei Stunden!

Die Trophäenschau

Brauchen wir sie?

Die Trophäenschau als Pflichtveranstaltung gab es vor 1934 in Europa nirgends. Sie wurde erst durch das deutsche Reichsjagdgesetz eingeführt, und zwar nicht nur im damaligen Deutschland, sondern auch in den von Deutschland überfallenen und besetzten Ländern, in denen sie sich teilweise bis heute gehalten hat. Die meisten deutschen Bundesländer haben sie inzwischen – für Rehwild – wieder abgeschafft. Die Mehrheit der Jäger waren wohl gegen die Abschaffung. Dort, wo sie noch auf freiwilliger Basis stattfindet, interessieren sich jedoch immer weniger Jäger für sie.

Wo gibt es eine Trophäenschau für Rehwild?		
	Pflicht	**freiwillig**
Belgien	nein	nein
Bulgarien	nein *	ja
Dänemark	nein	nein
Deutschland	nur noch Bayern und Mecklenburg-Vorpommern	teilweise
Finnland	nein	nur die Stärksten
Frankreich	nein	nein
Elsass	nein	ja
Estland	nein	ja
Großbritannien	nein	nein
Kroatien	nur Bewertung, aber kein öffentliches Vorlegen	
Lettland	nein	
Litauen	ja	
Luxemburg	nein	nein
Niederlande	nein	teilweise
Österreich	ja	
Polen	ja	
Rumänien	ja	
Schweden	nein	sehr vereinzelt
Schweiz	nein	teilweise
Slowakei	Bewertung nach CIC-Punkten und Vorlage	
Slowenien	ja	
Spanien	nein	
Tschechien	nein	meist freiwillig
Ungarn	nein *	

* Trophäen werden nach CIC-Formel bewertet und den Gästen verrechnet.

Trophäenschau.

Über den Sinn von Pflichttrophäenschauen für Rehwild darf nachgedacht werden, über Möglichkeiten und Qualifikation von Trophäen-Bewertern auch. Sicher ist nur, dass auch als falsch erlegt eingestufte Böcke nicht mehr reanimiert werden können.

Hier ist wohlgemerkt nur von Rehwild die Rede. Bei diesem handelt es sich – im Gegensatz zum Rotwild – um eine Art mit relativ kurzer Lebensdauer und einer hohen Reproduktionskraft.

Von Befürwortern wird argumentiert, die Trophäenschau wirke erzieherisch. Nun gab es schon immer die Möglichkeit, unliebsame Situationen zurechtzurücken. Passende Unterkiefer sind beschaffbar, Originale lassen sich von jedem Zahntechniker passend schleifen. Böcke, die nicht passen, werden nicht selten als Geißen verbucht. Letztlich lösen die bei unseren Trophäenschauen vorgezeigten Geweihe immer wieder kontroverse Diskussionen aus. Wie sehr sich selbst Experten bei der Altersfeststellung nach dem Zahnabschliff täuschen, haben wir auf den Seiten 161 und 162 gesehen.

Trophäenschauen können uns zwar nicht verraten, wie alt die einzelnen dort ausgestellten Böcke sind, dennoch entlarven sie uns zuweilen. Denn wenn wir ständig über den Rückgang des Rehwildes jammern, die meisten ausgestellten Böcke aber älter als zweijährig sind, dann muss es immer noch Rehwild „satt“ geben!

Es ist nicht möglich, den Lebensraum den Bedürfnissen des Rehwildes anzupassen, vielmehr müssen wir die Zahl des Rehwildes der Qualität des Lebensraumes anpassen!

Jagd im Jahreslauf

Die Jagd im Frühjahr

In Großbritannien sind Geißen und Kitze bis 31. März jagdbar, und auch in den Niederlanden werden die Kitze noch im März geschossen. Derartige Überlegungen gab es in Deutschland auch, und zwar nicht von den Waldbesitzern oder Förstern, sondern von der Vertretung der Jägerschaft. Das zuständige Ministerium hat diesbezügliche Forderungen damals abgelehnt.

In mehreren europäischen Ländern, zum Beispiel in Ungarn, dürfen Rehböcke teilweise ab 1. April bejagt werden. Mit diesem frühen Jagdbeginn soll vor allem verhindert werden, dass sich die Böcke in den Agrarlandschaften der Bejagung entziehen, indem sie im Getreide Einstand nehmen. Auch in den Niederlanden werden bereits im April Schmalrehe und sogar Jährlingsböcke bejagt. Dies, obwohl die Jährlinge im April ihre Geweihe noch nicht gefegt haben. Wildbiologisch ist das ohne Belang; jagdlich hat es den Vorteil, dass weniger Jährlinge zu Opfern des Straßenverkehrs werden (die Straßendichte in den Niederlanden ist mit die höchste in Europa) und dass es weniger zu territorialen Streitereien kommt. Ein ganz wichtiger Punkt erscheint mir, dass die Bejagung dieser Altersklasse nicht wie bei uns in den Haupt-Setzmonaten stattfindet! Das bedeutet mehr Ruhe für Geißen, die kurz vor dem Setzakt stehen oder bereits gesetzt haben – vorausgesetzt, es herrscht im Mai und Juni Ruhe.

Rehgeiß, hochträchtig.

Im Mai sind Schmalrehe und Geißen noch problemlos zu unterscheiden. Geißen sind entweder trächtig, oder sie haben ein gut sichtbares Gesäuge.

Geiß mit dickem Gesäuge.

In den ersten drei Wochen nach dem Setzen ist das Gesäuge der Geiß noch gut zu sehen, und Fehlabschüsse sind bei entsprechender Vorsicht zu vermeiden.

Inzwischen wurde der Beginn der Jagdzeit auch in Teilen Österreichs und Deutschlands auf den 16. April beziehungsweise in Modellprojekten sogar auf den 1. April vorgezogen. Rein jagdlich – also aus der Sicht des Jägers – ist das sinnvoll, denn die Rehe sind in dieser Zeit ziemlich aktiv und damit häufig sichtbar.

In anderen Ländern beginnt die Jagd auf Böcke und Schmalrehe am 1. Mai. Einige Länder machen Einschränkungen, indem sie bei den Böcken nur die Jährlinge freigeben. Sachlich ist dies schwer begründbar. Denn gerade der frühzeitige Abschuss von mehrjährigen Böcken macht Nischen frei und bremst die Abwanderung starker Jährlingsböcke und Zweijähriger ohne eigenes Revier. In einigen österreichischen Bundesländern dürfen im Mai neben Schmalrehen auch nicht tragende und nicht führende Geißen erlegt werden. Wildbrethändler, die das erlegte Wild von den Jägern übernehmen, lassen durchblicken, dass der Anteil fälschlich erlegter trächtiger oder führender Geißen im Mai erheblich sei.

Andererseits sind Schmalrehe und Geißen zu keiner anderen Zeit so leicht zu unterscheiden wie im Mai! Etwa bis Ende Juni zeigt uns ein Blick zwischen die Keulen auch ohne Spektiv den „Familienstand“ des Rehs an. Das Gesäuge hebt sich – auch wenn es die Kitze eben erst geleert haben – zu dieser Zeit noch deutlich ab. Allerdings ist in vielen Revieren im Juni die Vegetation bereits so hoch, dass der Blick zwischen die Keulen häufig nicht mehr möglich ist.

Schmalreh.

Die Schmalrehe sind im Mai wirklich noch „schmal", und die Vegetation gestattet den Blick zwischen die Keulen.

Danach wird das Ansprechen von Woche zu Woche schwerer. Die Schmalrehe legen deutlich an Gewicht zu und werden rein optisch ihren Müttern immer ähnlicher. Bei den Geißen aber geht das Gesäuge mit der fortschreitenden Umstellung der Kitze auf pflanzliche Nahrung schnell zurück. Die Unterscheidung von Geiß und Schmalreh oder führender Geiß von nicht führender wird immer schwieriger.

Säugende Kitze.

Wenn die Kitze ihre Jugendflecken verloren haben, ist auch das Gesäuge der Geiß nicht mehr so prall, und die Kitze verbringen noch viele Stunden des Tages alleine. Da kann es schnell zu Missverständnissen kommen. Am besten ist, wir lassen ab Juni den Finger gerade.

„Es gilt, jedes Kitz und Schmalreh zu erlegen, um den Wildbestand einigermaßen in den Griff zu bekommen. Jedes! Denn dann sind immer noch mehr als genug übrig. Denn im Schnitt sieht man nur die Hälfte der vorhandenen, und die sind dann noch längst nicht alle erlegt."

Dr. Heribert Kalchreuter,
ehemals wildbiologischer Berater des DJV und
Leiter des Europäischen Wildforschungsinstitutes

Ein weiterer Vorteil der Frühjahrsbejagung ist die Tatsache, dass die Schmalrehe (und das weibliche Rehwild überhaupt) zu keiner anderen Jahreszeit so häufig gesehen werden wie jetzt, zudem auch noch bei günstigerem Licht als im Herbst. Es wird am Morgen sehr früh hell, und der Betrieb in Wald und Feld beginnt erst zwischen sechs und sieben Uhr. Im November beginnt der Betrieb auch um sieben Uhr, aber dann ist es fast noch dunkel. Bei allen jagdlichen Vorteilen der Bejagung im Mai muss aber auch der Druck erwähnt werden, der dabei auf die hochträchtigen und später führenden Geißen ausgeübt wird. Die Bejagung der Schmalrehe und Jährlingsböcke könnte leicht reduziert werden, wenn wir bereit wären, im Herbst und Frühwinter mehr Kitze zu erlegen!

Die Jährlingsböcke

Früher und lokal heute noch durften in vielen Revieren jener Länder, in denen das deutsche Reichsjagdgesetz galt, bei den Jährlingen eigentlich nur Knopfer geschossen werden. Bereits der Abschuss eines etwas höheren Spießers führte bei den Traditionalisten zu Unmut. Noch in den 1970er-Jahren waren die Jagdzeitungen voll des „Knopfbock-Problems". Schon bei Spießern unter Lauscherhöhe begannen Diskussionen darüber, ob ein solcher Abschuss gerechtfertigt sei oder nicht. Bessere Jährlinge, deren Spieße Lauscherhöhe erreichten, oder gar Gabler- und Sechserjährlinge galten als glatte Fehlabschüsse. Sie mussten geschont werden. Tatsächlich aber waren nicht „Fehlabschüsse" das Problem, sondern die viel zu hohen Rehwildbestände!

Herzog Albrecht von Bayern antwortete auf die Frage, welche Jährlinge bevorzugt geschossen werden sollten: „Vor allem genug!"

Nun muss der Jäger ja wirklich nicht jeden Jährlingsbock erlegen, aber es ist auch unmöglich, den notwendigen Anteil Jährlingsböcke mit Knopfböcken und schwachen Spießern zu erfüllen.

In Deutschland wurden in früheren Jahren auf den Trophäenschauen sogar Medaillen für den „besten Hegeabschuss" vergeben: Wer die meisten erlegten

Ein Jährling aus Südtirol.

Wenn der dritte Prämolar schon zweiteilig ist, sprechen die meisten Jäger einen solchen Bock als mehrjährig an.

Ein Jährling aus Kärnten.

Auch ein Jährlingsbock, erlegt Mitte Mai, Gewicht 7 Kilogramm. Wahrscheinlich war er als Kitz sogar etwas schwerer und hat im Winter Gewicht verloren. Dass er so schwach ist, hat nichts mit seiner genetischen Anlage zu tun, sondern mit seinen Lebensbedingungen. Wer seinen Jährlingsabschuss auf solche und ähnliche Böcke konzentriert, wird kaum ausreichend Jährlinge erlegen können.

Knopfböcke vorweisen konnte, war der beste „Heger". In Wirklichkeit handelte es sich nicht um Hege, sondern um gedankenlose Überhege mit allen Nachteilen für das Wild und seinen Lebensraum. Weil aber ein erheblicher Teil der Jäger an den mickrigen Knopfern überhaupt kein Interesse hatte, wurden diese schließlich in manchen Gebieten zusätzlich freigegeben, das heißt nicht auf den regulären Bockabschuss angerechnet. Um das Geschlechterverhältnis nicht in

Je mehr wir uns beim Abschuss der Jährlinge auf Knopfböcke und schwache Spießer konzentrieren, umso mehr von ihnen produzieren wir!

Unordnung zu bringen, ging man mancherorts dazu über, für jeden Knopfer zusätzlich ein Stück weibliches Wild freizugeben. Vielerorts wirkte dies nun wiederum als Bremse. Man wollte seine Rehe ja nicht „ausrotten".

An was also soll sich der Jäger bei der Bejagung von Jährlingsböcken halten? Soll er vor allem den „Rahmen" im Auge behalten, also ob der Bock „groß" und schwer im Wildbret ist? Oder soll er primär aufs Geweih achten und nur Böcke mit geringem Geweih schießen? Da stellt sich doch ganz ernsthaft die Frage, ob sich die beiden erstklassigen „Berufsjäger" Wolf und Luchs auch solche Gedanken machen…

Die Jagd in der Brunft

Die „Blattjagd" – also die Jagd während der Brunft, bei der früher ein Blatt als Lockinstrument verwendet wurde – hat in Deutschland, Österreich und in den osteuropäischen Staaten immer noch eine sehr hohe emotionale Bedeutung. Das war nicht immer so. Friedrich von Gagern, durch Jahrzehnte hindurch der populärste und sprachgewaltigste deutschsprachige Jagdschriftsteller, schwor ihr zeitweise ab, weil ihm das „Heranpfeifen" von liebestrunkenen Rehböcken zu einfach und auch zu unfair erschien. In manchen europäischen Ländern verbietet der Gesetzgeber die Jagd während der Paarungszeit.

Brunftimpression: ein Bock im Morgennebel.

In der ersten Augustwoche werden insgesamt nicht sehr viele Rehe erlegt. Deutlich mehr fallen schon in der zweiten Julihälfte. Aber unter ihnen werden nicht viele Böcke sein, die aufs Blatt sprangen.

Fakt ist, dass Rehböcke, die schon im Mai und Juni erlegt werden, in der Blattzeit nicht mehr springen. Daher spielt diese Jagdart heute dort, wo schon vorher intensiv gejagt wird, keine große Rolle mehr.

Noch in der ersten Hälfte des 19. Jahrhunderts hatte sie bei den bäuerlichen und bürgerlichen Jägern keine übergroße Bedeutung, einfach weil es diesen schon an der Kühlmöglichkeit für das Wildbret fehlte. Nicht so beim Adel, der mehrheitlich bereits immer über derartige Möglichkeiten verfügte. Als Beispiel darf die Fürstlich Fürstenberg'sche Forstverwaltung in Donaueschingen in Baden-Württemberg gelten, die für ihre Blattjagd europaweit bekannt war. Sie zeigt gleichzeitig, dass die Bejagung in der Brunft gar keine so alte Tradition hat, wie oftmals angenommen wird. Bei STEPHANI (1938) lesen wir:

> Aus den erhaltenen Monatsberichten der fürstlichen Jagdbeamten ist ersichtlich, dass noch in den 1860er-Jahren verhältnismäßig wenige Rehböcke auf dem Pürschgang oder beim Blatten geschossen worden sind. Erst nachdem sich die Bedeutung des Gehörns als Trophäe mehr durchgesetzt hatte, weidwerkte man in steigendem Maße mehr auf den Sommerbock…

Heute macht die Jagdstatistik deutlich, dass in Mitteleuropa nur ein recht unbedeutender Prozentsatz der Rehböcke in der Blattzeit geschossen wird.

Kitze im September?

In den meisten europäischen Ländern dürfen Rehkitze im September bejagt werden, teilweise auch bereits im August, und es ist in jedem Fall vorteilhaft, mit dem Kitzabschuss so früh wie möglich zu beginnen. Grundsätzlich gibt es aber, was die Bejagbarkeit des Rehwildes im September betrifft, große revierspezifische Unterschiede. Wo beispielsweise der Waldanteil gering und der Maisanteil im Feld hoch ist, ist auch die Sichtbarkeit des Rehwildes im Frühherbst gering. Die Sichtbarkeit sinkt aber auch dann, wenn es in einem Revier eine gute Eichelmast gibt. Die Früchte der Eichen beginnen in manchen Jahren schon Ende August zu fallen. In vielen Revieren wird dann das Rehwild nahezu unsichtbar, weil es nicht mehr ziehen muss und weil die Wiesen uninteressant werden. Trotz allem sollten wir mit dem Abschuss der Kitze möglichst im September beginnen. Die oft zu beobachtende Zögerlichkeit rächt sich. Andererseits sehe ich persönlich aber wenig Sinn darin, Kitze bereits im Hochsommer zu bejagen, wie dies in einigen österreichischen Bundesländern möglich ist.

Was spricht für die Bejagung im September? Ganz einfach – die Mutter-Kind-Bindung zwischen Geiß und Kitz ist noch besonders stark. Dadurch ist die gleichzeitige Erlegung ganzer Familien, also Geiß und Kitz(e), relativ leicht. Damit wird der Jagddruck deutlich abgesenkt. Andererseits sind die Kitze jetzt schon relativ selbstständig und halten sich nicht mehr ständig bei ihren Müttern auf. Manchmal erscheinen sie auf einer Freifläche, während die Geiß noch im Bestand drinnen ruht und wiederkäut. Ebenso oft kommt es vor, dass die Geiß ohne ihre Kitze erscheint.

Das Gesäuge erkennen wir jetzt nicht mehr, weil die Geiß nur noch minimal Milch produziert. Zudem ist auch die Schlagflora noch so hoch, dass wir der Geiß nur mit Glück zwischen die Keulen schauen können. Da kann es durchaus zu einem Fehlabschuss kommen. Beispiel: Wir beobachten die Geiß eine halbe Stunde. Kitze sind keine zu sehen, und wir sind überzeugt, die Geiß führt nicht. Doch nach dem Schuss stellen wir fest, dass sie doch noch etwas Milch im Gesäuge hat. Aber die Chancen, das oder die Kitze unverzüglich zu erlegen, ist groß. Haben wir in der Früh geschossen, warten wir einfach eine oder zwei Stunden. Klappt es jedoch am Abend nicht mehr, weil es schnell dunkel wird, setzen wir uns am nächsten Morgen am selben Platz wieder an. Wir warten vielleicht eine Stunde, und wenn sich bis dahin nichts getan hat, fiepen wir. Das oder die Kitze werden in der Nähe sein und zustehen! Diese enge Bindung lockert sich im Laufe des Herbstes zusehends. Die Rehe machen nun aber auch immer öfter negative Erfahrungen. Die Kitze lernen mit, und bei erwachsenen Rehen werden Erlebnisse und Erfahrungen aus Vorjahren wieder lebendig. Sie wissen, was ein Schuss bedeutet!

Trotz des unbestreitbaren Vorteils der Septemberjagd, handeln viele Jäger zögerlich. Ihre Motive sind klar:

- Die Kitze sind vielen Jägern noch zu leicht und schwer verkäuflich.
- Die gerade zu Ende gehende Ferienzeit lastet noch auf den Kassen vieler Haushalte, was den Wildbretverkauf ebenfalls erschwert.
- Verbraucher wollen das Wildbret erst zu Weihnachten, und sie haben völlig falsche Vorstellungen vom Platzbedarf eines zerlegten Kitzes in der Gefriertruhe. Der ist nämlich äußerst gering.

Wer jedoch bereit ist, die Kitze küchenfertig zu zerwirken, abzupacken und einzufrieren, der findet zu allen Zeiten einen guten Markt und erzielt beste Preise! Das Problem ist die Hygienerichtlinie der EU, welche die Direktvermarktung von gefrorenem Wildbret durch den Jäger nicht zulässt. Er darf zwar zerlegte Rehe und auch Teile von diesen an Endverbraucher abgeben, diese vorher aber nicht frosten (auf nationaler Ebene gibt es hier abweichende Regelungen).

Geiß und Kitz im September.

Die Geiß klapperdürr, und das Kitz wird kaum 8 Kilogramm wiegen. Warten bis Dezember? Nein, am besten gleich beide sofort!

WÖLFEL und REINECKE (1998) untersuchten die Rehwildstrecke der Landesforsten in Niedersachsen. Dabei zeigte sich, dass die Septemberkitze deutlich leichter waren als jene der nachfolgenden Monate. Allerdings sind dabei die unterschiedlichen Setzzeitpunkte zu bedenken (97 % der Geißen setzten innerhalb von fünfzig Tagen). Bei spät gesetzten Kitzen verschiebt sich die Gewichtszunahme. Wären alle Kitze erst im Dezember und Januar geschossen worden, wäre das „Gesamt-Erntegewicht" sicher höher gewesen. Allerdings hätten sich für die überlebenden Kitze die Äsungsreserven reduziert, und manches von den schwachen Kitzen wäre noch eingegangen.

Entwicklung der Kitzgewichte I		
	♂	♀
September	7,48	7,09
Oktober	8,82	8,41
November	9,85	9,41
Dezember	10,33	9,85
Januar	10,40	9,96

Entwicklung der Kitzgewichte in den Niedersächsischen Landesforsten in den Jahren 1994/95 und 1995/96.

Hier waren die Kitzgewichte im September deutlich niedriger als im Winter. Einen signifikanten geschlechtsspezifischen Unterschied gab es hingegen nicht. (Daten: WÖLFEL und REINECKE 1998)

Es ist ganz einfach: Die Natur hält eine bestimmte Menge Nahrung bereit. Wird schon im September ein wesentlicher Teil ihrer Verbraucher erlegt, bleibt für die anderen mehr Nahrung übrig. Wird hingegen erst im Winter mit dem Abschuss begonnen, fehlt schon ein erheblicher Teil des Nahrungsvorrates.

Welcher Jäger lehnt entrüstet die Einladung zur Treibjagd ab, weil die Hasen höchstens sechs Kilogramm wiegen? Bei Septemberkitzen, die bereits zwei oder drei Kilogramm schwerer sind, reden sie dann von „Kindermord".

Man kann es natürlich auch anders sagen: Je länger ich jenen Rehen, die ohnehin erlegt werden sollen, Zeit gebe, Waldbäume zu verbeißen, umso höher wird der Verbiss ausfallen!

ELLENBERG (zitiert bei WÖLFEL 1998) berichtet, dass es bei geringer Wilddichte kaum einen geschlechtsspezifischen Gewichtsunterschied bei den Kitzen gibt. Bei hoher Wilddichte hingegen seien Bockkitze deutlich schwerer als Geißkitze. Er verwendet hierzu Daten aus dem Rehgatter Stammham und aus dem Bayerischen Forstamt Bodenmais (650 bis 1.400 Meter Seehöhe). In Bodenmais wurden die Rehe vor allem durch den Winter reguliert.

Entwicklung der Kitzgewichte II

	♂	♀
September	9,05	8,61
Oktober	9,97	10,69
November	10,70	10,70
Dezember	11,50	11,70
Januar	11,10	12,80

Durchschnittsgewichte von Kitzen aus dem Bayerischen Forstamt Bodenmais der Jahre 1988-1994.

Der Bayerische Wald ist das schneereichste Gebirge Deutschlands, und die Rehwilddichte dürfte nicht besonders hoch sein. Geschlechtsspezifische Unterschiede sind gering.

Keine Bock- oder keine Geißkitze?

Dort, wo es für Rehwild noch Abschusspläne gibt, ist ohnehin alles bestens geregelt. Landesregierungen und Jagdverbände leisten sich eigene Wildbiologen, deren wissenschaftliche Freiheiten manchmal an jene eines Regierungssprechers erinnern. Auf dem Papier ist also alles bestens, aus der einen Sicht mehr, aus der anderen weniger. Aber Papier ist geduldig, und der Wald ist groß und schweigt. Wer das sagt, verrät kein Geheimnis.

Jedenfalls haben viele Jäger eigene Vorstellungen darüber, was man schießen darf, soll oder muss oder eben nicht. Und diese Vorstellungen gehen sehr weit auseinander. Da gibt es zumindest bei uns immer noch Reviere, in denen grundsätzlich keine Bockkitze geschossen werden sollen, weil aus ihnen ja

„Bei Bockkitzen sollen nur ausgesprochen schwache Stücke erlegt, und die Auswahl soll vornehmlich im Jährlingsalter vorgenommen werden."

Aus den alten Abschussrichtlinien der Kärntner Jägerschaft

irgendwann Böcke werden. Doch mindestens ebenso häufig sind jene, die entdeckt haben, dass aus weiblichen Kitzen irgendwann Geißen werden. Und diese sorgen wiederum für Nachwuchs bei beiden Geschlechtern. Also werden keine Geißkitze oder am besten gleich gar keine Kitze geschossen.

Suspekt sind mir aber auch jene Jagdleiter, die peinlich darauf achten, dass der Kitzabschuss exakt mit dem Plan übereinstimmt. Viele Jahre habe ich als staatlicher Berufsjäger – widerrechtlich – beim Kitzabschuss überhaupt nicht auf das Geschlecht geachtet. Betrachtete man das Ergebnis einzelner Jahre, dann war der Abschuss nicht ausgeglichen. Betrachtete man hingegen die Strecke von drei oder gar fünf Jahren, dann gab es am Abschuss eigentlich nichts zu kritisieren. Aber genau das ist ja eines unserer Probleme, dass wir nämlich entweder eine zu kleine Datenbasis oder einen zu kurzen Beobachtungszeitraum verwenden. Natürlich hätte ich – und das ist vielerorts die Regel – einfach verbuchen können, was der Plan vorgab. Dann wäre ich vielleicht gelobt worden – gelernt hätte ich dabei wenig!

Die Natur hat ihre eigenen Vorstellungen, und sie ist manchmal recht eigensinnig, auch bei der natürlichen Mortalität der Kitze. Sie fragt nicht nach dem Wildbreterlös, eher lässt sie jene fallen, deren Überlebenschancen gering sind, und behält die anderen. So werden bevorzugt weibliche (schwächere) Föten resorbiert oder abortiert. Bei ungünstiger Witterung geht von zwei Kitzen eher das schwächere ein als das stärkere, und das schwächere ist meist das weibliche. Dies muss aber nicht immer und überall so sein. WOTSCHIKOWSKY (1986) kam bei seinen Untersuchungen in Hahnebaum (Hochgebirge) sogar zu dem Schluss, dass dort bevorzugt die Bockkitze der Witterung zum Opfer fielen, und er erklärt das damit, dass männliche Kitze in der Regel stärker waren als weibliche, somit aber auch mehr Energie aufnehmen müssen. Sollte dem tatsächlich so sein und sich die Hahnebaumer Verhältnisse mit gewissen Einschränkungen auch auf andere Reviere übertragen lassen, dann wäre es kontraproduktiv, leichte Kitze zu erlegen. Biologisch sinnvoll oder naturnah ist weder die bewusste Schonung von Bockkitzen noch die von Geißkitzen.

Ein Beispiel ist für mich immer wieder der bei uns im Hochgebirge heimische Steinadler. Rehkitze gehören gerade im Frühsommer zu seiner Beute. Nun

Ein Sprung Rehe.

Ist es nicht unglaublich überheblich, wenn wir hier beginnen nach guter oder schlechter Veranlagung zu selektieren, oder wenn wir uns anmaßen, das Alter der Geißen zu bestimmen?

kann ich mir nicht vorstellen, dass er bevorzugt männliche oder weibliche Kitze schlägt oder dass die einen oder die anderen für ihn einfach leichter zu finden wären. Ihm geht es ausschließlich um die Beseitigung seines Hungers oder die Sättigung seines Nachwuchses, nicht um die Skalpe von Knopfböcken oder um Jährlingsspieße, die sich bei Schonung der Bockkitze im nächsten Jahr an die Horstwand hängen lassen!

Die Aufteilung der Kitze in den Abschussplänen in männliche und weibliche halte ich für absolut entbehrlich. Die Summe der erlegten Kitze spiegelt großräumig das tatsächlich vorhandene Geschlechterverhältnis der Kitze. Dieses muss keineswegs 1 : 1 sein, denn die Kitze werden ja auch nicht in diesem Verhältnis geboren *(siehe Seiten 58 ff)*. Das bedeutet, dass schon die geschlechtsspezifische Verteilung der Kitze im Abschussplan wenig mit der Realität zu tun hat.

Unser Fehler ist der, dass wir vielfach versuchen, so zu denken, zu wirtschaften und zu planen wie der Bauer im Kuhstall. Jener hat aber vier feste Wände, Kühe mit Nummern und den Bauern als unerbittlichen Türsteher.

Im Revier geben nicht wir den Ton an, vielmehr bestimmt die Natur selbst die Linie. Egal, was uns die Behörde vorschreibt, und egal, wie wir damit umgehen, das Ergebnis unseres Handelns hängt von Faktoren ab, die wir nicht wirklich kennen und schon gar nicht beeinflussen können, etwa:

- Wie hoch war die Zahl der setzenden Geißen, und wie viele Kitze brachten diese?
- Wie war das Geschlechterverhältnis der frisch gesetzten Kitze? (Das hängt von der Bestandesdichte der Rehe insgesamt und insbesondere von der Kondition der Geißen ab).
- Wie hoch war die frühe Jugendmortalität (Sterblichkeit durch Hunger, Wetter, Krankheit, Mähverluste, Verluste durch Fuchs usw.), und welches Geschlecht war davon eventuell stärker betroffen?

Natürlich kann ich meine Bockkitze schonen, in der etwas eigenartigen Hoffnung, ihre Knöpfe und Spieße im Folgejahr als „Trophäe" in der Hand zu halten. Das Geschlechterverhältnis beeinflusse ich damit großräumig (!) sicher nicht. Im Frühjahr wird der bessere Teil der zu Jährlingsböcken aufgestiegenen Kitze unseren „Rehstall" verlassen und sich auf Wanderschaft begeben. Der schlechtere Teil – siehe weiter oben – wird bleiben. In der Konsequenz gibt es auch kein „Knopfbock-Problem", sondern nur ein „Jägerproblem"!

Geschwister als Konkurrenten

Eigentlich müsste es heißen: Alle Rehe sind einander Konkurrenten! Das ist eine Konstellation, die vielleicht auf alle Wesen dieser Erde zutrifft, egal ob Pflanze oder Tier. So gesehen wird jedes Kitz dem anderen zum Konkurrenten, unabhängig von der Mutter. Bei Geschwistern fängt das schon bald nach der Geburt an. Fällt von zwei Geschwisterkitzen eines der Mähmaschine zum Opfer, bekommt das Überlebende mehr Milch und wird sich schneller und besser entwickeln. Ob sich frühzeitiger Abschuss einzelner Geschwisterkitze besonders positiv auf die Überlebenden auswirkt, ist fraglich. Die Milch spielt in dieser Jahreszeit „ernährungstechnisch" keine wesentliche Rolle mehr. Die Tageszunahme der Kitze geht jetzt stark zurück. ELLENBERG (1978) stellte auf seiner „Rehfarm" in Stammham fest, dass die Gewichtszunahme ab Ende September rasch abnahm und von November bis Mitte Februar – trotz gleichbleibend gutem Nahrungsangebot – „gleich Null" war.

Es bringt also wenig, einzelne Zwillingskitze zu erlegen, um damit die Überlebenden zu fördern. Viel sinnvoller ist es, gleich beide zu erlegen, und wenn möglich die Geiß auch gleich mit. Damit wird der Jagddruck gering gehalten und anderen Familien Luft geschaffen.

Was nun die Gewichte von Herbstkitzen betrifft, so haben wir Jäger auch kaum die Fähigkeit, das Gewicht eines lebenden, sich in Bewegung befindlichen Kitzes mit annähernder Sicherheit zu schätzen. Folglich macht es auch wenig Sinn, hier selektieren zu wollen.

Herbstrehe.

Geiß und Kitz im Herbst. Wie viele Jäger würden das Kitz richtig ansprechen, wenn es bei sinkendem Licht alleine erscheint?

Gewichtsunterschiede bei Herbstkitzen sind auch durch unterschiedliche Geburtszeitpunkte bedingt. Bei spät geborenen Kitzen verschiebt sich die Kurve der Gewichtszunahme in den Herbst hinein. Unterschiedliche Gewichte können aber – wie bei uns Menschen auch und unabhängig von der Nahrungsbasis – individuell verschieden sein. Ellenberg stellte in Stammham bei Ende November gefangenen Kitzen Lebendgewichte zwischen 9,2 Kilogramm und 20,1 Kilogramm fest! Anmerkung am Rande: Das „Jagd- oder Erlegungsgewicht" der Rehe ist grob um 30% geringer als das Lebendgewicht.

Ellenberg schreibt hierzu:

> Rehkitze mit Zugang zur Fütterung (Rehgatter, Rehfarm) oder zu einer Eichelmast im Herbst oder zu Äckern mit Zwischenfrüchten, Mais, Rüben, Wintergetreide, und so weiter, werden um mehrere Kilogramm schwerer als unter gleichen klimatischen Bedingungen aufgewachsene Kitze ohne diese zusätzliche Nahrungsmöglichkeiten ... Die Anwesenheit einer Rehsippe an einem solchen Ort mit günstigen Nahrungsbedingungen behindert jedoch deren Nutzung auch durch fremde Rehe.

Der Jäger ist also gut beraten, wenn er seinen Rehwildabschuss so früh wie möglich tätigt und wenn er dabei bevorzugt Familien erlegt. Dadurch schafft er

Rehgeiß mit Kitzen.

Winternachmittag: Das Licht ist gut, und die Rehe lassen uns vergleichen – eine Geiß und ihre beiden Kitze. Wie sicher wären wir uns, wenn im letzten Licht das oder die Kitze ohne Geiß am Dickungsrand stehen?

für andere Familien günstige Voraussetzungen. Was unsere Versuche betrifft, bei den Kitzen zu selektieren, mit dem Ziel, die „Gutveranlagten" zu fördern, so mag der Leser einmal nachdenken. Beispiele:

- Geiß A ist deutlich stärker als Geiß B, und sie dominiert über diese. Dank ihrer guten Kondition bringt A zwei Kitze zur Welt. B hingegen setzt nur ein Kitz. Dieses Einzelkitz entwickelt sich unter Umständen so gut oder gar besser als die Zwillingskitze von Geiß A, einfach weil es mehr Milch bekommt.
- Nun nehmen wir einmal an, Geiß A hat eines ihrer beiden Kitze durch die Mähmaschine verloren; das Überlebende muss sich die Milch nicht mehr teilen und wird eventuell deutlich schwerer als das Kitz der schwächeren Geiß B.
- Geiß A könnte aber auch im August von einem Auto überfahren werden, und die beiden Kitze blieben zurück. Sie würden wahrscheinlich kümmern und deutlich schwächer sein als das Kitz von Geiß B.
- Geiß B könnte ihr Kitz aber auch frühzeitig verlieren. Dann kommt alle im Sommer und Herbst aufgenommene Energie ihr zu. Im nächsten Jahr steht sie deutlich besser da.

Diese wenigen Beispiele zeigen, wie absurd es ist, die momentane körperliche Situation mit der genetischen Veranlagung in Verbindung zu bringen. Erstere erkennen wir zumindest am erlegten Reh; die Genetik hingegen sehen wir überhaupt nie!

Negativ auf die Kitzentwicklung wirken sich folgende Faktoren aus:

- Der Ernährungszustand der Geiß ist schlecht.
- Es handelt sich um Zwillings- oder gar Drillingskitze.
- Die Rehwilddichte ist hoch, der Wohnraum nur suboptimal.
- Direkte Äsungskonkurrenz und Streitereien (Stress).
- Die Geiß wird von anderen Rehen unterdrückt.
- Das Zwillingskitz ist ein Bockkitz, dann wächst das Geißkitz meist schlechter.
- Die der Geiß zugänglichen Äsungsbereiche sind gerade in den Wochen des stärksten Zuwachses beim Kitz (Juni, Juli) stark gestört.

Schlechte Familien?

Eigentlich wurde im vorangegangenen Abschnitt schon alles gesagt, was zu sagen war. Rehe sind Phänotypen, deren Aussehen von der Umwelt geprägt wird. Ihre genetische Disposition beeinflusst Unterschiede in Aussehen und Kondition kaum. Zur Umwelt, die das Aussehen und die Kondition der Rehe beeinflusst, gehören der Standort mit all seinen Faktoren wie Bodenverhältnisse und Klima ebenso wie Mensch und Parasit – und nicht zuletzt die eigene Siedlungsdichte.

„Es gibt beim Reh keinen Artverderber, und ein „Aufarten" hat das über eine Million Jahre alte Reh nicht nötig. Es besteht in nahezu unveränderter Form und ohne jede Degenerationserscheinungen weit länger als der Mensch und hat in dieser langen Spanne von Kälte- und Wärmeperioden, von Steppen- und Waldzeiten eine solche Anpassungsfähigkeit entwickelt, dass es – fast dem Chamäleon gleich – auf jeden äußeren Reiz in kürzester Zeit reagiert."

Freiherr Friedrich K. von Eggeling,
ehemals DJV-Hauptgeschäftsführer

Wenn wir also eine schwache Geiß mit ihren ebenfalls schwachen Kitzen erlegen, dann ist das zwar grundsätzlich richtig, aber nicht mit dem Argument, die Geiß sei „schlecht veranlagt". Die intensive Bejagung des Rehwildes als solches ist richtig, und dass wir schlecht konditionierte Rehe bevorzugt erlegen, ist grundsätzlich kein Fehler, solange wir insgesamt – bezogen auf den Lebensraum – genug Rehe schießen.

Kennen wir die Rehe?

Es ist kaum möglich, nicht markierte Rehe sicher zu erkennen. Gut, bei den Böcken geht das relativ gut, solange sie ein verfegtes Geweih tragen. Es gibt auch Rehe, die besondere Körpermerkmale aufweisen, an denen wir sie erkennen. Doch bei den meisten Rehen tun wir uns schwer. Wir *glauben*, ein Reh zu kennen, aber wir wissen es meist nicht.

Ganz typisches Argument: „Die Geiß steht schon seit Jahren an der gleichen Örtlichkeit, die kenne ich." – Aber woher wissen wir, dass wir an besagter Örtlichkeit immer dieselbe Geiß sahen? Da kommt schnell der Hinweis auf das oder auf die Kitze. Aber woher wissen wir, dass es dort nur eine Geiß mit einem Bockkitz gibt und nicht zwei? Wenn heute in manchen Ländern von vielen Jägern angegeben wird, sie müssten bis zu zehn Ansitze investieren, um überhaupt ein Reh zu sehen, dann sei die Frage erlaubt, wie es dann noch möglich ist, bestimmte Familien zu beobachten und zu erkennen? Als Praxisbeispiel möge ein Blick in mein Jagdtagebuch und die Streckenliste des Jahres 1984/85 im Gießwald dienen:

> Auf einer kleinen Waldwiese in Abteilung 2 standen den ganzen Sommer über bis in den September hinein eine Geiß mit einem weiblichen Kitz, daneben auch ein Jährling und ein etwas älterer Bock. Es waren folglich (so der überschnelle Trugschluss) sicher nur diese vier Rehe dort wohnhaft. Am 19. September waren alle Rehe auf der Wiese versammelt. Ich schoss die Geiß und das Kitz.
>
> Am 8. Oktober saß ich wieder an der kleinen Wiese. Es erschienen „die" Geiß mit weiblichem Kitz und der Jährlingsbock. Also müssen dort vorher schon zwei Geißen mit je einem weiblichen Kitz gelebt haben. Ich erlegte nun zunächst das Kitz; die Geiß sprang ab.
>
> Am 25. Oktober saß ich erneut an der Waldwiese. Es erschienen „die" Geiß mit ihrem weiblichen Kitz, der Jährling und der etwas ältere Bock. Es müssen also ursprünglich drei Geißen mit je einem weiblichen Kitz gewesen sein! Ich

Gesehen wurden an der Wiese im Gießwald nie mehr als vier Rehe, immer dabei eine Geiß mit einem weiblichen Kitz. Erlegt wurden in Summe drei Geißen und vier weibliche Kitze, also sieben Rehe. Obwohl von den vier Rehen sieben (!) erlegt wurden, waren mindestens noch drei vorhanden!

schoss zunächst auf kürzeste Entfernung die Geiß und gleich darauf das Kitz.

Schlussfolgerung: Ich habe also den ganzen Sommer hindurch bei keinem meiner dortigen Ansitze mehr als allerhöchstens (?) ein Drittel des weiblichen Wildes gesehen!

Die Jagd im Herbst und Frühwinter

Wir haben schon gehört, dass einer guten Beobachtbarkeit im September ein Beobachtungstief im Oktober folgen kann. So richtig gut wird es dann – je nach Revierverhältnissen – mit den ersten stärkeren Nachtfrösten, mit Reif oder gar frühem Schnee. Die Nächte sind lang geworden, und die Sonne macht sich oft rar. Das ist die Zeit, wo die Rehe vor allem an sonnigen Vormittagen gerne und lange unterwegs sind. Hinzu kommt, dass die Felder kaum noch Deckung bieten, im Wald das Laub von den Bäumen gefallen ist und die Gräser und Stauden schon umgeknickt wurden oder gar flachliegen. Auch deshalb sind die Rehe jetzt gut zu sehen. Es ist eine gute Zeit für den Jäger.

Die Schmalrehe sind jetzt von den Geißen kaum noch zu unterscheiden. Allerdings wird heute in Europa in den Abschussplänen kaum noch irgendwo zwischen Geiß und Schmalreh differenziert. Eher sind die einjährigen Böcke

Wintergesellschaft.

Im Winter bilden sich lockere Gemeinschaften, denen auch mehrere Böcke angehören können.

noch von den mehrjährigen zu unterscheiden. Das ist so, weil Böcke offensichtlich später ausgewachsen sind als Geißen. Ellenberg hat die Entwicklung junger Rehe in Stammham eingehend untersucht und meint: „Unter günstigen Bedingungen sind weibliche Rehe zu Beginn ihres zweiten Lebenswinters weitgehend ausgewachsen."

Wo nicht geschossen wird…

Solange in der Umgebung unseres Hauses nicht gejagt wurde, waren die Rehe auch im Sommer äußerst vertraut.

Im Winter jagen oder nicht?

In vielen europäischen Ländern wird das Rehwild auch im Winter bejagt. Die Befürworter der Winterjagd sitzen vor allem dort, wo es keinen oder nur wenig Schnee gibt. Sie verweisen auf gute jagdliche Ergebnisse im Januar und Februar und teilweise auch darauf, dass im Winter ohnehin Jagddruck durch die Schwarzwildbejagung entsteht. Dies kann nicht ganz von der Hand gewiesen werden. Richtig ist, dass im Januar bei der Einzel- wie bei der Drückjagd besonders gute Strecken erzielt werden, wenn wenig Schnee liegt. Die Rehe sind dann bei Tag viel auf den Läufen, werden leicht gesehen und nicht durch tiefen Schnee behindert.

Die Jäger haben im Herbst und Winter generell das Problem, mehrheitlich nur am Wochenende jagen zu können, weil sie berufstätig sind und es sehr spät hell und früh dunkel wird. Nach meiner Erfahrung wird aber zu Beginn des Herbstes umso nachlässiger gejagt, je länger die gesetzliche Jagdzeit dauert.

Betrachtet man die unterschiedlichen Jagdzeiten in den einzelnen europäischen Ländern, wird schnell deutlich, dass es keinen einzigen Monat im Jahr gibt, in dem nicht in irgendeinem europäischen Land auf Rehwild gejagt wird.

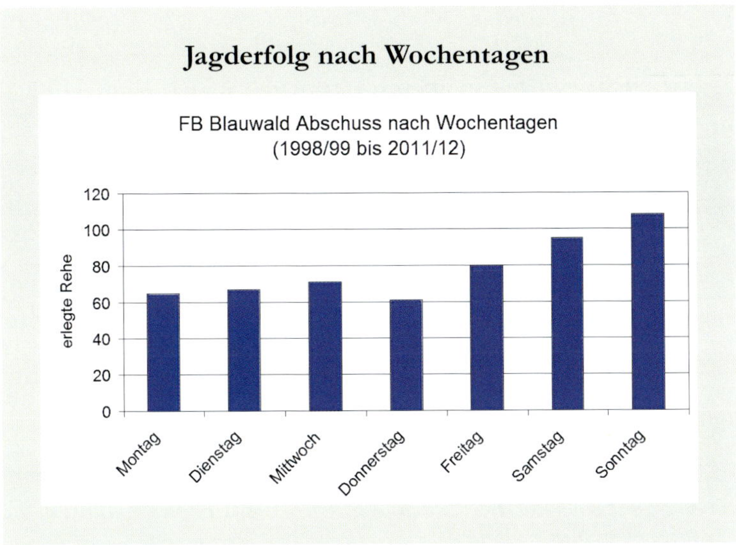

Die meisten Rehe werden im Forstbetrieb Blauwald am Wochenende erlegt, also dann, wenn auch die meisten Nichtjäger im Wald sind. Allerdings dürften, besonders in den Herbst- und Winterwochen, die Jäger am Wochenende auch am aktivsten sein. Dafür spricht auch der Freitag, an dem in den meisten deutschen Betrieben nachmittags nicht mehr gearbeitet wird. Die Daten zeigen aber, dass der dort erhebliche Publikumsverkehr den Jagderfolg am Wochenende nicht einbrechen lässt.
(Daten: FORSTBETRIEB BLAUWALD 2014*)*

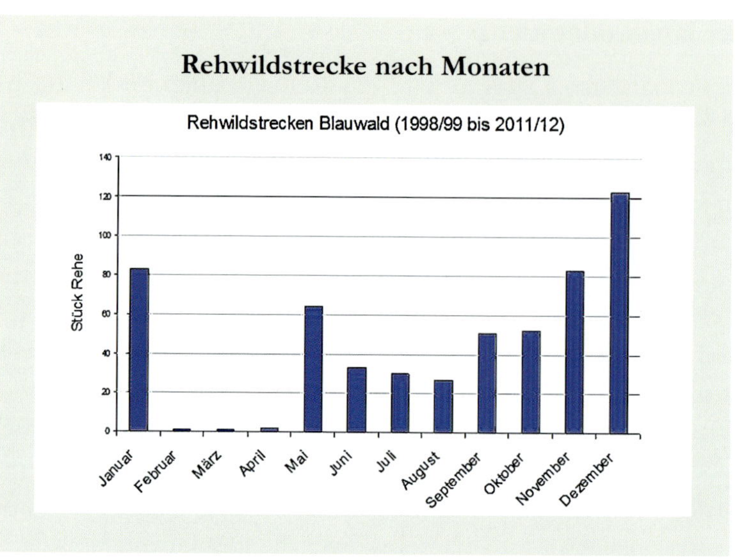

Streckenverteilung im Forstbetrieb Blauwald auf der Ostalb. Hier fällt ein erheblicher Teil der Rehe in den drei Monate November, Dezember und Januar. Die Jagd in dem 12.000 Hektar großen Forstbetrieb wird überwiegend von privaten Jägern ausgeübt. Diese nutzen die Feier- und Brückentage zwischen Weihnachten und Dreikönig.
(Daten: FORSTBETRIEB BLAUWALD 2014*)*

Während beispielsweise in den Waldrevieren des Flach- und Hügellandes der September recht gute Rehwildstrecken bringen kann, lohnt sich in Revieren mit wenig Wald und großen Maisflächen kaum das Rausgehen. Bei uns in Österreich ist es ziemlich unvorstellbar, im Januar oder gar Februar noch zu jagen. Mit Blick auf den Energiehaushalt des Rehwildes ist diese Einstellung sicher richtig. In weiten Teilen Deutschlands hingegen halten vor allem viele Förster und Waldjäger die Jagd im Januar für unverzichtbar. In klimatisch wintermilden und schneearmen Gebieten des flachen Nordens mag man das akzeptieren. Bedenklich wird es aber dann, wenn es vom 1. Mai bis 31. Januar für das Rehwild überhaupt keine Ruhezeiten mehr gibt.

Bei uns im Hochgebirge liegt in manchen Jahren und Lagen bereits Ende Oktober eine geschlossene Schneedecke; da ist die Jagd im Januar sicher keine gute Sache. Erwähnt werden muss aber auch, dass heute das auf gleicher Fläche lebende Schwarzwild immer mehr Bedeutung gewinnt und vielerorts auch im Januar bejagt werden muss. Da wird die Argumentation gegen die Bejagung des Rehwildes im selben Revier und Zeitraum schwierig.

Jagdmethoden

Tradition der Bewegungsjagden auf Rehe

Ursprünglich wurde Rehwild weitgehend auf Treibjagden bejagt. Die Jagdzeit von Böcken und weiblichem Wild endete meist zu Silvester. Teilweise genossen weibliches Rehwild oder Kitze auch ganzjährige Schonzeit. Die Böcke wurden erlegt ohne Rücksicht darauf, ob sie ihre Geweihe noch trugen oder schon abgeworfen hatten. Sie galten in älterer Zeit dann als „richtig", wenn sie ein Sechsergeweih trugen. Warum? Weil nach damals gängiger Meinung Spießer Jährlinge waren, Gabler Zweijährige und Sechser Altböcke. Geschossen wurde auf diesen Treibjagden ausschließlich mit Schrot. Die Bedeutung der Geweihe war für die meisten Jäger eher gering. Die Sommerjagd wurde fast nur in der Blattzeit ausgeübt.

Im Archiv der Fürstlich Windisch-Graetz'schen Forstverwaltung, deren Hauptsitz bis Kriegsende in Böhmen war, finden sich reiche und lückenlose Aufzeichnungen über die Rehjagden früherer Zeiten. Einige Zahlen daraus scheinen mir recht interessant zu sein.

Im böhmischen Forstamt Heiligen war es zwischen 1870 und 1927 üblich, alljährlich in der ausklingenden Hirschbrunft (!), zur Unterhaltung der Hirschbrunftgäste, tagsüber ein „Rehjagderl" zu veranstalten. Bei einem solchen „Plaisir" wurden neben fünf bis sechs guten Böcken auch noch so dreißig bis vierzig

Nach der Treibjagd.

Fast alles, was wir heute in Bezug auf Gesellschaftsjagden „Tradition" nennen, war bis Mitte der 1930er-Jahre in Mitteleuropa weitgehend unbekannt. Das Bild zeigt eine Jagdgesellschaft Anfang des 20. Jahrhunderts. Die Schützen führen ausnahmslos Doppelflinten, Jagdhorn ist keines zu sehen, und die Strecke wurde recht unkonventionell gelegt.

Waldhasen geschossen. Der Vergleich Waldhasen zu Rehböcken legt den Schluss nahe, der Rehwildbestand müsse damals gering gewesen sein. Dem war nicht so. Das geht aus anderen Aufzeichnungen hervor, etwa wenn man liest, dass ein Jagdgast an sonnigem Blatttag seine acht (!) reifen Böcke schoss, oder wenn, wie anno 1882, zwei Gäste in den Tagen der Hochbrunft zusammen 38 (!) starke Böcke erlegten. Heute ist das – trotz oder wegen aller technischen Mittel – selbst in rehreichen mitteleuropäischen Wäldern nicht mehr möglich.

In den adeligen Standesherrschaften war die Rehjagd weder Teil des „Forstschutzes", noch wurde sie primär aus wirtschaftlichen Gründen betrieben. Sie war in erster Linie gesellschaftliches Vergnügen. Ernsthafte Wildreduzierung fand höchstens dann statt, wenn befürchtet wurde, dass eine angepachtete Gemeindejagd verlorengehen könnte. Die Mehrheit der Jäger jener Zeit fand das Erlegen von Rehböcken auf der Treibjagd schlicht lustiger als bei der Einzeljagd, wobei Hochsitze damals noch so gut wie unbekannt waren und vielerorts auch als „unweidmännisch" abgestempelt wurden.

Nur so ist es zu verstehen, dass im Bereich des oben erwähnten Forstamtes Heiligen in den zehn Jahren, von 1876 bis 1886, alles in allem ganze 135 Rehböcke erlegt wurden. Geißen und Kitze waren absolut tabu! Der Gesamtabschuss betrug also lächerliche 0,14 Stück je 100 Hektar. Dabei waren die angepachteten Gemeindejagden nicht mit einbezogen. Sie dienten dem Adel in damaliger Zeit nur zum Schutz der Eigenjagden vor dem jagdlichen „Pöbel" – den Bauern und Bürgerlichen.

Bestand die Gefahr, dass eine angepachtete Gemeindejagd in andere Hände kam, war es üblich, alles vorkommende Wild totzuschießen. Dies galt vielen adeligen Grundherren immer noch ehrenhafter, als das Wild in die Hände der „Feinde" fallen zu lassen. Bei solchen Unternehmen zeigte sich, wie viel Wild tatsächlich vorhanden war. 1902, als die Gemeindejagden von Galtenhof und Ringelberg – sie waren als Schutzjagden zugepachtet – verlorenzugehen drohten, erhielt der zuständige Revierförster den Auftrag „reinen Tisch" zu machen. Also erlegte er 192 Rehe, überwiegend auf der Pirsch und ohne fremde Hilfe! Auf der traditionellen Drückjagd wurden hingegen ganze 4 Rehe geschossen!

Der Schrotschuss war eben auch ein Mittel der Selbstbeschränkung. Weiter als dreißig Meter konnte man nicht erfolgreich schießen, zumal die Ansicht bestand, man müsse möglichst grobe Schrote verwenden, so von 4 Millimeter aufwärts. In Wirklichkeit fällt – wenn nicht weiter als dreißig Meter geschossen wird – das Reh mit Hühnerschrot immer noch ungleich sicherer um als mit „Posten", wie man Schrote mit einer Stärke über 4 Millimeter nannte.

Schrot oder Kugel?

Heute verknüpfen viele Jäger den Schrotschuss mit der Ausrottung des Rehwildes. Tatsächlich aber war die Einführung des Büchsenschusses die Voraussetzung für eine intensivere Nutzung des Rehwildes. Nicht umgekehrt!

Vor allem Forstleute erhoffen sich vom Schrotschuss eine Lösung des Wald-Rehwild-Problems. Doch dieses Problem ist auch im „Schrotschussland“ Schweiz allgegenwärtig. Probleme müssen eben zunächst im Kopf gelöst werden und nicht mit Technik!

Der frühere Jagdverwalter des Schweizer Kantons Thurgau, Dr. Augustin Krämer, durchaus ein Befürworter des Schrotschusses, hat schon vor Jahrzehnten darauf hingewiesen, dass lange nicht jede Rehwild-Treibjagd mit Schrot effizient ist, und dass manchmal die Kugeljagd weniger Jagddruck und mehr Beute bringen kann.

Wir Jäger brauchen einfach etwas Zeit, ehe wir in der Lage sind, von liebgewordenen Bräuchen und Vorstellungen Abschied zu nehmen und uns an neue Gedanken zu gewöhnen. So löste das Verbot des Schrotschusses auf Rehwild im vergangenen Jahrhundert ebenso viel Unmut und Proteste aus wie heute die Forderung nach Wiederzulassung. Die „Alten“ mochten die laute Jagd, und sie liebten es, Rehe mit Schrot rollieren zu lassen, auch als es bereits

Wachtelhund. Er ist ein idealer Stöberer.

verboten war. Vor allem die Senioren unter den Pächtern und Forstbeamten, die noch die Zeit vor 1934 erlebt hatten, bedienten sich bei uns auch in den 1950er- und 1960er-Jahren immer noch gerne ihrer groben Schrote. Lag ein Reh im Schrothagel und waren „unzuverlässige" Jagdteilnehmer anwesend, wurde dem bereits toten Reh gerne noch ein Kugelschuss verpasst. „Der erste Schuss vorbei, mit dem zweiten Schuss getroffen", hieß damals die gängige Begründung.

In meinen Bubenjahren waren bei uns im Schwarzwald herbstliche Reh-Drückjagden durchaus üblich. Ein regulärer Abschuss von weiblichem Wild, soweit er über den Küchenbedarf der Mitjäger und gelegentlichen Verkauf hinausging, war hingegen eher selten. So wurden die meisten mit Fuchs und Hase kombinierten Rehjagden auch mehr als geselliges Ereignis im kleinen, intimen Kreis gesehen. Große Dickungen mied man. Man wusste, dass es sinnlos war. Obwohl es unter solchen Voraussetzungen Rehe mehr als genug gab, lagen bei diesen Jagden selten mehr als fünf.

Heute wird in jenen Revieren auf Pirsch und Ansitz insgesamt ein Vielfaches an Rehen erlegt, und das seit Jahrzehnten und mit immer noch steigender Tendenz.

Organisation

Heute wird meist etwas generalisierend immer dann von „Bewegungsjagden" gesprochen, wenn die Schützen feste Stände einnehmen und das Wild durch jagende Hunde und / oder Treiber in Bewegung gebracht wird. Dazu, dass diese Jagden in den letzten drei Jahrzehnten immer mehr „en vogue" wurden, hat nicht zuletzt das boomende Schwarzwild beigetragen. Andererseits gibt es Jäger, die den Abschuss von Rehwild auf Schwarzwildjagden ablehnen. Man muss aber darüber nachdenken, welchen Sinn es macht, das Rehwild bei

Dachsbracke. Mit ihr lässt sich auch ohne Mitjäger sehr schön auf Rehe jagen.

Treibjagdstrecke. In Skandinavien, Teilen von Frankreich und in der Schweiz ist es ganz selbstverständlich, Rehwild im Herbst auf Bewegungsjagden zu erlegen. Die „Qualität" der Rehe ist dort auch nicht schlechter als in Ländern mit „Selektionsabschuss".

Schwarzwildjagden zu pardonieren, um es anschließend mit wochen- und monatelanger Einzeljagd unter Druck zu setzen!

Als Berufsjäger und Revierverwalter habe ich viele Bewegungsjagden auf Rehwild organisiert. Motiv war nie die Angst, ohne Bewegungsjagden den Abschuss nicht erfüllen zu können, sondern schlicht die Freude an dieser Jagdart. Doch ging es dabei nicht um die Geselligkeit, auch wenn diese damit verbunden war. Ziel war es immer, Strecke zu machen, einfach weil Bewegungsjagden auch eine erhebliche Beunruhigung darstellen. Wenn sieben Schützen nur noch eines oder gelegentlich zwei Rehe zur Strecke bringen, dann sollte man es sein lassen.

Ob eine Bewegungsjagd überhaupt Sinn macht, hängt stark von den jeweiligen Revierverhältnissen ab. Vor allem aber müssen wir fragen, ob mit Schrot oder mit der Kugel geschossen wird? Der Schuss bestimmt die Standwahl und die Art des Hunde- und/oder Treibereinsatzes. Das Gelände muss ebenso passen wie die daran beteiligten Jäger. Der Schuss vom Hochsitz ist nicht mit dem auf einer Bewegungsjagd vergleichbar; viele Jäger sind schießtechnisch schlicht überfordert! Dabei soll nicht auf flüchtiges Rehwild geschossen werden, sondern nur auf verhoffendes oder langsam ziehendes. Dies ist nur bei entsprechender Standwahl möglich. Rehe haben immer das Bestreben, in Deckung und eher im Dunkeln zu bleiben. Abgestellt wird aber vielfach an Lichtbrücken – an vertikalen Strukturen. Vor solchen hat das Rehwild Scheu, meidet oder überwindet sie hochflüchtig. Stände, die für Rotwild durchaus geeignet sind, taugen für Rehwild eher selten! Daher müssen Bewegungsjagden sehr gut überlegt und geplant werden. Wer auf gut Glück einige Schützen postiert und die Hunde laufen lässt, macht allenfalls bei sehr hohen Wildbeständen Strecke.

Viele Jäger sehen aber in der Drückjagd gerade ein Instrument, das bei stark reduzierten Rehwildbeständen noch schnell gute Strecken liefert. Es ist jedoch genau umgekehrt. Bei wirklich geringen Rehwildbeständen liefert (wo erlaubt) die Kirrung die besseren Strecken, und sie stellt – mit Sachverstand ausgeführt – keine vergleichbare Beunruhigung dar. (Zur Erklärung: Bei der Kirrung werden mit geringen Futtermengen – meist Apfeltrester – Rehe zum Zwecke der Erlegung angelockt. Sie ist nicht überall erlaubt.)

Es gibt einige Punkte, die für die Bewegungsjagd sprechen:

- Sie stört nicht gezielt die Äsungsplätze der Rehe.
- Sie riegelt in der wichtigsten Austrittszeit nicht permanent die Wechsel zwischen Einstand und Äsungsflächen ab.
- Sie nutzt die kurzen Tage in einer Zeit, wo die Ansitzjagd aufwändig und wenig gesund ist.

Gegen die Bewegungsjagd lässt sich sagen:

- Drückjagd beinhaltet immer Unfallrisiko (Schüsse, Straßenverkehr).
- Sie ist mit nicht unerheblichem Aufwand verbunden (Planung, Drückjagdstände, Hunde, Treiber).
- Ihr Erfolg ist stark wetterabhängig (Regen, starker Wind, warme Temperaturen).
- Es werden vermehrt Schüsse abgegeben, die zwar sofort töten, aber auch das Wildbret entwerten.
- Ihr Erfolg hängt stark von der Waldstruktur und vom Besucherdruck ab. Trotz aller Vorbehalte und Zweifel wäre heute in manchen Waldrevieren ohne Drückjagden der Abschuss nicht zu erfüllen. Das gilt besonders für stadtnahe Reviere oder überhaupt solche mit vielen Erholungsuchenden und natürlich besonders dort, wo die Jagd an der Kirrung verboten ist. Hinzu kommt, dass heute in vielen Wäldern Nahrung im Überfluss und beste Deckung in enger Verzahnung flächig vorhanden sind. Warum also sollen Rehe in solchen Revieren noch vor unsere Hochsitze spazieren?

Dass es auch früher Reviere gab, die mit beachtlichen Rehwild-Strecken bei Treibjagden aufwarten konnten, lesen wir im Jahrbuch des „Königlich baierischen Ministerial-Forstbureau" von 1861: *„Um München war der Wildbestand bis zum Jahre 1848 so ausgezeichnet, dass nicht selten auf einer Jagd 100 bis 136 Rehe gleichzeitig ... 1845 bei freier Jagd in einem einzigen Bogen sogar 135 Rehe, darunter über 100 Böcke erlegt wurden."*

Rehe im Treiben!

Bis in die 30er-Jahre des vergangenen Jahrhunderts wurden Rehe fast überall in Europa überwiegend auf Treibjagden bejagt, und zwar mit Schrot vor dem jagenden Hund.

Tatsachen statt Ängste

Die Angst, mit Bewegungsjagden die Rehe auszurotten, ist zwar weit verbreitet, aber dennoch unbegründet. Ein gutes Beispiel verdanken wir ANDERSEN (1965), der in Kalø 38 Rehe markierte. Später organisierte er dann eine mehre Stunden dauernde Zähl-Drückjagd, mit Treibern und Hunden. Dabei kamen von den 38 markierten Rehen nur 4 (!) in Anblick *(siehe auch die Grafik auf Seite 140)*. Dieses Ergebnis ist typisch.

Rehe sind dort, wo sie bis heute fast ausschließlich oder überwiegend mit der Flinte vorm Hund geschossen werden, immer noch auf dem Vormarsch. Die Strecken steigen, und das Verbreitungsgebiet dehnt sich aus.

Gute Beispiele sind die skandinavischen Länder, wo die traditionelle Jagd mit Schrot und Hund bis heute in Blüte steht. In diesen Ländern war die Trophäenjagd früher völlig unbekannt und spielt auch heute noch eine untergeordnete Rolle. An Trophäen, egal ob von Rehbock oder Elch, sind in erster Linie Ausländer interessiert, die als Jagdgäste nach Skandinavien kommen. Dass man den unnützen Knochen auf dem Bockschädel höher bewerten kann als das gute Wildbret, diese Erkenntnis versucht den Skandinaviern, Briten und Franzosen eben erst der Jagdtourismus zu vermitteln, samt der mit ihm eingeschleppten deutschen „Jagdkultur“!

Schrotschuss auf Rehwild

In all jenen europäischen Ländern, in denen der Büchsenschuss auf Rehwild Pflicht ist, bestehen große Ängste vor dem Schrotschuss. Jäger, aber auch Politiker und Teile der Bevölkerung hegen Tierschutzbedenken. Tatsächlich war die Wirkung des Schrotschusses auf Rehwild in alter Zeit nicht unbedingt optimal. Das lag aber vor allem daran, dass nicht mit Schrot sondern mit Posten geschossen wurde. Grundsätzlich vertraten unsere Väter (und manche von uns tun es immer noch) die Auffassung, je größer das zu beschießende Wild, umso gröber müssten die Schrote sein.

Nun jagte ich mehr als ein Vierteljahrhundert im Herbst und Frühwinter in der Schweiz auf Rehe. Dabei verwendete ich Patronen mit 3 Millimeter starken Schroten. (In manchen Ländern ist eine Mindest-Schrotstärke von 3,5 Millimetern vorgeschrieben.) Damit fällt ein Reh „maustot" um – wenn man es trifft und wenn die Entfernung nicht mehr als maximal 30 Meter beträgt!

Nicht der Schrotschuss ist unzureichend auf Rehwild,
sondern ausschließlich die mangelhafte Disziplin
mancher Jäger, die ihn verwenden!

Bewegungsjagden mit der Büchse

Der wesentliche Unterschied zwischen „Schrotjagden" und „Kugeljagden" besteht in der Organisation. Auf Schrotjagden muss anderst abgestellt werden als auf Kugeljagden. Mit Schrot kann auf flüchtige Rehe geschossen werden, mit der Büchse nicht. Mit Schrot ist die Gefährdung von Nachbarschützen, Treibern und Nichtjägern weit kalkulierbarer als mit der Büchse. Daher muss mit der Büchse weiträumig abgestellt und auf einen sicheren Kugelfang geachtet werden.

Noch etwas ist ganz wichtig: Rehe betrachten „Lichtbrücken" als gefährlich. Sie meiden solche, und wenn sie gezwungen werden, diese doch zu kreuzen, tun sie es fast immer hochflüchtig. Also ist es ziemlich sinnlos, Schützen entlang von Wegen, auf Abteilungslinien oder an Bestandesrändern zu postieren. Entweder die Rehe nähern sich einer Lichtbrücke langsam und ruhig, dann werden sie ausgiebig sichern, ehe sie den Weg oder die Schneise überqueren. Wechseln sie jedoch flüchtig an, weil sie von einem Treiber aufgeschreckt wurden oder weil sie von einem Hund verfolgt werden, dann überqueren sie solche Gefahrenzonen sehr schnell.

Schrotschuss und Bogenschuss			
	Schrot	**Bogen**	**Anmerkungen**
Belgien			
Flandern	nein	nein	auch keine Flintenlaufgeschosse
Wallonien	nein	nein	
Bulgarien	ja	ja *	* Einführung geplant
Dänemark	ja	ja *	* 1. Oktober bis 31. Januar
Deutschland	nein	nein	
Estland	ja	nein	
Finnland	ja *	ja	* nicht auf Sommerböcke
Frankreich	ja *	ja	* in einigen Provinzen erlaubt
Elsass	ja *	ja	* seit 2012 erlaubt
Großbritannien	nein *	nein	* kann erlaubt werden
Italien	ja *	ja	* nicht in allen Regionen
Kroatien	nein	nein *	* in Vorbereitung
Lettland	ja	nein	
Litauen	nein	nein *	* in Erprobungsphase
Luxemburg	nein	nein	
Niederlande	nein	nein	
Norwegen	ja	nein *	* in Erprobungsphase
Österreich	nein *	nein	* nur in Vorarlberg erlaubt
Polen	nein	nein	
Rumänien	ja	nein	
Schweden	ja	nein *	* in Erprobungsphase
Schweiz	ja *	nein	* nicht in Graubünden
Slowakei	nein	ja *	* nur in Gatterrevieren
Slowenien	nein	ja *	* nur in Gatterrevieren
Spanien	nein	ja	
Tschechien	nein	nein	
Ungarn	nein	ja	

Bewegungsjagd auf Rehwild		
	ja / nein	**Anmerkungen**
Belgien Flandern Wallonien	 ja ja	 nur Drückjagd, keine Treibjagd 1. Oktober bis 31. Dezember
Bulgarien	nein	in Diskussion, Jagdgenossenschaften wollen die Drückjagd durchsetzen
Dänemark	ja	1. Oktober bis 31. Januar
Deutschland	ja	in den Bundesländern unterschiedliche Regeln
Estland	ja	1. Oktober bis 31. Dezember
Finnland	ja	1. September bis 31. Januar
Frankreich	ja	
Großbritannien	ja	wird kaum praktiziert, gilt als verpönt
Italien	ja	nicht in Südtirol
Kroatien	nein	
Lettland	ja	
Litauen	ja	nur Geißen und Kitze, keine Böcke
Luxemburg	ja	17. Oktober bis 13. Dezember
Niederlande	nein	
Polen	ja	1. Oktober bis 15. Januar
Rumänien	nein	
Schweden	ja	1. Oktober bis 31. Dezember
Schweiz	ja	Schrotjagd, außer Kanton Graubünden
Slowakei	nein	
Slowenien	ja	nur Treiber, keine Hunde
Spanien	ja	
Tschechien	nein	Ausnahmen möglich
Ungarn	nein	erlaubt, im Rahmen von Hochwilddrückjagden, sofern keine freilaufenden Hunde verwendet werden; spezielle Rehwildriegler sind verboten

Die schießtechnischen Anforderungen sind auf Drückjagden deutlich höher als bei der Einzeljagd. In den meisten deutschen Landesforsten wird inzwischen von Jagdgästen ein Nachweis der Schießleistung gefordert, das heißt, der Jäger muss auf dem Schießstand erfolgreich auf den Laufenden Keiler geschossen haben. Teilweise müssen die Gäste auch den Nachweis erbringen, dass sie eine „Kundige Person" im Sinne der EU-Wildbrethygienerichtlinie sind, das heißt, dass sie die „Lebendbeschau" durchführen können.

Die Trefferergebnisse sind bei größeren Jagden durchwegs schlechter als bei kleinen, einfach weil der Jagdleiter bei der Auswahl der erforderlichen Schützen nicht wählerisch sein kann. Das Trefferergebnis hängt aber auch ab von der Organisation, vor allem von der wohlüberlegten Standwahl. Wer als Jagdleiter erfolgreich sein will, muss ständig bei den Ständen nachjustieren. Eigentlich ganz selbstverständlich, denn auch der Wald ändert sich permanent. Manchmal entscheiden zehn oder zwanzig Meter, um die ein Stand korrigiert wird, über den Erfolg. Standkarten, in denen die Schützen das anlaufende Wild vermerken, auch ob es flüchtig oder langsam gekommen ist und wo besser zu schießen gewesen wäre, können hilfreich sein.

Plochmann (2003) teilt mit, dass die Ergebnisse der Bewegungsjagden im Forstbetrieb Ebrach durch Verstellen der Stände laufend optimiert wurden. So waren nach drei Jahren konsequenter Analyse und Anpassung deutliche „Gesetzmäßigkeiten" erkennbar, und ein enormer „Lerneffekt" hatte sich ein-

Fragwürdiger Drückjagdstand.

An Wegen und Abteilungslinien sollte man nicht abstellen, es sei denn, man sieht gut in die angrenzenden Bestände.

Guter Drückjagdstand.

An einer Verjüngungsfläche wurde hier diskret eine Linie freigeschnitten. Der Jäger sieht die Rehe anwechseln und pfeift kurz, ehe sie auf die Linie kommen.

gestellt. Die durchschnittliche Tagesstrecke beim Rehwild stieg von 8 Rehen (1999), über 10 Rehe (2000) auf 13 Rehe (2001) und lag 2002 nach 8 von 11 Jagdtagen bei 16 Rehen. Gleichzeitig sank das Verhältnis der abgegeben Schüsse pro erlegtem Reh von deutlich über 2 auf etwa 1,8!

Welcher Hundetyp?

Darüber, welche Jagdhunde sich für Bewegungsjagden besonders oder eben gar nicht eignen, wird unter Hundeführern trefflich gestritten. Wenn ich die vielen Bewegungsjagden, die ich in Deutschland in den letzten drei Jahrzehnten erlebt habe, Revue passieren lasse, dann scheinen auch die Jagdhunde so ein ganz klein wenig der Mode zu unterliegen. Dominierten anfangs die Terrier, übernahmen bald die Wachtelhunde die Führung, während in den letzten Jahren immer mehr Bracken in Erscheinung traten. Selbstverständlich gibt es regionale Unterschiede.

Weit verbreitet ist die Meinung, Vorstehhunde seien für Bewegungsjagden ungeeignet. Dem kann ich – obwohl aus dem anderen „Lager" kommend – nicht beipflichten. Was bei den Vorstehhunden bemängelt wird, ist, dass ihnen manchmal der Fährtenlaut fehlt und dass sie nicht besonders weit jagen. Ersteres ist sicher ein Nachteil, kommt aber auch bei anderen Rassen vor. Zweiteres würde ich in vielen Revieren als absoluten Vorteil sehen, nämlich überall dort, wo es mit Jagdnachbarn Probleme wegen überjagender Hunde gibt, und in der Nähe von Autostraßen.

MERGNER (2014), der einen großen Forstbetrieb in Unterfranken leitet, stellt ganz allgemein folgende Anforderungen:

- Führerbezogene Hunde kommen zum Einsatz, die nicht allzu weit jagen, überwiegend Vorstehhunde. Sie bewegen sich mit ihren Führern im Treiben. Letztere achten auch auf die Effizienz in den Treiben, wecken eingeschlafene Jäger oder stellen Handy-Missbrauch ab. Sie geben Fangschüsse oder heben Sauen aus ihren Kesseln und erledigen auch kleinere, als unschwer erkannte Nachsuchen.
- Daneben werden „Langjager“ verwendet, die von den Ständen ihrer Führer aus geschnallt werden. Bei ihnen handelt es sich hauptsächlich um Wachtelhunde, Bracken, Terrier und Dackel.
- Letztlich werden auch noch reine Nachsuchenhunde bereitgehalten, die erst nach der Jagd ihre Arbeit aufnehmen. Ihre Arbeit wurde in den letzten Jahren immer weniger, einerseits weil mit wachsender Praxis die Schießleistung zumindest der Stammschützen steigt und zweitens krankes Wild auch von den Hunden der erstgenannten Gruppe gefunden oder von ihren Führern erlegt wird.

Mergner erlegte am Forstamt Ebrach bei einem Gesamtabschuss von etwa 5 bis 6 Rehen/100 Hektar rund 40% der Rehe auf Bewegungsjagden. Das ist, verglichen mit vielen anderen Forstbetrieben, ein sehr gutes Ergebnis!

Der interessierte Leser wird sicher mehr über die Hunde wissen wollen, die dort eingesetzt wurden. Als geeignet galt ein Hund, wenn er fährtenlaut, selbstständig, wildscharf und verträglich gegenüber Artgenossen war und über einen guten Orientierungssinn verfügte. Für wichtig hielt man eine gute Mischung aus weit- und kurzjagenden Hunden. Solange die vorgenannten Eigenschaften vorhanden waren, spielte die Rasse keine Rolle. Auch bei hochläufigen Hunden kam es im deckungsreichen Gelände (überall üppige Naturverjüngung) praktisch nie zu Sichthetzen. Die Nasenleistung bestimmte die Geschwindigkeit des Hundes. Das bedeutet, dass ein Vorstehhund auch nicht schneller war als etwa ein Terrier. Vertreten war stets eine bunte Mischung aus Wachtelhunden, Jagdterriern, Beagles, Bracken, Dackeln und Deutsch-Langhaar. „Bogenreinheit“ war und ist in großen Waldgebieten weder erforderlich noch möglich. Man stelle sich eine bogenreine Bracke vor… Der Hund kann auch gar keinen Bogen mehr erkennen, da die Fläche ungleichmäßig und großflächig abgesetzt wird. (Zur Erklärung: Unter „Bogen“ versteht man die Fläche, auf der gejagt wird. Bogenrein ist ein Hund, der diese Fläche nicht verlässt.) Der Unterschied zwischen den Hunden bestand lediglich in der Zeit, die sie fährtentreu an einem gesunden Reh jagten. Als „Weitjager“ bezeichneten die Ebracher Förster Hunde, die maximal 20 bis 30 Minuten jagten, die meisten jagten wesentlich kürzer.

Was Wert oder Unwert der „Bogenreinheit“ betrifft, so ist zu unterscheiden zwischen den großen Waldrevieren der Forstverwaltungen und den vielen kleinen Mischrevieren mit in der Regel eher bescheideneren Waldanteilen. Wenn ich an das kleine Revier im Schweizer Kanton Aargau denke, in dem ich mehr als ein Vierteljahrhundert mitjagen durfte, dann ginge es dort ohne einigermaßen bogenreine Hunde nicht: Bejagt werden 70 Hektar Wald, aufgeteilt in jeweils fünf Bögen und durchschnitten von einer Straße.

Eigene Erfahrungen

Was die vielseitige Verwendbarkeit eines Rehe stöbernden Gebrauchshundes angeht, so darf ich auch aus der eigenen Praxis schöpfen:

Allherbstlich setzte ich meinen Terrier bei den Rehwilddrückjagden ein. Gewiss, in den Folgewochen war er etwas hitziger als sonst. Aber ich benötigte trotzdem keine Leine, wenn ich ihn mit ins Revier nahm, und er bewegte sich zwischen den zu unserem Haus kommenden Rehen ganz gelassen. Er akzeptierte sie auf Steinwurfweite, ohne sie zu hetzen. Allerdings – er verbummelte auch nicht zwölf Monate des Jahres im Zwinger!

Rehwilddrückjagden sind nur dann erfolgreich, wenn es gelingt, die Rehe – zumindest einen Teil von ihnen – langsam vor die Schützen zu bringen. Um dies zu erreichen, müssen vor allem bei der Standwahl zwei Grundüberlegungen beherzigt werden: Rehe lassen sich nicht treiben. Rehe lassen sich nur äußerst ungern ins Helle drücken, und sie überwinden Lichtbrücken in der Regel flüchtig.

Das heißt in der Konsequenz, die Schützen müssen eher in dunklen Beständen stehen, nicht an Randlinien und nicht in hellen, bodenkahlen Althölzern oder gar auf Wegen oder Wiesen. Rehe haben zunächst das Bestreben, sich in bester Kitzmanier einfach zu drücken. Sie versuchen, eine sich nähernde Gefahr nach Art eines Politikers auszusitzen. Werden sie bei diesem „Aussitzen“ jedoch direkt von einem Hund oder Treiber angestoßen, suchen sie in einer kurzen schnellen Flucht Abstand zwischen sich und die Störung zu bringen. Lässt es der durchflüchtete Waldort zu, geschieht dies in mehr oder weniger hohen „Orientierungsfluchten“. Sobald die Rehe jedoch etwas Abstand gewonnen und wieder eine ihnen zusagende Deckung erreicht haben, verhoffen sie einige Zeit völlig starr, um sich anschließend eher gemächlich zu verdrücken. Die andere, ebenfalls häufige Reaktion ist die, dass sie sich schon frühzeitig, also

Reh im Sprung.

„Lichtbrücken" überqueren Rehe bei Gefahr immer sehr schnell, egal ob im Wald oder im Feld.

bereits bei Annäherung einer Störung verdrücken. Sie nutzen dabei geschickt „dunkle" Brücken, zumindest aber Deckung. Mit diesen wenigen Sätzen ist skizziert, wo sich der Jäger postieren muss.

Bei Bewegungsjagden bringt die Postierung der Schützen auf 1 bis 2 Meter hohen Drückjagdsitzen nicht nur Sicherheit (Kugelfang), sondern auch etwas mehr Einblick ins Gelände. Im Gebirge kann man die Schützen häufig auch ohne Nachteile auf dem Boden postieren, und sie können dennoch den Gegenhang einsehen und einschießen. Hohe Sitze, wie sie in vielen Ländern bei der Einzeljagd benutzt werden, sind bei Bewegungsjagden mitunter nachteilig. Vor allem aber werden für die Ansitzjagd gedachte Sitze nach ganz anderen Kriterien platziert. Sie stehen mehrheitlich an Grenzlinien, also genau dort, wo wir auf der Bewegungsjagd nicht abstellen wollen. Das Prinzip bei der Standwahl ist, wenn es um die Bejagung des Rehwildes geht: Lieber ins „Dunkle" als ins „Helle" stellen; weg von den Wegen und Schneisen!

Althölzer sind geeignet, wenn es in ihnen ausreichend Naturverjüngung, Brombeere oder starken Graswuchs gibt. In ihnen fühlt sich das gedrückte Rehwild sicher und verhofft gern, um sich zu orientieren. Auch größere Freiflächen (etwa Sturmflächen) können sich anbieten, wenn die Kultur bereits ausreichend Deckung und noch ausreichend Einblicke bietet. Kleinere Freiflächen, etwa Leitungstrassen, werden meist flüchtig durchquert.

Nicht auf ein möglichst großes Schussfeld kommt es bei der Standwahl an, sondern auf ausreichend Deckung für die Rehe!

Sicherheit

Es ist immer ein Sicherheitsrisiko, wenn sich im Treiben Menschen bewegen. Daher werden heute beispielsweise in Deutschland die großen Bewegungsjagden überwiegend ohne Treibereinsatz organisiert. Das setzt voraus, dass ausreichend gut eingearbeitete Hunde zur Verfügung stehen, die von den Ständen aus geschnallt werden können.

Im Gießwald übernahmen die Treiberarbeit unsere Ehefrauen, man durfte sie nur am Vortag nicht ärgern. Sie durften in den Treiben die dichteren Partien getrost umgehen. Ihre Aufgabe war es vor allem, Kontakt mit den Hunden zu halten. Diesen und den Kontakt untereinander stellten sie mit kleinen Hupen her, wie sie früher überall auf den Treibjagden gebräuchlich waren. Sie konnten durch regelmäßige Huptöne gut Kontakt zueinander und mit den Hunden halten. Überdies wurden die Rehe frühzeitig sensibilisiert, was den Vorteil hatte, dass sie die Schützen weniger flüchtig anliefen. Die Signale dienten aber auch ihrer eigenen Sicherheit, denn sie waren für die Schützen jederzeit gut zu orten – safety first! Egal, wer sich im Treiben bewegt, ob Ehefrauen, Waldarbeiter oder Edeltreiber, sie müssen wissen, auf was es ankommt, und sie müssen sich darüber im Klaren sein, dass ihre Arbeit nicht ganz ungefährlich ist. Jugendliche sind daher ungeeignet!

Als wir mit unseren kleinen Bewegungsjagden begannen, waren wir darauf bedacht, die kurzen Frühwintertage voll zu nutzen. Wir wollten möglichst viel Fläche abjagen. Daher dauerte ein Treiben nicht länger, als die Treiber zum Durchqueren brauchten. So schafften wir locker vier bis fünf kleine Treiben. Doch davon kamen wir bald ab. Es zeigte sich, dass die Strecken größer waren, wenn wir uns Zeit ließen. Schließlich planten wir die einzelnen Treiben etwas größer, die Treiber ließen sich mehr Zeit, und die Schützen blieben länger auf

Treiberhupe.

Bei unseren Bewegungsjagden benutzten die Treiber solche kleinen Trompeten. Damit hielten sie Verbindung untereinander, gleichzeitig wurden die Rehe und die Schützen frühzeitig aufmerksam auf sie.

ihren Ständen. Jetzt dauerte ein Treiben gute eineinhalb Stunden. Zusammen mit dem Vorlauf und der nach dem Ende eines Treibens notwendigen Arbeit für Jagdleiter, Ansteller und Hundeführer war ein Vormittag ausgefüllt. Es waren aber immer noch zwei Treiben an einem Tag möglich, eines am Vormittag und eines am frühen Nachmittag. Bei größeren Jagden, mit zwanzig oder gar noch mehr Schützen, ist es besser, sich wirklich auf nur ein Treiben pro Tag zu beschränken.

Für solche größeren Treiben unterschieden wir drei zeitliche Phasen:

- Die *Orientierungsphase*, etwa 30 Minuten, bei der weder Treiber noch Hunde aktiv werden. Rehe geraten durch die ihre Stände einnehmenden Schützen in Bewegung. Auch der Wind sorgt dafür, dass etliche Rehe frühzeitig locker werden. Die Rehe spüren die „Sondersituation" des Tages. In dieser Phase wechseln sie eher ruhig an.
- Die *Aktionsphase*, etwa 1 bis 1,5 Stunden, in der die Hunde und/oder Treiber die Einstände beunruhigen. In dieser Phase wird meist viel Wild gesehen, manchmal häufig geschossen, aber nicht immer viel erlegt, weil die Rehe teilweise zu schnell erscheinen.
- Die *Reaktionsphase*, nochmals etwa 30 Minuten. In dieser Zeit sind die meisten Hunde schon müde und suchen ihre Führer auf. Es wird einfach langsam stiller im Treiben. Jetzt stehlen sich – nach dem vermeintlichen Ende der Störung – manche jener Rehe davon, die sich zuvor erfolgreich gedrückt hatten. Andere befinden sich bereits wieder auf dem Rückweg. Während dieser Phase wird wenig gesehen, aber das Verhältnis von beobachtetem zu erlegtem Wild ist in der Regel besonders günstig. Eigentlich könnte man diese letzte Phase noch ausdehnen, doch lässt bei den Jägern die Konzentration nach, ganz abgesehen davon, dass bei manchen dieser Wochen und Monate im Voraus geplanten Jagden das Wetter nicht mitspielt.

Die Wahl der Schützen

Das ist ein schwieriges Kapitel, einfach weil der Jagdleiter mitunter Jäger einladen muss, von denen er weiß, dass sie überfordert sind. Er kann ja die Mitglieder seiner Jagdgesellschaft oder seines Forstbetriebes nicht in „brauchbar" und „unbrauchbar" einteilen. Dann gibt es immer auch noch geschäftliche und gesellschaftliche Zwänge. Die Erfahrung zeigt aber, dass rund die Hälfte unserer Jäger bei Gesellschaftsjagden bezüglich Reaktion und Schießtechnik überfordert ist. Zehn Jahre hindurch leitete ich jagdpraktische Lehrgänge bei der Forstverwaltung in Bayern. Die Teilnehmer, mehr oder weniger alles Profis der Forstverwaltung, mussten ein Pflichtschießen absolvieren und an einer Bewegungsjagd teilnehmen.

Anfangs musste beim Pflichtschießen einfach eine stehende Scheibe getroffen werden und der Laufende Keiler. Dabei waren die Ergebnisse recht brauchbar. Später wurde beim Laufenden Keiler zweimal kurz auf die Stopptaste gedrückt; der Keiler stand also einen Moment. Dadurch wurden die Trefferergebnisse jedoch nicht besser, sondern signifikant schlechter! Schließlich schossen wir auf einem Militärschießstand. Dort tauchten auf unterschiedliche Entfernungen Scheiben auf und blieben eine bestimmte Zeit stehen. Die Schützen wussten nicht, welche Scheibe auftauchen und wie lange sie stehen würde. Damit verschlechterten sich die Ergebnisse noch einmal. In Summe war es über alle Disziplinen hinweg so, dass 40 % der Schützen brauchbare Treffer verbuchen konnten und die restlichen 60 % mäßig bis schlecht abschnitten.

Bei den Bewegungsjagden mussten die Teilnehmer Standkarten ausfüllen. Gefragt war, wann welches Wild in welchem Tempo kam, ob es beschossen wurde und mit welchem Ergebnis. Das Interessante dabei war, dass jene Teilnehmer, die auf dem Schießstand nur mäßige Ergebnisse erzielt hatten, auf ihren Standkarten überwiegend flüchtiges Wild notierten. Sie schossen nichts

Vollgas!

Lichtbrücken werden von den Rehen meist in sehr hohem Tempo überwunden. Ein auch nur einigermaßen verlässlicher Schuss geht sich da jedenfalls nicht mehr aus.

Wasserbock.

Ein Fluss muss kein Hindernis für ein Reh sein. Nur wenige wissen es: Rehe sind ausgezeichnete Schwimmer, die regelmäßig auch breitere Gewässer durchrinnen.

oder nur wenig. Den auf dem Schießstand erfolgreichen Schützen kam das Wild offenbar ruhiger, und sie lieferten den Großteil der Strecke. In Wirklichkeit wird es so gewesen sein, dass die mäßigen Schützen Angst hatten, schlecht oder gar nicht zu treffen und deshalb in ihren Standkarten bevorzugt „hochflüchtig“ vermerkten!

Wer bei einer Bewegungsjagd Erfolg haben will, muss vor allem entschlussfreudig sein, denn er hat selten so viel Zeit für einen Schuss wie auf dem Hochsitz. Er darf aber auch nicht von Regeln beherrscht werden, die wildbiologisch unsinnig sind. Er muss Entschlussfreude und Reaktion zeigen!

Grundsätzlich gab der Verfasser – Rücksicht nehmend auf seine Revierverhältnisse – Jagden mit kleiner Besetzung (so maximal 6 bis 8 Schützen) den Vorzug, einfach weil sie kurzfristig, sozusagen ad hoc und ohne Zuziehung von „Fremdkräften“, zu organisieren waren. Man konnte daher viel eher günstiges Wetter nutzen und musste nicht ins Ungewisse hinein planen.

Das Wetter

Temperatur und Wind nehmen – gerade beim Rehwild – großen Einfluss auf den Erfolg einer Bewegungsjagd. An warmen Herbsttagen wird eher selten viel geschossen, weil die Rehe ungern hochwerden. Als günstig erwiesen sich niedrige Temperaturen, etwa ab 5 Grad plus abwärts. Bei warmer Witterung (besonders bei Föhnlage) und/oder stürmischen Winden waren die Ergebnisse in der Regel schlecht.

Starker Wind überlagert wichtige Geräusche. Die Rehe hören die Treiber oder Hunde erst spät und reagieren überrascht. Wenn sie sich nicht drücken, laufen sie den Schützen hochflüchtig an. Den Hunden erschwert starker Wind oder gar Sturm die Arbeit, sie finden das Wild nur schwer. Der Jäger aber hat vor allem den Wind in den Ohren, die Geräusche, die dieser in den Bäumen verursacht. Das Wild hört er oft überhaupt nicht anwechseln.

IX.

Schäden am Wald

Sichtbare und unsichtbare Schäden

Der Verbiss von Forst- und anderen Pflanzen

Rehwild nutzt eine unheimlich große Zahl verschiedener Pflanzen, von denen nur ein kleiner Teil forstlich interessant ist. Es sind oft weniger als eine Handvoll Baumarten, um die sich der Förster des Verbisses wegen Sorgen macht. Manche können sich nicht mehr natürlich verjüngen und haben gepflanzt oder gesät nur noch hinter Zäunen eine Chance groß zu werden, weil der Verbiss zu hoch ist. Dabei wird häufig vergessen, dass für die Rehe (und andere Wildtiere) die gesamte Palette der an einem Standort natürlich vorkommenden Pflanzenarten wichtig ist. Oft kommen einzelne – forstlich völlig uninteressante Arten – lokal gar nicht mehr vor, weil sie dem Verbissdruck nicht mehr standhalten konnten. Die Anpassung der Rehwildbestände an die Standortbedingungen ist folglich ein Anliegen, das den Jäger mindestens ebenso beschäftigen müsste wie den Förster. Dieser kann, wenn es um ein paar gefährdete Baumarten geht, auf Zaun und Einzelschutz zurückgreifen. Der Jäger kann dies nicht.

Ehe die Emotionen die Diskussion abwürgen, wollen wir feststellen: Rehe sind von Natur aus dazu geschaffen, sich von Pflanzen zu ernähren, auch von forstlich wichtigen Baumarten. Verbiss ist also nicht grundsätzlich mit Schaden gleichzusetzen. Solcher entsteht erst, wenn ein erträgliches Maß überschritten wird!

Unsichtbarer Verbiss

Die für den Wald bedrohlichsten Schäden sind unsichtbar. Es sind die von den Rehen bereits im Keimlingsstadium restlos gefressenen Pflanzen. Sie treten einfach nicht in Erscheinung, und über ihr Fehlen wird oft gerätselt und spekuliert. Sichtbar lassen sie sich durch Kontrollzäune machen.

Nun muss man fairerweise auch sagen, dass eben nicht nur Rehe Keimlinge fressen, sondern auch zahlreiche andere Waldbewohner. Genau genommen beginnt der Verbiss bereits beim Samen. Eichhörnchen mögen die Samen der Tanne, und wenn es nur noch wenige Alttannen gibt, dann kann die Samenbasis durchaus schmal werden. Kreuzschnäbel fallen oft invasionsartig ein. Gute Buchenmasten ziehen Hunderttausende Buchfinken an, welche die Samen auf-

Tannensämling.

Tannen werden häufig schon im „Sternchenstadium" abgefressen und treten überhaupt nicht mehr in Erscheinung.

nehmen, lange ehe diese keimen können. Gleiches gilt für Bergfinken und Ringeltauben. Auch Mäuse und Bilche sind an Waldsamen interessiert. Die Samen der meisten Waldbäume werden aber auch vom Schalenwild gerne gefressen, auch vom Rehwild.

Sichtbarer Verbiss

Haben junge Waldbäume ihr erstes oder gar zweites Lebensjahr überstanden, verschwinden sie durch Verbiss nicht mehr automatisch – der Verbiss wird sichtbar, fällt aber noch nicht unbedingt auf. Je älter die Jungbäume werden, umso auffälliger wird der Verbiss. Manche Baumarten sind unglaublich stark und können Jahre hindurch verbissen werden, ehe sie eingehen. Schattbaumarten wie Buche oder Tanne verharren – auch ohne Verbiss – mitunter Jahrzehnte unter Schirm, um erst zu wachsen, wenn ausreichend Licht in den Bestand fällt. Sie sind für das Wild auch so etwas wie eine „Provokation", werden immer wieder verbissen, kümmern, und überleben trotzdem. Gerade Buchen werden dabei unglaublich breit, ohne an Höhe zu gewinnen.

Grundsätzlich wehren sich junge Waldbäume gegen den Verbiss durch Verzweigung. Das ist grundsätzlich positiv, wenn man es aus der Sicht des Wildes oder der Pflanzengesellschaft sieht. Für das Wild vervielfacht der verbissene Jungbaum seine Triebmasse; der Förster sieht durch den Verbiss später das unterste Stammstück entwertet. Und so funktioniert es: Ein junger Ahorn ist gerade gewachsen und hat einen unverzweigten Leittrieb. Wird der Leittrieb verbissen, bilden sich mehrere Ersatztriebe. Der Ahorn ist jetzt für das Reh doppelt interessant. Erstens hat es diesen durch seinen Verbiss bereits markiert, zweitens stehen jetzt durch die Verzweigung gleich zwei, wenn nicht drei Triebe zur Verfügung, und so geht es weiter.

Seiten- und Leittriebverbiss.

Fichte, deren Leittrieb es nach mehr als zehn Jahren geschafft hat, dem Wildäser zu entwachsen.

Seitentrieb- und Leittriebverbiss

Zu unterscheiden ist zwischen dem Verbiss des Leit- oder Terminaltriebes und dem Verbiss der Seitentriebe. Letzterer alleine ist nicht dramatisch, solange er sich unter 30% hält. Verbiss der Terminaltriebe ist immer schwerwiegender. Die Pflanzen selbst verkraften ein- oder zweimaligen Leittriebverbiss relativ gut. Teuflisch dabei ist, dass sich die Rehe mit ihrem Verbiss die Jungbäume auch markieren und immer wieder aufsuchen, um neuerlich zu verbeißen. Das ist durchaus „rentabel", denn die verbissenen Bäume reagieren ja mit Verzweigung.

Welche Baumarten sind besonders gefährdet?

Der Leser verzeihe mir den provokanten Vergleich: Das Verhältnis des Rehes zur bevorzugten Baumart ähnelt der des Mannes zur Frau – er mag besonders, was er nicht hat! Mit anderen Worten, es sind die jeweiligen Minderheiten, die besonderen Gefallen finden. Im sich reich verjüngenden Buchenwald bekommt die Tanne schnell Probleme. Wo die Tanne dominiert und die Buche nur vereinzelt vorkommt, wird diese zum Opfer. Edellaubholz ist fast überall gefährdet, dies aber nicht zuletzt auch wegen seiner Standortansprüche.

Wo Rotwild reduziert wird, steigt die Siedlungsdichte des Rehwildes. Daher kann – wenn der Jäger beim Rehwild nicht angemessen reagiert – nach erfolgter Rotwildreduktion die Verbiss-situation dramatischer sein als zuvor.

In weiten Teilen Europas sind Tanne und Eiche die beiden Arten, die am stärksten verbissen werden. Beide wurden und werden daher von manchen Förstern aufgegeben oder nur noch hinter Zaun künstlich verjüngt. Wo das Rehwild als einzige Schalenwildart vorkommt, kann es dennoch gelingen, die Eiche ohne Schutz natürlich zu verjüngen. Reduzierten Schwarz- und Rotwild das Saatgut, dannn wird es schon bedeutend schwieriger.

Natürlich stellt sich, wo zwei oder mehr wildlebende Wiederkäuerarten auf gleicher Fläche vertreten sind, immer die Frage, wer welchen Anteil am Verbiss hat. Auch wenn Rotwild nicht im eigentlichen Sinne selektiert, so nimmt es doch mit, was auf seinem Weg wächst.

Fegeschäden

Fegeschäden entstehen durch Rehböcke infolge der Territorialität im zeitigen Frühjahr und bis in die Brunft hinein. Dabei geht es den Böcken auch nicht primär um das Abstreifen des Bastes von ihren Stangen, vielmehr versuchen sie, ihre in den Stirnlocken verborgenen Duftdrüsen zu entleeren, um Duftmarken zu setzen. Sie fegen aber auch aus Aggression und Imponiergehabe. Beim Fegen verhalten sich Rehböcke ähnlich wie beim Verbiss, sie haben es vor allem auf Minderheiten abgesehen.

Allerdings scheint beim Verbiss auch noch der Geschmack einer Pflanze eine Rolle zu spielen. Fegeschäden an Wirtschaftsholzarten entstehen vermehrt

Fegeschaden.

Bevorzugt gefegt werden Minderheiten und stark harzende Gehölzarten.

dann, wenn andere geeignete Hölzer wie Holunder, Vogelbeere, Aspe oder Weiden fehlen. Deren Vorhandensein bedeutet allerdings auch keine Garantie für eine Minderung, geschweige denn Verhinderung von Fege- bzw. Schlagschäden an den Wirtschaftshölzern. Besonders gefährdete Arten sind: Lärche, Douglasie, Strobe, Esche, Ahorn und Linde. Neben diesen werden aber auch die meisten anderen Holzarten gefegt.

Böcke rechtzeitig erlegen?

Fegeschäden sind besonders ärgerlich, wenn verbissgefährdete Baumarten wie beispielsweise die Tanne dem Wildäser entwachsen sind, die dann durch das Fegen doch noch geschädigt werden, kümmern oder absterben. Daher wird von Waldbesitzern und Förstern immer wieder gefordert, fegende Rehböcke so früh wie möglich zu erlegen. Das klingt durchaus logisch, bewirkt aber fast immer das Gegenteil. Böcke fegen ja in erster Linie, um ihre Reviere zu markieren. Ihre Duftmarken sind individuell. Wird nun der „Platzbock“ erlegt, nimmt meist in kürzester Zeit ein anderer Bock dessen Sommerwohnraum in Besitz. Doch mit den Besitzmarken seines Vorgängers kann er nichts anfangen. Ganz im Gegenteil, er muss in seinem neu erworbenen Wohnraum von Grund auf neue – eigene – Marken setzen. Dieses Spiel wiederholt sich, sooft ein Bock erlegt wird, bis zum Erlöschen der Territorialität im Hochsommer.

Vor allem dort, wo nur eine kleine Zahl gefährdeter Jungbäume gepflanzt wird, etwa Ahorne in Käferlöchern, wird man um Zäunung oder Einzelschutz nicht herumkommen.

Welche Stärke fegen Böcke?

Dünne, biegsame Ruten werden bevorzugt gefegt. Weiden und Holunder gehören dazu, aber auch junge Ahorne, Eschen oder Linden. Auch stark harzende und duftende Nadelholzarten wie Douglasie, Föhre, Strobe, Zirbe und Lärche sind stark gefährdet. Vor allem bei den drei letztgenannten Arten ist Pflanzung ohne Schutz in vielen Revieren ziemlich sinnlos.

Das wurde in meinem früheren Revier vor allem bei der Tanne zum Problem. Der Rehwildbestand war „waldgerecht“ reduziert und die Jungtannen überall zahlreich vorhanden. Der Verbiss hatte ein akzeptables Maß erreicht. Doch sobald die Tannen deutlich mehr als Äserhöhe erreicht hatten, mussten sie den Böcken als „Blitzableiter“ dienen. Dann waren wieder fünf oder sechs Jahre verloren. Rehe sind eben Individualisten.

Verbissmonitoring

Kontrollzäune

Es ist unverständlich, dass viele Jäger Kontrollzäune ablehnen. Eigentlich sollten wir froh sein über sie, denn sie zeigen uns nicht nur, wie weit wir die Schalenwildbestände im Griff haben. Nicht selten entlasten sie uns auch, einfach weil von den Baumarten, um die es geht, manche im Zaun auch nicht mehr vorhanden sind als direkt daneben außer Zaun. Mehrfach gab es in meinen eigenen Revieren die Situation, dass außerhalb von Kontrollzäunen qualitativ und quantitativ mehr Verjüngung vorhanden war als in dem einen oder anderen Kontrollzaun. Der Mensch pflanzt und kontrolliert eben aufgrund seiner Erwartung, die Natur kennt andere Kriterien.

Kontrollzäune haben einen weiteren Vorteil: Sie zeigen, wenn sich außer den Rehen oder dem Schalenwild insgesamt noch andere Waldbewohner für Keimlinge und Jungbäume interessieren.

Vögel interessieren sich schon für die Samen der Waldbäume und mindern so die Zahl der Keimlinge. Langschwanzmäuse zeigen beispielsweise eine ganz besondere Vorliebe für Buchenkeimlinge, aber auch für andere Baumarten. Schermäuse nagen die Wurzeln ab. So kann die Verjüngung auch nach einem guten Mastjahr lokal ausfallen oder unbefriedigend sein.

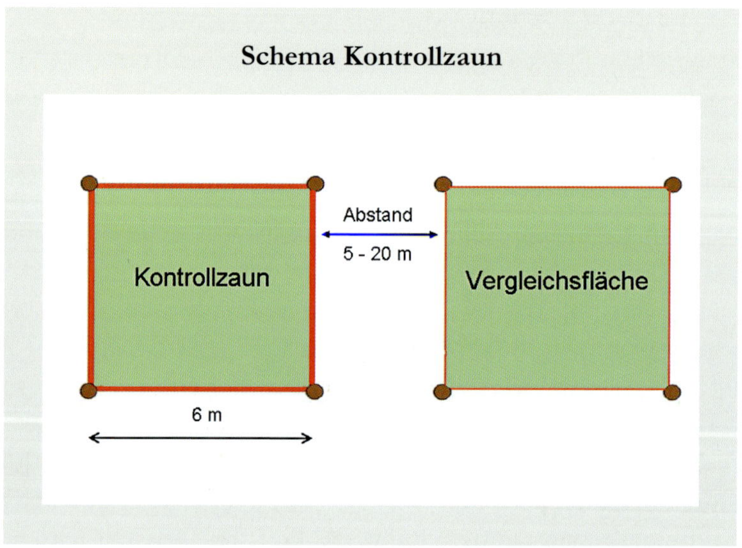

Zum Kontrollzaun gehört eine ungezäunte Vergleichsfläche in gleicher Größe in 5 bis 20 Metern Abstand, die fest verpflockt sein muss.

Traktverfahren

Auch die polnische Forstverwaltung hat inzwischen ein Verbissmonitoring entwickelt und in die Praxis eingeführt. Einige andere europäischen Länder bedienen sich seit Jahrzehnten solcher Verfahren. Diese unterscheiden sich jedoch teils erheblich. Alle operieren jedoch mit „Verbissprozenten", das heißt, sie ermitteln den Prozentsatz verbissener Jungbäume, wobei die meisten zwischen Leit- und Seitentriebverbiss unterscheiden.

Eines der in Europa am häufigsten praktizierten ist das sogenannte Traktverfahren. Dieses wurde von SCHWAB (1980) in Tirol entwickelt. Im Gegensatz zu anderen Verfahren liefert es nicht „Verbissprozente", sondern es sagt, ob ausreichend Verjüngung vorhanden ist. Es muss folglich zunächst festgelegt werden, was an Naturverjüngung auf einer Fläche vorhanden sein muss, um diese ausreichend und standortgemäß zu verjüngen. Dieser Wert wird „Verjüngungskennzahl" (VKZ) genannt. Im Ergebnis wird nur gesagt, ob ausreichend unverbissene Pflanzen durchwachsen oder nicht. Wachsen genug durch, wird der Verbiss als nicht relevant angesehen.

Erhoben wird in dreijährigem Turnus auf 50 Meter langen und fest ausgepflockten Trakten (Messlinien). Erfasst werden alle Baumarten, getrennt nach Höhenstufen von 10 bis 200 Zentimeter (Schneelage), je 1 Meter rechts und links der Traktlinie. Unterschieden wird in folgenden Höhenstufen:

10-30 Zentimeter (ohne neuen Jahrestrieb);
31-60 Zentimeter;
61-100 Zentimeter;
101-200 Zentimeter.

Als geschädigt gelten Pflanzen, wenn der Leittrieb abgebissen oder wenn mehr als 50% der Triebe im oberen Kronendrittel verbissen sind, ferner wenn der Jungbaum gefegt oder geschält wurde.

Üppige Verjüngung. In manchen Revieren erscheint die Buche im Frühjahr in großer Zahl, doch im Herbst ist sie verschwunden – gefressen.

Schutz des Leittriebes.

Wo die Tanne noch zu kämpfen hat, kann es sinnvoll sein, ihre Terminaltriebe zu schützen.

Beispiel:

> Ziel sind 1.000 nachwachsende Tannen/Hektar; dann müssen auf der 0,01 Hektar großen Standard-Traktfläche 10 Stück unbeschädigt vorhanden sein (VKZ 1.0). Die Gesamtzahl vorgefundener Jungbäume ergibt die „Verjüngungskennzahl gesamt" (VKZg). Mit 15 vorhandenen Jungtannen wäre also die VKZg 1.5 erreicht. Sind davon aber nur 5 unbeschädigt, ergibt sich die VKZ 0.5.

Dieses Verfahren ist einfach durchzuführen, billig, und vor allem ist es für den forstlichen Laien nachvollziehbar. Selbstverständlich eignet es sich auch zur stichprobenartigen Verbisserfassung auf Kulturflächen.

Wenig kann gesund sein

Verbiss ist nicht grundsätzlich gleich Schaden. Daher ist der Wert von Verbissprozenten manchmal zweifelhaft. Je mehr Pflanzen vorhanden sind, umso mehr Verbiss ist tolerabel. Nehmen wir als Beispiel eine Fichtenkultur, die mit etwa 3.300 Pflanzen je Hektar begründet wurde. Werden von den Rehen 30% der Terminaltriebe verbissen, ist das für den Waldbesitzer zweifellos ein erheblicher Schaden. Er muss ja davon ausgehen, dass sich der Verbiss in den nächsten Jahren wiederholt.

Die Natur selbst arbeitet viel großzügiger. 300.000 Pflanzen je Hektar und mehr drängen da zuweilen ans Licht, und die allermeisten von ihnen überleben die erste Altersklasse ohnehin nicht – sie erdrücken sich gegenseitig. Mäßiger Verbiss stört in solcher Fülle auch nicht, ja er kann sogar den rasch vorwachsenden Verjüngungsmitgliedern dienlich sein. Bei uns im alpinen Raum, bei Niederschlägen zwischen 1.500 Millimeter und 3.000 Millimeter, von denen ein erheblicher Teil als Schnee fällt, kommt es immer wieder zu Nassschnee-

Kalamitäten. Gerade im montanen oder subalpinen Schutzwald brechen dann zuerst jene Tannen, die bis dahin noch nicht verbissen wurden, während sich die in ihrer Jugend verbissenen Tannen als deutlich stabiler erweisen. Mit dieser Aussage soll aber Verbiss nicht als unerheblich oder gar grundsätzlich positiv dargestellt werden!

Das eigentliche Problem ist, dass die Rehe nicht nach forstlichen Gesichtspunkten äsen. Sie bevorzugen meist die Minderheiten, und sie achten auch nicht auf deren Verteilung. Zwischen der üppigen Fichte wird dann die Buche herausselektiert, zwischen der üppigen Buche die rarere Eiche, und so weiter.

Alles grün – alles in Ordnung?

Wenn ich mit Jägern unterwegs bin, dann werde ich nicht selten auf scheinbar optimale Verjüngungen hingewiesen. Schaut man genauer hin, dann verjüngen sich vor allem Gehölze, die forstlich sekundär sind wie Faulbaum, Birke, Holunder, Eberesche oder Weiden. Manchmal ist es auch so, dass sich zwar eine Hauptbaumart ausreichend und manchmal sogar überreich verjüngt, etwa Buche, Fichte oder Kiefer, jedoch keinerlei Beimischung vorhanden ist.

Das Problem ist in vielen europäischen Ländern, dass den Jägern der Blick für das Notwendige fehlt, weil ihnen gar nicht dezidiert gesagt wird, welche waldbaulichen Vorstellungen und Erfordernisse auf einer Fläche oder in einem Revier gegeben sind. In Ländern mit Pachtsystem wie Deutschland, Österreich und der Schweiz verstärkt sich in den letzten Jahren der Trend, dass Jäger, Waldbesitzer und Förster bei gemeinsamen Revierbegängen die Situation abklären.

In den genannten Ländern wird von den Forstbehörden teilweise turnusmäßig der Verbisszustand erhoben. Meist geschieht dies alle drei Jahre. Das Ergebnis dieses Monitorings sind „Verbissprozente“. Aus diesen werden Empfehlungen für den Abschussplan abgeleitet. Doch geht die Frage, wie viel Prozent einer bestimmten Baumart verbissen sind, eigentlich an der Sache vorbei. Entscheidend ist doch alleine, ob genug Jungbäume unverbissen dem Äser des Wildes entkommen. Genau dieser Wert und die Kontrollmöglichkeit wird den Jägern eher selten gegeben. Selbst die bäuerlichen Waldbesitzer haben oft nur vage Vorstellungen darüber, wie ein stabiler Wald aussehen soll. Bis heute werden bei uns von vielen Waldbesitzern Laubhölzer im Zuge der Läuterung

Das Problem der schleichenden Entmischung unserer Wälder ist – teilweise – auch ein Kommunikationsproblem.

Durchforstung.
Noch heute wird vielerorts das aus Naturverjüngung stammende Laubholz herausgereinigt. Zurück bleibt die reine Fichte.

oder Erstdurchforstung entfernt, gleichzeitig aber die hohen Verbissprozente bei der Fichte beklagt.

In Polen sind 85 % des Waldes in Staatsbesitz. Die Jagdgesellschaften, die als Pächter auftreten, sind sowohl von der Finanzierung der Wildschutzmaßnahmen wie von Ersatzzahlungen für entstandene Wildschäden ausgenommen. Doch die Freistellung der Jäger von Waldschutzkosten und Wildschadensersatz im Wald ist nur dort denkbar, wo die privaten Waldbesitzer in der Minderheit und die Jäger in revierweisen Gesellschaften zusammengeschlossen sind.

Schutz von Jungbäumen

Ersatzpflicht

In nahezu allen Jagd- und/oder Forstgesetzen Europas ist festgeschrieben, dass die Wildbestände so bejagt werden müssen, dass die für das jeweilige Revier, entsprechend den Standortverhältnissen, typischen Baumarten ohne besondere Schutzmaßnahmen aufwachsen. Die Wirklichkeit sieht meist völlig anders aus. Andererseits gibt es durchaus Situationen, in denen selbst bei geringen Wildbeständen Schäden vorhersehbar sind. Wenn etwa in einem Käferloch, mitten in einem Fichtenwald, dreißig oder auch fünfzig Berg-Ahorn gepflanzt werden, ist abzusehen, dass diese Ahorne restlos gefegt und verbissen werden!

Wildschadensaufnahme. In immer mehr europäischen Ländern findet in meist dreijährigem Turnus ein Verbissmonitoring statt. Meist wird das Ergebnis in „Verbiss-Prozenten“ angegeben. Interessanter sind Aussagen darüber, ob mit den nicht verbissenen Jungbäumen das Betriebsziel erreicht werden kann.

Der Ersatz von Wildschäden ist in den einzelnen Staaten Europas – je nach Jagdsystem – ganz unterschiedlich geregelt. Während es beispielsweise für die Jäger Polens überhaupt keine Ersatzpflicht für Wildschäden im Wald gibt, müssen in Kärnten die Jagdpächter – zumindest theoretisch – jeden von Wild verursachten Schaden ersetzen, selbst dann, wenn es sich um Schäden von Arten handelt, die gar nicht bejagt werden dürfen. In Graubünden wiederum sind die Jäger von jedem Wildschadenersatz freigestellt, auch von Schäden in der Landwirtschaft.

In Ländern, in denen teilweise exorbitant hohe Jagdpachtpreise bezahlt werden, wie in Deutschland oder Österreich, weigern sich Jäger, die Rehwildbestände mit den Bedürfnissen des Waldes in Einklang zu bringen. Sie verweisen auf die von ihnen bezahlte Jagdpacht. Allerdings kann man es rechnen, wie man will, die dem Waldbesitzer durch überhöhte Rehwildbestände entstehenden Mehraufwendungen werden durch keine noch so hohe Jagdpacht abgedeckt. An der Jagdpacht kann der Waldbesitzer nichts verdienen, es sei denn, sein Taschenrechner ist kaputt… Ein Pachtpreis von 5 Euro je Hektar ermöglicht dem Waldbesitzer gerade einmal den Ankauf von zwei (!) jungen Laubholz-Heistern. Zur Begründung einer Mischkultur sind jedoch mindestens 4.000 Laubholzpflanzen pro Hektar notwendig (2.000 Bergahorn leichte Heister = 4.520.- € und 2.000 Eschen leichte Heister = 5.740 € = 10.260 €/ha). Der Waldbesitzer müsste also über 2.000 Jahre lang seinen Jagdpachterlös ansparen, um das künstlich und trotzdem mehr als notdürftig zu schaffen, was ein zu hoher Rehwildbestand verhindert.

Zäune werden häufig als Lösung angesehen. Sie sind jedoch eher selten wirklich dicht. Dringen aber Rehe in Zäune ein, finden sie in diesen alles, was sie brauchen – Ruhe und Äsung. Oft entsteht gerade dann erheblicher Verbiss, ehe ihre Anwesenheit im Zaun überhaupt bemerkt wird. Danach ist es oft schwierig, sie wieder auszutreiben.

Als Waldbesitzer mag man den Zaun dennoch als Notlösung akzeptieren. Aber jene Jäger, die den Zaunbau fordern und in ihm eine Lösung sehen, sollten endlich einmal nüchtern nachdenken:

- Jeder Zaun bedeutet Lebensraumverlust für das Rehwild.
- Flächen, die gezäunt werden, sind meist besonders nahrungsreiche Äsungsflächen.
- Mit Zäunen muss eine notwendige Reduktion des Rehwildes deutlich höher ausfallen als ohne Zäune, weil die wichtigsten Äsungsflächen nicht mehr zur Verfügung stehen.
- Zäune lassen sich selten dauerhaft dichthalten, und eingedrungene Rehe können in ihnen nicht nur erheblichen Verbiss verursachen. Sie finden oft auch nicht mehr aus ihnen heraus.
- Zäune stehen häufig auch dann noch, wenn die Verjüngung längst dem Äser entwachsen ist.
- Zäune werden meist auf zwei Jahrzehnte hinaus zu Wildfallen, weil sie in der Endphase verfallen und selten abgebaut werden.

Notlösung „Kulturzaun“.

Hier ein Kulturzaun aus Baustahlgewebe – er ist haltbar, aber teuer.

– Zäune bedeuten Verlust an Jagdfläche.
– Zäune bedeuten ständigen Ärger für den Jäger.
– Zäune erhöhen die Verbissbelastung auf ungezäunter Fläche enorm!

Kaum jemand hat eine Vorstellung, wie viele Kilometer Zäune in unseren Wäldern stehen. Alleine die Bayerische Staatsforstverwaltung baute vor 1978 Kulturzäune, die lang genug waren, um München mit Peking zu verbinden. Heute fehlen den Forstverwaltungen in vielen europäischen Ländern für Zaunbauorgien sowohl die Zeit wie das Geld. Überdies bekommen sie – je nach Verfahren – bei der Zertifizierung ihrer Wälder Probleme, die sich marktwirtschaftlich auswirken.

Das alles bedeutet nicht, dass es grundsätzlich überall ohne Zaun gehen muss. Es gibt immer Situationen, in denen auch bei abgesenkten Wildbeständen technischer Schutz (Zaun oder Einzelschutz) notwendig ist.

Wenn in einem Käferloch, wie bereits vorhin beschrieben, mitten im reinen Fichtenwald Ahorn-Heister gepflanzt werden, haben diese ohne Zaun oder Einzelschutz wenig Chancen, wobei das größere Problem die Fegeschäden sind. In kleinen, mitten in der Feldmark gelegenen Waldparzellen kann die Rehwilddichte im Winter so hoch sein, dass die Verjüngung ohne Zaun kaum Chancen hat.

Es geht nicht grundsätzlich ohne Zaun und auch nicht grundsätzlich ohne Einzelschutz, aber beide Maßnahmen müssen Ausnahme und Notlösung sein und nicht die Regel!

In Deutschland und teilweise auch in Österreich waren die großen Sturmschäden gegen Ende des 20. und zu Beginn des 21. Jahrhunderts die Gelegenheit, den Zaun hinter sich zu lassen. Allerdings waren die Wilddichten wohl bei weitem nicht so hoch, wie etwa jene in Polen, Tschechien oder in der Slowakei. Überdies waren die waldbaulichen Voraussetzungen vielfach günstiger. In der Rückschau lässt sich sagen, dass sich der Verzicht auf den Zaun umso unproblematischer vollziehen ließ, je größer die Fläche war. Meist stellten sich ad hoc Laubhölzer und Begleitflora ein, die mehr Verbissmasse lieferten, als vom Wild bewältigt werden konnte. Kleinere Flächen sind, das wurde bereits gesagt, immer problematisch.

Für Einzelschutzmaßnahmen gilt im Prinzip, was hier für Zäune gesagt wurde. Allerdings bleibt dem Jäger die Bejagungsfläche und den Rehen die forstlich uninteressante Vegetation erhalten. Diese forstlich uninteressante Vegetation ist durch den selektiven Verbiss der Rehe meist qualitativ minderwertig. Trotzdem sind in vielen europäischen Revieren die Verhältnisse heute noch so katastrophal, dass selbst die Hauptbaumarten Fichte oder Kiefer und

Einzelschutz von Laubholz.

Der Einzelschutz von Laubholz, etwa mit Monosäulen, ist nicht nur teuer, sondern – zumindest im Rotwildrevier – auch wenig effektiv. Sobald die Pflanzen aus der Säule wachsen, werden sie verbissen.

erst recht die meisten Laubhölzer chemisch oder mechanisch geschützt werden müssen.

Selbst wenn Waldbesitzer und Förster den Zaun als Notlösung akzeptieren, so kann er für den denkenden Jäger mittelfristig keine Lösung sein! Er muss sich darüber bewusst werden, was Verbiss signalisiert. Verbiss bedeutet doch, dass die Rehe aufgrund ihrer Zahl die Vegetation schon so stark belastet haben, dass ein gravierender Mangel an allen jenen Äsungspflanzen besteht, die ungleich lieber genommen werden, verdaulicher und energiereicher sind als beispielsweise Fichte oder Kiefer!

Ein Problem ist, dass Minderheiten auch von relativ wenigen Rehen noch stark verbissen werden. Das sind beispielsweise die wenigen Tannen im Fichtenwald oder die Eichen in der Laubholzverjüngung. Da kann es schon hilfreich sein, diesen Minderheiten eine Starthilfe zu geben – etwa in Form eines chemischen Schutzes. Für die Rehe (und den Jäger) ist daher die Naturverjüngung mit einem überreichen Angebot an Jungbäumen die erstrebenswerte Lösung. Wo Tanne, Ahorn oder Eiche im Überfluss vorhanden sind, sei es den Rehen auch gestattet, maßvoll an ihnen zu naschen. Die Verjüngung ist eben nicht ausschließlich eine Frage der Rehwilddichte, sondern ebenso jene, wie viele Samenbäume im Altbestand vorhanden sind und wie man forstlich mit dem Bestand umgeht.

X.

Rehe in Europa

– Wie groß müssen Jagdreviere in Europa sein?
– In welcher Zeit darf man Rehe in den einzelnen Ländern bejagen?
– Wie hoch sind die Jahresstrecken?
– Darf Rehwild gefüttert werden?
– In welchem Größenverhältnis stehen die Jäger zur Gesamtbevölkerung?

Die Übersichten auf den folgenden Seiten ermöglichen Ländervergleiche und vermitteln einen Eindruck davon, wie unterschiedlich – teils auch wie ähnlich – man in den einzelnen Ländern der EU mit dem Rehwild umgeht.

Mindestgröße von Jagdrevieren in Europa

	Mindestgröße	Anmerkungen
Belgien		
Flandern	25 – 50 ha	25 ha = Nord-, 50 ha = Süd-Wallonien *
Wallonien	250 – 1.000 ha	250 ha = nur Wald, 1.000 ha mit Feld
Bulgarien	1.000 ha	
Dänemark	1 ha	erst seit 1997, davor ohne Mindestgröße
Deutschland	75 ha; 150 ha	75 ha = Eigenjagd; 150 ha = Gemeindejagd
Estland	5.000 ha	
Finnland	ohne	
Frankreich	ohne	Revierbildung möglich
Elsass	200 ha	
Großbritannien	ohne	
Italien	ohne	Südtirol: Gemarkung bildet Jagdrevier
Kroatien	1.000 ha	auf Inseln nur 500 ha
Lettland	200 ha	
Litauen	1.000 ha	
Luxemburg	300 ha	erst ab Neuverpachtung 2021
Niederlande	40 ha	
Österreich	115 ha, 500 ha	115 ha = Eigenjagd, 500 ha = Gemeindejagd
Polen	3.500 ha	mindestens 10 Jäger
Rumänien	5.000 ha	im Gebirge 10.000 ha
Schweden	ohne	
Schweiz	500 ha	Patentkantone und Revierkantone **
Slowakei	500 ha	
Slowenien	1.000 ha	
Spanien	250 ha, 1.000 ha	250 ha = Eigen-, 1.000 ha = Gemeindejagd
Tschechien	500 ha	
Ungarn	3.000 ha	

* südlich der Sambre-et-Meuse-Furche

** In den Patentkantonen (überwiegend alpin) gilt die Lizenzjagd. In den Revierkantonen (Nordschweiz) bilden meist die Gemeindeflächen das Revier. Teilweise werden 500 ha als Mindestfläche empfohlen.

Jagdzeiten und Jahrestrecken in EU-Ländern

Belgien

Flandern	
	Jagdzeit
Bock	15. Mai bis 15 September
Geiß und Kitz	1. Januar bis 31. März
Jahresstrecke	rund 5.000 Rehe

Wallonien	
	Jagdzeit
Bock	Einzeljagd: 1. Mai bis 31. Mai u. 15. Juli bis 30. September
Bock	Treibjagd: 1. Oktober bis 31. Dezember
Geiß und Kitz	1. Oktober bis 31. Dezember
Jahresstrecke	rund 16.000 Rehe (2012/13)

Bulgarien

	Jagdzeit
Bock	1. Mai bis 30. Oktober
Geiß und Kitz	1. September bis 30. Oktober
Jahresstrecke	rund 6.000 – 8.000 Rehe Anmerkung: In Bulgarien werden zwar sehr starke Rehböcke erlegt, aber in Summe nur wenige Rehe geschossen. In Deutschland, das rund dreimal so groß ist, werden im Jahr rund 1 Million Rehe erlegt. Auf die Fläche Bulgariens übertragen wären das über 300.000 Rehe!

Dänemark

	Jagdzeit
Bock	16. Mai bis 15. Juli
Geiß und Kitz	1. Oktober bis 31. Dezember
Jahresstrecke	127.400 Rehe (2012)

In Dänemark haben die Böcke bis Ende Januar Schusszeit, dennoch werden diese zu über 90 % im Sommer geschossen.

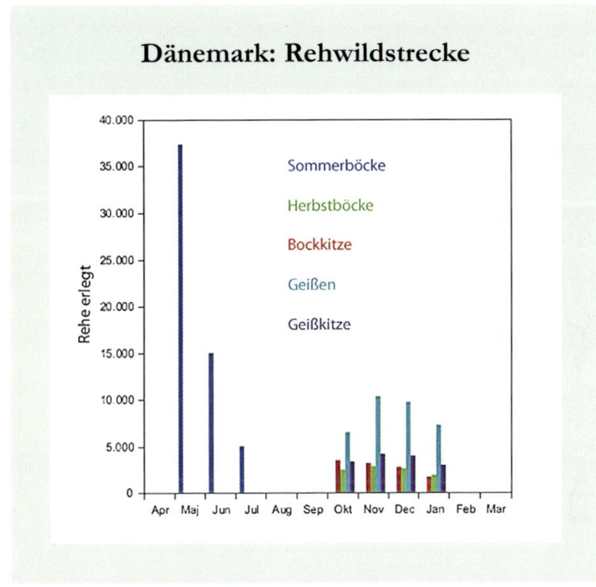

In Dänemark gibt es keinen Abschussplan, und die Jäger schießen überwiegend männliche Rehe. Sommerböcke machen fast die halbe Strecke aus. Der relativ geringe Geißenanteil erklärt neben anderen Ursachen den seit Jahrzehnten anhaltenden Streckenanstieg.

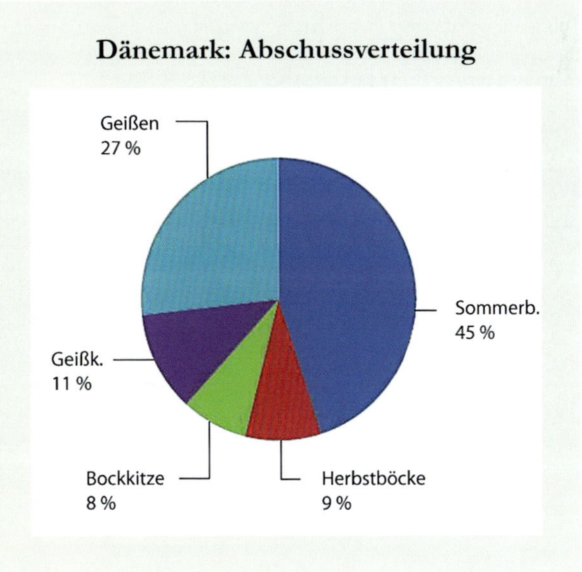

Deutschland

Bundesregelung	
	Jagdzeit
Bock	1. Mai bis 15. Oktober
Schmalreh	1. Mai bis 31. Januar
Geiß	1. September bis 31. Januar
Kitz	1. September bis 28. Februar
Jahresstrecke	1.151.356 Rehe (2013/14)

Abweichungen in den einzelnen Bundesländern:

Baden-Württemberg	
	Jagdzeit
Bock	1. Mai bis 31. Januar
Schmalreh	1. Mai bis 31. Januar
Geiß und Kitz	1. September bis 31. Januar

Bayern	
	Jagdzeit
Schmalreh	1. Mai bis 15. Januar
Geiß und Kitz	1. September bis 15. Januar

Brandenburg	
	Jagdzeit
Bock	1. Mai bis 31. Dezember

Hamburg	
	Jagdzeit
Schmalreh	1. Mai bis 15. Juni und 1. September bis 31. Januar

Niedersachsen	
	Jagdzeit
Bock	1. Mai bis 31. Januar
Schmalreh	1. Mai bis 31. Mai und 1. September bis 31. Januar

Nordrhein-Westfalen	
	Jagdzeit
Schmalreh	1. Mai bis 31. Mai und 1. September bis 31. Januar

Rheinland-Pfalz	
	Jagdzeit
Bock	1. Mai bis 31. Januar

Saarland	
	Jagdzeit
Bock	1. Mai bis 15. Januar

Sachsen	
	Jagdzeit
Bock	16. April bis 31. Januar
Schmalreh	16. April bis 31. Januar
Geiß und Kitz	1. August bis 31. Januar

Schleswig-Holstein	
	Jagdzeit
Bock	1. Mai bis 31. Januar
Schmalreh	1. September bis 31. Januar

Thüringen	
	Jagdzeit
Bock	Einzeljagd: 1. Mai bis 15. Oktober
Bock	Gesellschaftsjagd: 16. Oktober bis 15. Januar
Schmalreh	1. Mai bis 15. Januar
Geiß und Kitz	1. September bis 15. Januar

Estland

	Jagdzeit
Bock	1. Juni bis 31. Dezember
Geiß und Kitz	1. September bis 31. Dezember
	Anmerkung: Vom 1. Oktober bis 31. Dezember dürfen alle Rehe auf der Treibjagd oder vorm Hund geschossen werden.
Jagdstrecke	4.072 Rehe (2014)

Finnland

	Jagdzeit
Bock	16. Mai bis 16. Juni und 1. September bis 31. Januar
Geißen und Kitze	1. September bis 31. Januar
Jagdstrecke	In Finnland wurden 1903 die ersten Rehe gesehen. Seit 1991 dürfen sie sparsam bejagt werden. Bestand und Abschuss sind noch so gering, dass sie gesamteuropäisch keine Rolle spielen.

Frankreich

	Jagdzeit
alle Rehe	1. Juni bis 28. Februar, teils aber auch nur 3 Wochen

Vor allem im Westen und Süden Frankreichs wird Rehwild immer noch mit Schrot geschossen (grüne Flächen). In Frankreich gelten grundsätzlich unterschiedliche Formen des Jagdrechtes: Im Mutterland ist es äußerst liberal, während im – ehemals deutschen – Elsass-Lothringen das deutsche Jagdrecht in inzwischen stark liberalisierter Form mehr oder weniger fortgeschrieben wird.

Elsass	
	Jagdzeit
Bock	15. Mai bis 31. Januar
Geiß und Kitz	26. August bis 31. Januar

In voller Flucht.

Mit der Flinte könnte es sich ausgehen – vorausgesetzt die Entfernung passt.

Großbritannien

England und Wales	
	Jagdzeit
Bock	1. April bis 20. Oktober
Geiß und Kitz	1. November bis 31. März

Schottland	
	Jagdzeit
Bock	1. April bis 20. Oktober
Geiß und Kitz	21. Oktober bis 31. März

Heute besiedelt Rehwild fast alle Teile Großbritanniens. Größere Besiedlungslücken gibt es nur in Wales. Auf der Irischen Insel fehlt das Rehwild völlig.

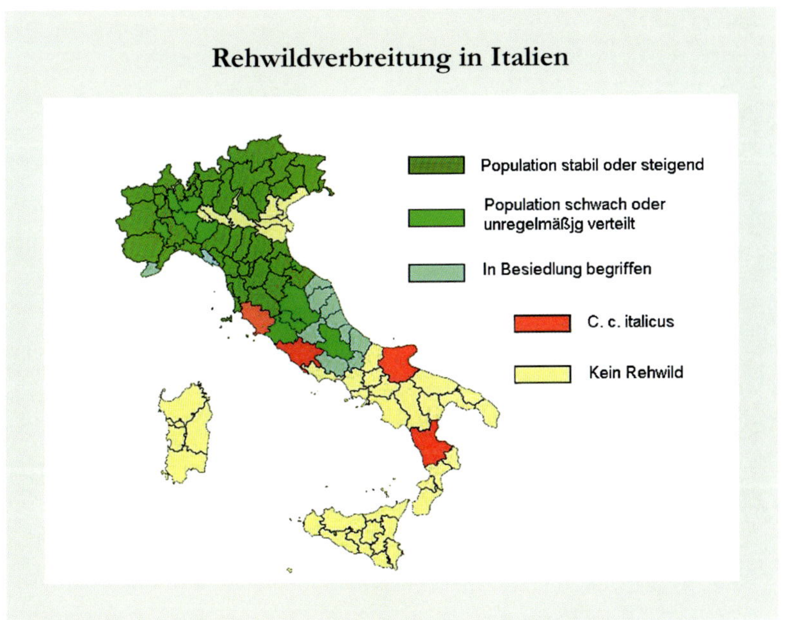

Der Süden Italiens ist mit Ausnahme der Provinzen Kalabrien und Apulien rehwildfrei. Nördlich von Rom wird das Land hingegen nahezu flächendeckend vom Rehwild besiedelt.

Italien

Italienisches Bundesgesetz *	
	Jagdzeit
alle Rehe	1. Oktober bis 30. November
Jahresstrecke	70.170 Rehe (2013)
	* Anmerkung: Die Reviere können jedes Jahr wählen, ob sie traditionell mit Flinte und Hund jagen wollen *(caccia tradizionale)* oder ob sie selektive Jagd *(caccia selezione)* ausüben wollen. Die Jagdzeiten sind in den Provinzen unterschiedlich.

Südtirol	
	Jagdzeit
Bock	15. Juni bis 20. Oktober
Jährlingsbock	1. Mai bis 20. Oktober
Schmalgeiß	1. Mai bis 15. Dezember
Geiß und Kitz	1. September bis 15. Dezember

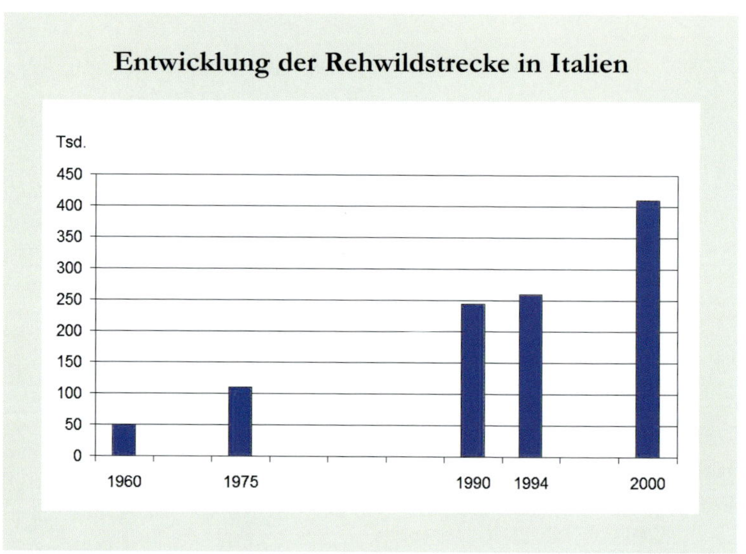

Eine durchgehende landesweite Streckenaufzeichnung gibt es in Italien nicht. Aber die wenigen Zahlen zeigen eine steile Zunahme in den vergangenen fünfzig Jahren.

In den Autonomen Provinzen Italiens (Beispiel Friaul Julisch Venetien):	
	Jagdzeit
alle Rehe	2. Sonntag im September bis 5. November *(caccia tradizionale)*
Bock	15. Mai bis 31. Oktober
Schmalrehe	1. Juni bis 15. Juli und 1. September bis 15. Januar
Geiß allgemein	1. September bis 15. Januar
Kitz	1. September bis 15. Januar
Geiß führend	1. Dezember bis 15. Januar

Kroatien

	Jagdzeit
Bock	1. Mai bis 30. September
Geiß und Kitz	1. Oktober bis 31. Januar
Jagdstrecke	rund 18.500 Rehe

Lettland

	Jagdzeit
Bock	1. Juni bis 30. November
Geiß und Kitz	15. August bis 30. November
Jagdstrecke	rund 31.000 Rehe

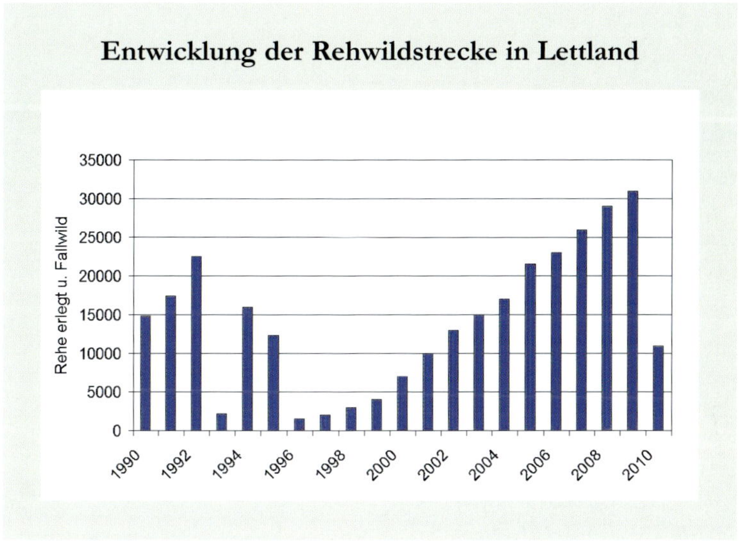

Die Rehwildstrecken Lettlands sind schwer nachvollziehbar, doch ist insgesamt ein Aufwärtstrend unverkennbar.

Litauen

	Jagdzeit
Bock	15. Mai bis 15. Oktober
Geiß und Kitz	1. Oktober bis 31. Dezember
Jagdstrecke	16.319 Rehe (2014/15)

Luxemburg

	Jagdzeit
Bock	1. Mai bis 15. Juni und 20. Juli bis 10. August (Pirsch und Ansitz)
alle Rehe	15. September bis 16. Oktober (Einzeljagd)
alle Rehe	17. Oktober bis 13. Dezember (auch Bewegungsjagd)
Jagdstrecke	rund 6.000 Rehe

Niederlande

	Jagdzeit
Bock	1. April bis 30. September (nur Provinz Gelderland) *
Geiß und Kitz	1. September bis 31. März (nur Provinz Gelderland) *
	* In der Provinz Utrecht haben alle Rehe ganzjährig Jagdzeit.
Jahresstrecke	derzeit etwa 17.000 Rehe

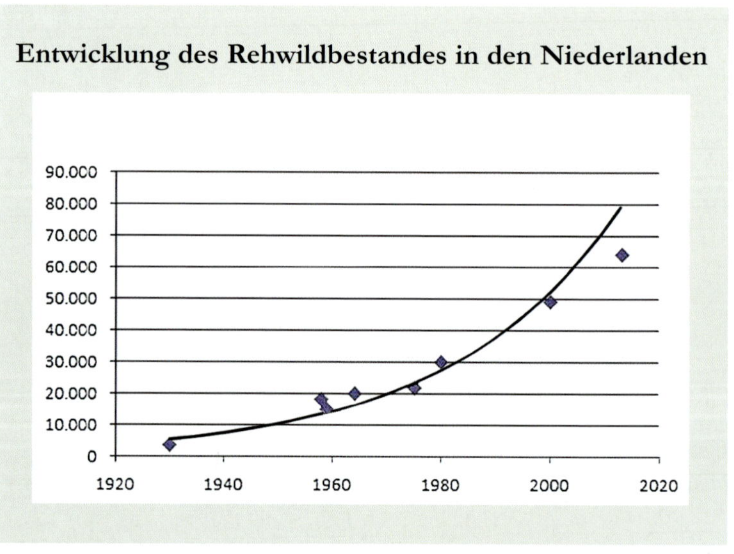

Die Niederlande waren zu Beginn des 20. Jahrhunderts nahezu rehwildfrei. Heute besiedelt das Rehwild das gesamte Festland und selbst einige Inseln Westfrieslands.

Österreich

	Jagdzeit	Bundesland
Jährlingsbock	16. April bis 31. Oktober	B
Jährlingsbock	1. Mai bis 31. Oktober	K, S, St
Jährlingsbock	1. Juni bis 31. Dezember	T
Böcke aller Klassen	16. Mai bis 15. Oktober	W
Bock Klasse III	1. Mai bis 30. September	OÖ
Bock mehrjährig	1. Mai bis 31. Oktober	B
Bock mehrjährig	16. Mai bis 15. Oktober	NÖ
Bock mehrjährig	1. Juni bis 15. Oktober	V
Bock mehrjährig	1. Juni bis 31. Oktober	K, S, St, T
Schmalreh	16. April bis 31. Dezember	B, NÖ
Schmalreh	1. Mai bis 31. Dezember	K, OÖ, S, St
Geiß nicht führend	1. Mai bis 31. Dezember	K, S
Geiß nicht führend	16. Mai bis 31. Dezember	St, W
Geiß und Kitz	1. Juni bis 31. Dezember	T
Geiß und Kitz	1. August bis 31. Dezember	K, S
Geiß und Kitz	16. August bis 31. Dezember	NÖ, St, W
B = Burgenland, K = Kärnten, OÖ = Oberösterreich, NÖ = Niederösterreich, S = Salzburg, St = Steiermark, T = Tirol, V = Vorarlberg, W = Wien		
Jahresstrecke	240.000 Rehe (2014/15)	

Siehe auch Grafik „Entwicklung der Rehwildstrecke in Österreich" auf der nächsten Seite!

Polen

	Jagdzeit
Bock	11. Mai bis 30. September
Geiß und Kitz	1. Oktober bis 15. Januar
Jagdstrecke	rund 130.000 Rehe

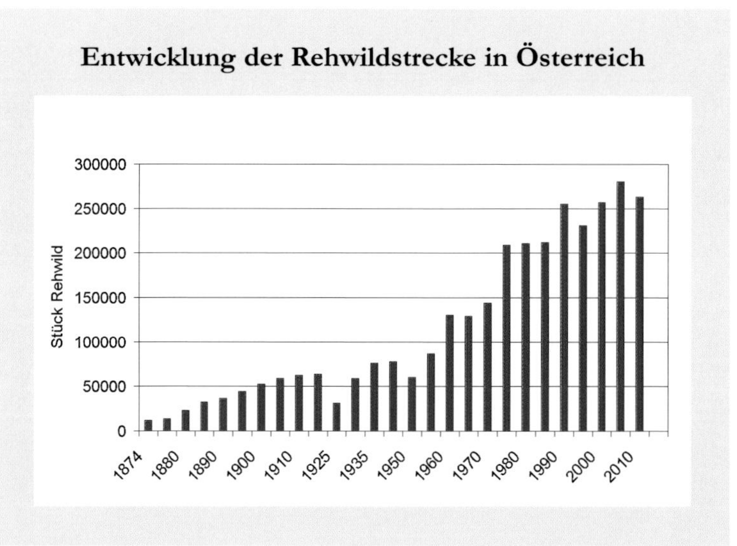

Die Rehwildstrecken stiegen in Österreich im vergangenen Jahrhundert kontinuierlich an. Noch zu Beginn des 20. Jahrhunderts gab es in Österreich absolut rehwildfreie Gebiete. Inzwischen leben Rehe sogar in urbanen Bereichen.

Rumänien

	Jagdzeit
Bock	1. Mai bis 15. Oktober
Geiß und Kitz	1. September bis 15. Februar
Jagdstrecke	rund 11.000 Rehe (2014/15)

Schweden

	Jagdzeit
Bock	1. Mai bis 15. Juni (nur in einigen Ländern)
Bock	16. August bis 30 September (nur Büchsenschuss)
Geiß und Kitz	1. September bis 30. September
alle Rehe	1. Oktober bis 31. Januar
Jahresstrecke	rund 162.000 Rehe

Schweiz

Patentkantone:	
	Jagdzeit
alle Rehe	drei Wochen Jagdzeit im September, darin aber noch Schontage
Revierkantone (kantonsweise kleine Unterschiede):	
Bock	1. Mai bis 31. Dezember
Geiß und KItz	1. September bis 31. Dezember
Jagdstrecke	rund 40.000 Rehe (2014)

Slowakei

	Jagdzeit
Bock	16. Mai bis 30. September
Geiß und Kitz	1. September bis 31. Dezember
Jagdstrecke	rund 32.500 Rehe (2014/15)

Slowenien

	Jagdzeit
Bock	1. Mai bis 31. Oktober
Geiß und Kitz	1. September bis 31. Dezember
Jagdstrecke	31.144 Rehe (2013)

Spanien

	Jagdzeit
Bock	1. Sonntag im April bis 2. Sonntag im August
Geiß und Kitz	1. Sonntag im September bis 3. Sonntag im Oktober
Jagdstrecke	21.255 Rehe (2012/13)

Rehwild kommt in Spanien etwa auf einem Drittel der Landesfläche vor, mit dem Schwerpunkt in den nördlichen Landesteilen (grüne Flächen). Die Art ist in Ausbreitung begriffen.

Tschechien

	Jagdzeit
Bock	16. Mai bis 30. September
Geiß und Kitz	1. September bis 31. Dezember
Jagdstrecke	105.680 Rehe (2013)

Ungarn

	Jagdzeit
Bock	15. April bis 30. September
Geiß und Kitz	1. Oktober bis 28. Februar
Jagdstrecke	Es waren keine Daten erhältlich.

Stand 1. Januar 2016

Fütterung des Rehwildes

	Pflicht	Verbot	erlaubt	Anmerkung
Belgien				
Flandern	nein	nein		Kirrung auch verboten
Wallonien		ja	ja	Einzelfallgenehmigung
Bulgarien	ja *			* nur in Staatsrevieren
Dänemark			ja	zunehmend beliebt
Deutschland	ja			Bayern, Niedersachsen und ehemalige DDR, außer Brandenburg
		ja		Rheinland-Pfalz
		ja		restliche Länder: Verbote mit Ausnahmen
Estland			ja	
Finnland			ja	
Frankreich			ja	kaum gebräuchlich
Großbritannien			ja	nicht gebräuchlich
Italien			ja	nicht gebräuchlich
Südtirol			ja	zunehmend beliebt
Kroatien	ja			
Lettland			ja	
Litauen			ja	
Luxemburg		ja		
Niederlande		ja		Kirrung erlaubt
Österreich	ja			alle Länder außer Kärnten und Vorarlberg (Vlbg.)
		ja		Kärnten: verboten, wenn Äsung ausreicht
			ja	Vlbg.: erlaubt mit Auflagen
Polen			ja	Gebot in der „Notzeit" Praxis: Es wird gefüttert.
Rumänien			ja	November bis März
Schweiz			ja	wenig gebräuchlich
Schweden			ja	zunehmend beliebt
Slowakei			ja	nur in Notzeit
Slowenien		ja		
Spanien			ja	nicht gebräuchlich
Tschechien	ja			
Ungarn	ja			nur, um Massensterben zu verhindern; auch Wasserversorgung vorgeschrieben

Verhältnis Jäger zu Gesamtbevölkerung

	Jäger	Bevölkerung	% *
Belgien	20.000	10,4 Millionen	0,2 %
Bulgarien	110.000	7,7 Millionen	1,4 %
Dänemark	160.000	5,4 Millionen	3,0 %
Deutschland	358.000	82 Millionen	0,44 %
Estland	15.000	1,3 Millionen	1,2 %
Finnland	307.000	5,3 Millionen	5,8 %
Frankreich	1.300.000	62 Millionen	2,1 %
Großbritannien	800.000	61 Millionen	1,3 %
Italien	750.000	60 Millionen	1,25 %
Kroatien	55.000	4,5 Millionen	2,5 %
Lettland	25.000	2,2 Millionen	1,14 %
Litauen	32.000	3,6 Millionen	0,9 %
Luxemburg	2.000	0,5 Millionen	0,4 %
Niederlande	30.000	15 Millionen	0,2 %
Österreich	118.000	8,3 Millionen	1,4 %
Polen	100.000	38 Millionen	0,26 %
Rumänien	60.000	22,3 Millionen	0,27 %
Schweden	290.000	9,1 Millionen	3,2 %
Schweiz	30.000	7,6 Millionen	0,4 %
Slowenien	22.000	2,0 Millionen	1,1 %
Slowakei	55.000	5,4 Millionen	1,0 %
Spanien	110.000	40,5 Millionen	0,27 %
Tschechien	110.000	10,2 Millionen	1,1 %
Ungarn	50.000	9,9 Millionen	0,5 %

* Anteil der Jäger an der Bevölkerung

Rehe, soweit das Auge reicht.

Rehwild ist fraglos einer der Gewinner der heutigen Kulturlandschaft. Es hat im vergangenen Jahrhundert europaweit massiv zugenommen. Also: Wir dürfen Rehe jagen. Wir sollen Rehe jagen. Ja, teilweise müssen wir sogar Rehe jagen. Nur: Wenn wir auf Rehe jagen, dann sollten wir es auch richtig tun!

Epilog

Es gibt keinen Zweifel daran, dass die meisten Jäger jagen, weil es ihnen Freude bereitet. Zu dieser Freude gehört auch das Töten des Wildes. Was einen Jäger bewegt, ein Reh zu töten, während er gleichzeitig möglichst viele Rehe in seinem Revier haben will, ist einem Nichtjäger kaum verständlich zu vermitteln.

Tatsache ist, dass Rehe mit und ohne Jagd sterben. Wo sich der Jäger verweigert oder ihm das Jagen verboten wird, übernehmen andere seine Aufgabe, und sie tun dies gelegentlich gründlicher als er. Darüber, was für ein Wildtier „angenehmer" ist, der Tod durch den menschlichen Jäger oder jener durch Wolf, Winter, Straßenverkehr oder Bakterium, sollten wir nicht spekulieren. Eine simple, an sich unbedeutende Forkelverletzung, an unzugänglicher Körperstelle, kann einen qualvollen Tod durch eine Sepsis bedeuten. Ein auch nur halbwegs gut platzierter Schuss hätte ein leichteres und schnelleres Ende bedeutet. Umgekehrt kann das langsame Hinüberdämmern im tiefen Schnee weit weniger brutal sein als ein schlechter Schuss.

Wir Jäger sollten uns daher immer bewusst sein, dass Wildtiere – Rehe – Wesen sind, die nicht weniger Schmerz empfinden als wir, und dass sie einander selbst nicht gefühllos und anonym gegenüberstehen, dass sie innerartlich zu tiefen Gefühlen fähig sind. Wir sollten uns auch bewusst sein, dass sie mitdenken, dass sie uns und unsere Absichten durchschauen, dass sie unter einer unqualifizierten Jagd leiden können.

Zuletzt aber: Für jedes einzelne Wesen ist die Begegnung mit dem Tod eine Katastrophe; die Art hingegen profitiert von diesen persönlichen Katastrophen ihrer Mitglieder. So sind intensiv und fachgerecht bejagte Rehwildbestände in der Zivilisationslandschaft in der Regel vitaler und gesünder als unbejagte …

Kitzböcke.

Auch so erleben wir Rehe. Und es tut auch uns und unserem Selbstverständnis gut, sie nicht nur durchs Zielfernrohr zu betrachten und schon gar nicht als verplanbare Statisten unseres „Managements"…

- Ende -

Literaturverzeichnis

BAUMANN, M., U. A.; 2012: Jagen in der Schweiz – Auf dem Weg zur Jägerprüfung, Jagd- und Fischereiverwalterkonferenz der Schweiz, Salm Verlag, Bern.

BAYERN, ALBRECHT UND JENKE VON; 1986: Über Rehe in einem steirischen Gebirgsrevier; BLV Verlag, München.

BAYERISCHE STAATSFORSTVERWALTUNG; 1989: Optimale Schalenwilddichte, Bayer. Forstl. Versuchs- und Forschungsanstalt.

BAYERISCHE STAATSFORSTVERWALTUNG: Information Jagd 1981/82/83, OFD Ansbach.

BERG, F.-CH., UND RUFF, B.; 1983: Rehwildjagd auf populationsdynamischer Grundlage, Wild und Hund 21/1983.

BORNMANN, P., UND OLISCHLÄGER, K.; 1988: Zähltreiben zur Wildbestandsermittlung in Nordhessen, Allg. Forst Zeitschrift 23/88.

BREITENMOSER, URS UND CHRISTINE; 2008: Der Luchs – Ein Großraubtier in der Kulturlandschaft, Band 1 und 2, Salm Verlag, Bern.

BREM, G.; 1983: Vererbung des Geweihgewichtes beim Reh, Tierärztl. Praxis 11/83.

BUBENIK, ANTON; 1971: Rehwildhege und Rehwildbiologie, F. C. Mayer, München.

BÜTTNER, K.; 1986: Bejagung und Konditionsentwicklung eines Rehwildbestandes im Steigerwald von 1974-1985, Krug-Verlag, Würzburg.

DESELAERS, J.; 1987: Zähltreiben, Niedersächsischer Jäger 21/87.

DIEZEL, CARL EMIL; 1954: Niederjagd, Parey Verlag, Hamburg.

EISFELD, DETLEF; 1979: Das Reh, Sonderdruck aus dem Jahrbuch 1979 des Vereins zum Schutze der Bergwelt, München.

DERS.; 1975: Zur Regulation der Rehdichte und Vorschlag zur Neugestaltung der Abschussplanung, Allg. Forst Zeitschrift 50/75.

ELLENBERG, HERMANN; 1978: Zur Populationsökologie des Rehes (Capreolus capreolus L., Cervidae) in Mitteleuropa, Institut für Landschaftsökologie der TU-München.

DERS.; 1975: Neue Ergebnisse der Reh-Ökologie: Zählbarkeit, Wachstum, Vermehrung, Allg. Forst Zeitschrift 50/75.

DERS.; 1984: Rehwild und Umwelt, Arbeitstagung Rehwild im Nationalpark Bayerischer Wald 1984.

DERS.; 1986: Immissionen – Produktivität der Krautschicht – Populationsdynamik des Rehwildes: ein Versuch zum Verständnis ökologischer Zusammenhänge, Natur und Landschaft 9/86.

ENZINGER, W., UND HARTFIEL, W.; 1987: Vergleichende physiologische und morphologische Untersuchungen am Pansen von Rehen und Ziegen, Niedersächsischer Jäger 23/87.

GOSSOW, HARTMUT; 1976: Schalenwild-Wald-Problem und Öffentlichkeitsarbeit, Allg. Forst Zeitschrift 25/76.

DERS.; 1999: Wildökologie, Verlag Dr. Kessel, Remagen-Oberwinter.

GUSSINKLO, DICK; 2011: Reeën – Populatiebeheer in de WBE, Uitgeverij Fagus, Ijzerlo.

HARTFIEL, W.; 1987: Nährstoffverdauung und Energieverluste von Rehwild im Hinblick auf die Winterfütterung, Vortrag am 17.11.1987 in Wien.

HARTWIG, V.; 1989: Weißt du wie viel Rehlein stehen … ?, Die Pirsch 6/89.

HELEMANN, WALTER; 1984: Drückjagd in die falsche Kehle geraten, Die Pirsch 9/84.

DERS.; 1987: Jagd auf weibliches Rehwild verboten?, Die Pirsch 19/87.

HESPELER, BRUNO; Von der Bedeutung der Wildpflanzen, Der Anblick 5/84.

DERS.; 1984: Schwerpunktabschuss, Wild und Hund 12/84.

DERS.; 1985: Rehwild und Waldverjüngung, Der Anblick 4/85.

DERS.; 1985: Rehe, Jäger und Extreme, Die Pirsch 15/85.

DERS.; 1986: Ansprechen, warum geht es?, Die Pirsch 15/86.

DERS.; 1987: Beamte, Bauern und Jäger, Wild und Hund 11/87.

DERS.; 1988: Rehwild heute, BLV Verlag, München. 7. Auflage, 2003.

DERS.; 1989: Der Rote Punkt, Der Anblick 4/89.

DERS.; 1989: Etwas über die Zählbarkeit der Rehe, Der Anblick 1/89.

DERS.; 1991: Wie sicher lässt sich das Alter des Rehbocks feststellen?, Deutsche Jagd-Zeitung 5/91.

DERS.; 1992: Schmalrehe schießen, Niedersächsischer Jäger 9/92.

DERS.; 1995: Jagd 2000: Zeitgemäße Jagdstrategien, Nimrod Verlag, Suderburg.

DERS.; 1999: Wildschäden heute, BLV Verlag, München.

DERS.; 2000: Hege und Jagd im Jahreslauf, BLV Verlag, München.

DERS.; 2002: Vor und nach dem Schuss, BLV Verlag, München.

DERS. und KREWER, BERND; 2001: Jung oder alt?, BLV Verlag, München.

DERS.; 2013: Die Riegeljagd, Österreichischer Jagd- und Fischerei-Verlag, Wien.

HOFMANN, REINHOLD; 1978: Die Ernährung des Rehwildes im Jahresablauf, Allg. Forst Zeitschrift 44/78.

HOLZAPFL, ALEXANDER; 1986: Optimale Schalenwilddichte – Abschlussbericht, Bayerische Forstliche Versuchs- und Forschungsanstalt, München.

HORNECK, HERBERT; 1978: Unser Rehwild – seine Hege, seine Bejagung, seine Probleme, Allg. Forst Zeitschrift 44/78.

HOTHORN, T., U. A.; 2012: Risikoschätzung Wildunfälle in Bayern, Universität, München.

HUFNAGEL, LEOPOLD; 1898: Die Entwicklung des Forstwesens auf der Fürst Karl Auersperg'schen Herrschaft „Herzogthum Gottschee in Krain von 1848 bis 1898, Eigenverlag, Prag.

KALCHREUTER, HERIBERT; 1976: Jedes zweite Reh geht ein, Die Pirsch 4/76.

KROFEL, MIHA; 2006: Plenjenje in prehranjevanje Evrazijskega Risa (Lynx lynx) na območju dinarskega krasa v Sloveniji, Diplomarbeit, Universität Ljubljana.

KURT, FRED; 1979: Das Rehwild, BLV Verlag, München.

DERS.; 1991: Das Reh in der Kulturlandschaft, Parey Verlag, Hamburg.

LIENHARD, ULI; 1987/88: Wald und Wild, Feld – Wald – Wasser 10/87 bis 2/88.

MOEN, A. N.; 1973: Wildlife Ecology, Freeman & Co., San Francisco.

MÜLLER, WULF-EBERHARD; 1979: Jagen nach dem Rehkalender, Die Pirsch 10/79.

DERS.; 1983: Information Jagd 1981/82/83, Oberforstdirektion Ansbach.

DERS.; 1988: Zur Geschichte der Rehwildjagd, Verein zum Schutz der Bergwelt e. V., München.

OKARMA, HENRYK; 2015: Wilk, Wydawnictwo, Kraków.

OSGYAN, WOLFRAM; 1989: Rehwild Report, Nimrod Verlag, Suderburg.

PEGEL, MANFRED; 1998: Rehwildprojekt Borgerhau, Wildforschungsstelle des Landes Baden-Württemberg, Aulendorf.

POLLANSCHÜTZ, JOSEF; 1984: Auswirkungen von Wildverbiss auf den Wald, Arbeitstagung Rehwild im Nationalpark Bayerischer Wald 1984.

RAESFELD, F., UND NEUHAUS, A. H., UND SCHAICH, K.; 1978: Das Rehwild, Parey Verlag, Hamburg.

RAU, F.; 1979: Waldgerechte Rehwildhege im Tannenrevier am Beispiel des Staatswaldes im Forstamt Lorch/Württemberg, Allg. Forst Zeitschrift 17, 18/79.

REIMOSER, FRIEDRICH; 1986: Waldaufbau und Rehwildjagd, Allg. Forst Zeitschrift 49/86.

DERS.; 1986: Wechselwirkung zwischen Waldstruktur, Rehwildverteilung und Rehwildbejagbarkeit in Abhängigkeit von der waldbaulichen Betriebsform, Dissertation, Universität Wien.

DERS.; 1987: Zur Wirkung der Waldbestandsgrenzen auf Rehwild, Vortrag am 16.11.1987 in Wien.

DERS.; 1991: Schwerpunktbejagung und Intervallbejagung, Österreichs Weidwerk 12/91.

DERS.; 2001: Mit Plan und Ziel, Die Pirsch 1/2001.

DERS.; 2001: Rehwild immer gut für Überraschungen, Die Pirsch 1/2001.

DERS., UND ZANDL, J.; 1993: Markierte Rehe, Österreichs Weidwerk 5/93.

SANDFORT, ROBIN; 2014: Rehwild – Ökologie und Bewirtschaftung, Vorlesung Jagdwirte-Lehrgang, Universität für Bodenkultur, Wien.

SCHÄFER, ERNST; 1982: Hegen und Ansprechen von Rehwild, BLV Verlag, München.

SINNER, H.-U., U. A.; 2009: Pilotprojekt zur Befreiung von den Vorschriften der Abschussplanung für Rehwild nach Art. 32 Abs. 6 BayJG in Hegegemeinschaften mit mindestens tragbarer Verbissbelastung, Abschlussbereicht, Bayerische Landesanstalt für Wald und Forstwirtschaft, Freising.

SCHRÖDER, WOLFGANG; 1975: Brauchen wir den Abschussplan für Rehwild?, Allg. Forst Zeitschrift 50/75.

DERS.; 1984: Jagdliche Nutzung von Rehpopulationen, Arbeitstagung Rehwild im Nationalpark Bayerischer Wald.

DERS. UND FISCHER M.; 1984: Methoden der Dichteschätzung bei Rehen, Arbeitstagung Rehwild im Nationalpark Bayerischer Wald.

SCHWAB, PAUL; 1980: Umweltgerechte Schalenwildregulierung, Voraussetzung standortgerechter Walderhaltung, Sonderdruck aus dem Tagungsbericht „Wald und Wild", 1980, Wien.

SPEK, GERRIT JAN; 2002: Verbreitungsgeschichte in Holland, unveröffentlicht.

SPERBER, GEORG; 1975: Einfluss der Alterstruktur und Mischungsform von Wäldern auf Bestand und Bejagbarkeit des Rehwildes, Allg. Forst Zeitschrift 50/75.

STEINER, WOLFGANG; 2013: Wildtierbestände & Verkehr, Universität für Bodenkultur Wien, Institut für Wildbiologie und Jagdwirtschaft.

STRANDGAARD, H.; 1975: Rehbestand und Regulation auf Kalø (Ost-Jütland), Allg. Forst Zeitschrift 50/75.

STRÖßE; 1935: Neudammer Jäger-Lehrbuch – Leitfaden der Jagdkunde, 2. Auflage, Verlag Neumann-Neudamm, Neudamm.

STUBBE, CHRISTOPH; 1979: Rehwild, Deutscher Landwirtschaftsverlag, Berlin. 3. Auflage 1990.

DERS.; 1991: Buch der Hege – Haarwild, 4. Auflage, Deutscher Landwirtschaftsverlag, Berlin.

UECKERMANN, ERHARD; 1957: Wildstandsbewirtschaftung und Wildschadensverhütung beim Rehwild, Wirtschafts- und Forstverlag Eutin.

VODNANSKY, M., UND NOVAK, P.; 1998: Rehwild: Kondition & Fortpflanzung, Österreichs Weidwerk 11/98.

VÖLK, FRITZ; 1985: Analyse zur Verbissintensität und Verbissschädlichkeit in einem submontanen Rehwildrevier bei differenzierter waldbaulicher Planung. Diplomarbeit, Universität Wien.

WÖLFEL, HELMUTH; 1991: Sechs Jahrzehnte Aufartung haben nichts gebracht, Deutsche Jagd Zeitung 5/91.

DERS.; 1991: Der Zahnabschliff sagt nichts über das Alter aus, Deutsche Jagd Zeitung 5/91.

DERS. UND REINECKE, HORST; 1998: Auswertung der Schalenwildstrecken Niedersächsischer Forstämter aus den Jagdjahren 1994/95 und 1995/96, Institut für Wildbiologie und Jagdkunde der Universität Göttingen.

DERS.; 1999: Turbo-Reh und Öko-Hirsch, Stocker Verlag, Graz.

WOTSCHIKOWSKY, ULRICH; 1996: Die Rehe von Hahnebaum, Eigenverlag.

ZEILER, HUBERT; 2009: Rehe im Wald, Österreichischer Jagd- und Fischerei-Verlag, Wien.

Quellen aus dem Internet

Bodenversiegelung Schweiz: *http.//www.bafu.admin.ch/umwelt*

Flächenversiegelung Österreich: *http.//www.umweltbundesamt.at/Umweltsituation*

Jagdzeiten Deutschland: *http.//schonzeiten.de*

Landverbrauch BRD: *http.//www.uni-protokolle.de*

Persönliche Informationen zum Rehwild der Länder

Belgien (Wallonien):

DURANT, VALÉRIE, Département de la Nature et des Forêts; 2015, schriftlich.

LELOUX, YVES, Royal Saint-Hubert Club de Belgique; 2015, schriftlich.

Belgien (Flandern)

CASAER, JIM, Head of the Research Group Wildlife Management; 2015, mündlich.

Bulgarien

BOZHINOVA, KATERINA; Hunting-Bulgaria.

FIJAS, JERZY, Dyrektora Gospodarski Lesnej; 2015.

Dänemark

FLINTERUP, MADS, Danmarks Jægerforbund; 2013, schriftlich.

Deutschland

BLANK, ROLAND, FB Nürnberg; 2014, zum Rehwild im Nürnberger Reichswald, schriftlich.

BORCHERS, JENS, Fürstl. Fürstenbergische Forstverwaltung; 2009, zu trächtigem Kitz, schriftlich.

GRÜNTJENS, THEO; 2008, zu markierten Rehen, schriftlich.

LINDENTHAL, MANFRED; 2014, Abschussdaten im Revier Diepolz (Oberallgäu), schriftlich.

MERGNER, ULRICH, FB Ebrach; 2012, zu Bewegungsjagden, schriftlich.

PREUSS, TILMAN; Landratsamt Main-Tauber-Kreis; 2014, zum Rehwild im Revier Heften, schriftlich.

RIEGER, FRANZ, 1987; Persönliche Mitteilung zum Rehwild.

SCHWEIGER, WOLFGANG, FB Sonthofen; 2014, zum Rehwild im Sulzschneider Forst, schriftlich.

VENUS, THOMAS, FB Blauwald; 2013: Überlassung von Abschuss- und Wetterdaten, schriftlich.

Estland

LIGI, KARLI, Forest department Ministry of the Environment; 2015, schriftlich.

Finnland

SIMENIUS, TEEMU, Finlands Jägarförbund; 2015, schriftlich.

Frankreich

LEHMANN, RAYMOND; 2014, schriftlich.

STUDER, RUEDI; 2015: zum Rehwild im Elsass, schriftlich.

Großbritannien

GOFFIN, DAVE, The British Deer Society; 2015, schriftlich.

Italien

AUKENTHALER, HEINRICH, Südtiroler Jagdverband; 2015, umfassend für Italien allgemein und Südtirol besonders, schriftlich.

MOLINARI, PAOLO; 2014: mündlich.

Kroatien

HOFER, KURT; 2015, schriftlich.

Lettland

Pfannenstiel, Hans Dieter; 2015, schriftlich.

OZOLINS, JANIS; 2015, schriftlich.

Luxemburg

CELLINA, SANDRA; Administration de la nature et des forêts; 2015, schriftlich.

Niederlande

HENNEPE, TE BEREND, Koninklijke Nederlandse Jagers Vereniging; 2014, schriftlich.

SPEK, GERRIT; Vereniging het Reewild; 2015, Jagdzeiten, schriftlich.

Österreich

SIROWATKA, KARL, Steirische Jägerschaft; 2003, 2015, schriftlich und mündlich.

WIMMER, IRMGARD; 2014, viele Hinweise, Notizen Fotos und Videos zum Verhalten von Rehwild, schriftlich und mündlich.

Polen

KRYCH, HUBERT; 2014, schriftlich.

Rumänien

GARGAREA, PETRE, National Forest Administration – Romsilva; 2015, schriftlich.

Schweden

JOHANSSON, HANS, Svenska Jägareförbundet; 2015, schriftlich.

WOTSCHIKOWSKY, ULRICH; 2014: Verbreitung, Großraubwild, schriftlich.

Slowakei

ŠUBA, IMRICH, Slovak Hunting Union; 2015, schriftlich.

Spanien

HABERL, JOCHEN; 2015: Rehwild in Spanien, schriftlich.

MENDOZA, PEPE; 2015: Rehwild in Spanien, schriftlich.

Slowenien

GRILC, ALFRED; 2015, zu Rehwild in Slowenien, schriftlich und mündlich.

Tschechien

RITTER, JOACHIM; 2015, zum Rehwild in Tschechien schriftlich.

Ungarn

HECKER, KRISTÓF; 2013, schriftlich.

MOZSAR, ERIC; 2014, schriftlich.

HESPELER-BÜCHER

Jäger-Handwerk

Von Bruno Hespeler. 312 Seiten, rund 200 Farbfotos. Exklusiv in Leinen. – Preis: 39.- Euro.

Wer sich einen echten Jäger nennen will, der sollte wissen, wo ein Sitz zweckmäßig platziert wird, wo und wann man am besten ansitzt, welche Jagdarten für welches Wild Sinn machen, wie welche Wildart tickt, wie man Wild versorgt und verwertet, u.v.a. mehr.

Riegeljagd

Von Bruno Hespeler. 224 Seiten, 120 Farbbilder. Exklusiv in Leinen. – Preis: 35.- Euro.

Alles, was für das Gelingen einer Riegeljagd (Bewegungsjagd) notwendig ist. Vom Bau eines Drückjagdbockes über die richtige Platzwahl, die Vorbereitung des Jagdtages, den Einsatz der Hunde bis hin zum Anschussprotokoll.

Unsere Hunde

Von Bruno Hespeler. 144 Seiten, illustriert von Steen Axel Hansen. Exklusiv in Leinen. – Preis: 29.- Euro.

Der Autor erzählt von den Erfahrungen mit seinen Jagdhunden – guten und schlechten Erfahrungen. Er erzählt dabei aber nicht nur von seinen Hunden, sondern er legt auch den Finger in offene Wunden unserer Zeit. – Provokant und gut!

Österreichischer Jagd- und Fischerei-Verlag
1080 Wien, Wickenburggasse 3

Tel. +43/1/405 16 36 Fax +43/1/405 16 36/59
E-mail: verlag@jagd.at Internet: www.jagd.at